“十二五”职业教育国家规划教材
经全国职业教育教材审定委员会审定

# 园林工程与施工技术

主编 苏晓敬
参编 毕红艳 李美霞 刘 莉
王纪梅 韩立国 李占生

机械工业出版社
CHINA MACHINE PRESS

本书是"十二五"职业教育国家规划教材，是根据《教育部关于"十二五"职业教育教材建设的若干意见》及教育部新颁布的《高等职业学校专业教学标准（试行）》编写的。本书根据园林专业学生从事园林工程施工、园林施工图设计、园林工程施工图预算与园林工程施工现场管理的相关岗位需求，系统阐述了园林工程施工准备、园林土建工程施工和园林绿化工程施工的工艺过程和施工技术要点。全书包括园林工程项目总平面施工、园林项目竖向设计与土方工程施工、园林项目给水排水工程、园林项目道路广场铺装工程、园林项目绿化工程施工、园林水池喷泉工程、园林项目假山工程和园林项目花架工程8个项目。

为便于教学，本书配套有电子课件，选择本书作为教材的教师可来电（010-88379373）索取，或登录 www.cmpedu.com 网站，注册、免费下载。此外，也可加入机工社园林园艺专家 QQ 群（425764048）与同行专家交流互动。

本书适合作为职业院校园林专业教材，也可作为工程施工员、预算员、资料员的岗位证书培训教材。

**图书在版编目（CIP）数据**

园林工程与施工技术/苏晓敬主编．—北京：机械工业出版社，2014.9（2023.6重印）

"十二五"职业教育国家规划教材

ISBN 978-7-111-48330-4

Ⅰ.①园…　Ⅱ.①苏…　Ⅲ.①园林—工程施工—高等职业教育—教材　Ⅳ.①TU986.3

中国版本图书馆 CIP 数据核字（2014）第 244471 号

机械工业出版社（北京市百万庄大街22号　邮政编码100037）
策划编辑：王莹莹　责任编辑：王莹莹
版式设计：霍永明　责任校对：刘怡丹
封面设计：马精明　责任印制：常天培
固安县铭成印刷有限公司印刷
2023年6月第1版第6次印刷
184mm×260mm · 12.75印张 · 300千字
标准书号：ISBN 978-7-111-48330-4
定价：39.80元

| 电话服务 | 网络服务 |
|---|---|
| 客服电话：010-88361066 | 机 工 官 网：www.cmpbook.com |
| 010-88379833 | 机 工 官 博：weibo.com/cmp1952 |
| 010-68326294 | 金 书 网：www.golden-book.com |
| **封底无防伪标均为盗版** | 机工教育服务网：www.cmpedu.com |

# 前 言

本书是按照教育部《关于开展“十二五”职业教育国家规划教材选题立项工作的通知》，经过出版社初评、申报，由教育部专家组评审确定的“十二五”职业教育国家规划教材，是根据《教育部关于“十二五”职业教育教材建设的若干意见》及教育部新颁布的《高等职业学校专业教学标准（试行）》编写的。

随着国家“生态战略”的实施、城镇化进程的加快以及人们对于居住环境生态质量、游憩功能和文化内涵要求的不断提升，园林专业迎来了最好的发展时期。随着园林学（景观学）成长为国家一级学科，园林专业在未来的城镇建设中将发挥越来越重要的作用。

“园林工程与施工技术”是在学科大发展、国家大力提倡职业教育的环境下催生出来的园林专业核心课程，其前身一般沿袭园林工程的理论系统架构，强调课程的学科交叉融合性，既涉及市政工程、土木工程、绿化工程，也涉及供电照明、仿古建筑工程等相关领域。但系统的知识体系已经不能适应快速发展的职业教育对课程的需求，强调课程与相关行业标准接轨、与行业证书的取证接轨、与现实工作岗位需求接轨已是课改趋势。我们在进行充分的企业调研基础上，积极邀请企业一线工程技术人员参与本书的编写，力争达到理想的编写质量。

本书的编写对内容进行了精选，体现“四新”理念，以全国通用图集，华北区标准图集，国家、地方的施工规程规范为标准，按照园林绿化工程公司一线技术人员对知识和技能的要求、园林专业背景的工作人员的工作重点以及项目引领、任务驱动、体现工作过程的系统化思想组织进行编写。以工程项目为主线，遵循园林工程项目生产的工艺过程，以项目建设的阶段划分工作任务，采用工作任务驱动教学的理念，先后完成工程施工图设计与绘制、工程施工规程和规范的学习、工程施工方案的编写。

本书编写过程汇集了北京农业职业学院、河北科技师范学院、北京京林园林工程有限公司、北京市园林绿化局、北京丰台区园林局和延庆县市政管理局的有关同志的努力。具体编写分工如下：由苏晓敬担任主编，负责前期调研，编写大纲和样章，完成项目六、项目七的编写，负责全书的统稿与校对。参编人员有：毕红艳，编写项目五；李美霞，编写项目四；刘莉，编写项目八；王纪梅，编写项目三；韩立国，编写项目二；李占生，编写项目一。

本书经全国职业教育教材审定委员会审定，教育部专家在评审过程中对本书提出了很多宝贵的建议，在此对他们表示衷心的感谢！

由于编写时间仓促，书中难免存在疏漏之处，敬请广大读者批评指正。

编　者

# 目　录

# 项目一　园林工程项目总平面施工

## 项目目标

1. 掌握园林工程项目施工图样的组成，根据施工图样的内容进行现场踏勘和施工内容的分解。

2. 能够完成中标后施工组织设计的编写。

3. 能够完成施工现场平面布置图的绘制。

4. 能够完成施工现场临时设施的施工设计。

## 项目提出

本项目设计总平面图如图1-1所示。

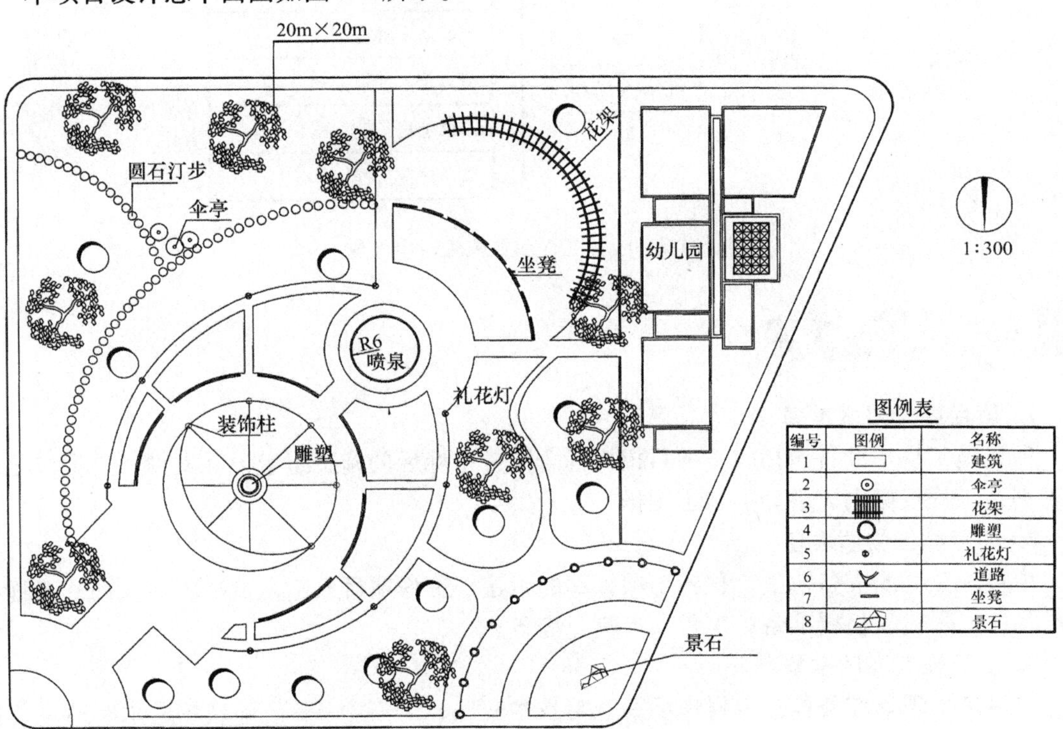


图1-1　项目设计总平面图

1）该项目为一街道中心游园，总面积15600m²，北侧、南侧和东侧紧邻城市道路，西侧为一幼儿园。游园不仅兼顾城市居民游憩之用，也能为幼儿园的小朋友提供活动的场所。

2）整个游园设计采用45°轴线对称设计，延长了透视线，增大了游园的视觉空间。

3）游园设置四个入口，东北向为主要入口。四周以地形和植物种植与周围交通干道相隔离，闹中取静。

园林工程项目施工内容组成如图1-2所示。

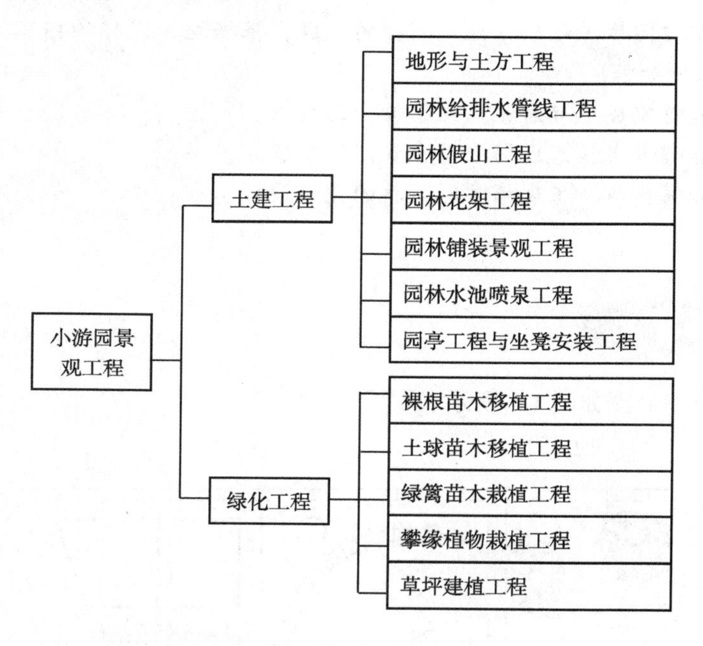


图1-2　园林工程项目施工内容组成

**1. 项目施工技术准备**

项目施工技术准备包括施工项目招投标合同；中标后的施工组织设计文件；工程施工图预算书；工程投标书；整套的施工图样。

**2. 项目施工物质准备**

项目施工物质准备包括工程施工项目部的组建；工程项目人工人员招聘与培训；工程材料准备；工程机械租赁准备；工程项目资金准备。

**3. 项目施工现场准备**

项目施工现场准备包括工程现场勘查与技术交底；“三通一平”即现场通水、通电、通路，工程施工现场平整。

# 任务一　园林工程施工图的审阅

施工图是在完成园林建设项目设计阶段后或在扩初设计完成后对建设项目中各个细部做出的详细设计，也是在建设项目施工前最重要的一项设计。施工图关系到设计的成败，不管是建筑还是景观，均涉及尺度、材料、构造做法。一个好的设计如果没有好的施工图和施工质量的支撑是不可能成为好的建设项目的。施工图是设计者设计意图的体现，也是施工、监理、经济核算的重要依据，特别是对施工人员来说，没有施工图就无法按照设计者的意图完成建设项目。所以说施工图在整个项目实施过程中占有举足轻重的地位。

## （一）园林工程施工图样的内容

园林工程施工图样的内容须包括该建设项目所有建设内容的施工方法、施工所用的材料、各个细部的详细尺寸和施工要求等。

## （二）园林施工图样内容和绘制要求

**1. 施工图样的基本要求**

施工图的内容是根据园林工程的建设项目内容来确定的，不同的建设项目由不同的施工图样组成，因此，对施工图样的组成没有硬性的规定。但是不管是什么样的建设项目，在进行施工图的制作时都要符合一个基本原则：满足建设项目的施工需要，也就是施工人员能够根据施工图进行正常的施工。在此基础上施工图还要符合以下要求。

1）符合工程建设标准和其他有关工程建设的强制性标准。

2）基础和结构设计安全。

3）符合公众利益。

4）达到规定的设计深度要求。

5）符合作为设计依据的政府有关部门的批准文件要求。

6）施工图的绘制必以现行规范规程内容为准。

**2. 一般园林建设项目施工图的构成**（图 1-3）

一个园林项目施工图由以下部分组成。

1）文字部分：封皮、目录、总说明、材料表等。

2）施工放线：施工总平面图、各分区施工放线图、局部放线详图等。

3）土方工程：竖向施工图、土方调配图。

4）建筑工程：建筑设计说明，建筑构造作法，建筑平面图、立面图、剖面图，施工详图等。

5）结构工程：结构设计说明，基础图，基础详图，梁、柱详图，结构构件详图等。

6）电气工程：电气设计说明，主要设备材料表，电气施工平面图、电气施工详图、电气控制线路图等。

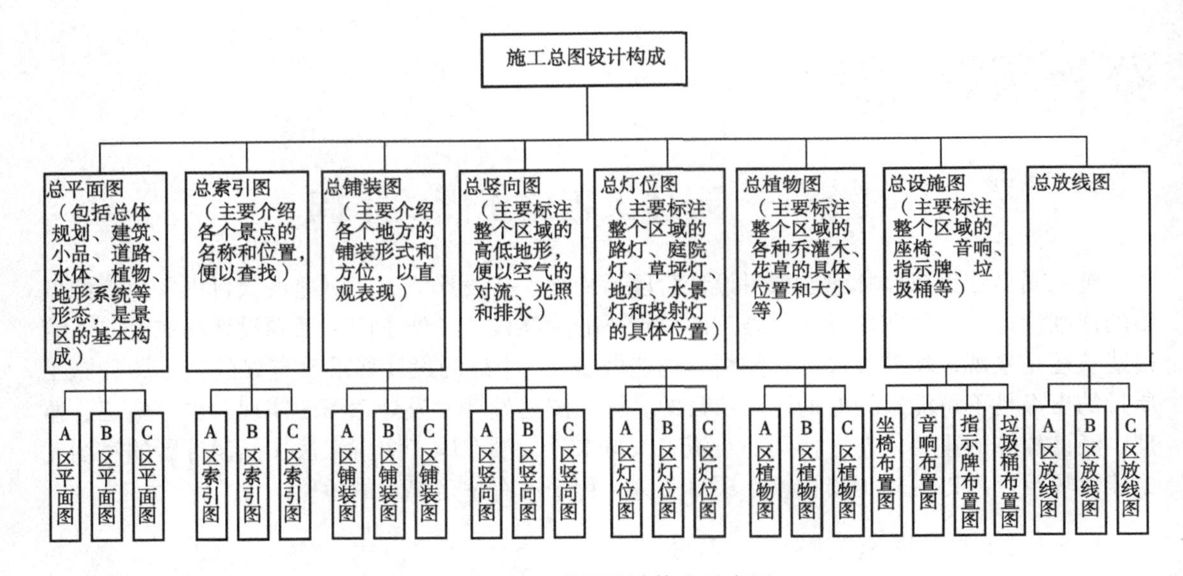


图 1-3　施工总图设计构成示意图

7）给水排水工程：给水排水设计说明，给水排水系统总平面图、详图，给水、消防、排水、雨水系统图，喷灌系统施工图。

8）园林绿化工程：植物种植设计说明，植物材料表，种植施工图、局部施工放线图、剖面图等。如果采用乔、灌、草多层组合，分层种植设计较为复杂，应该绘制分层种植施工图。

**3. 园林工程施工图总要求**

（1）总要求

1）施工图的设计文件要完整，内容、深度要符合要求，文字、图样要准确清晰，整个文件要经过严格校审。

2）施工图设计应根据已通过的初步设计文件及设计合同书中的有关内容进行编制，内容以图样为主，应包括：封面、图样目录、设计说明、图样、材料表和材料附图，以及预算等。

3）施工图设计文件一般以专业为编排单位，各专业的设计文件应经严格校审、签字后，方可出图及整理归档。

（2）施工图设计深度要求　施工图的设计深度是指对所涉及的项目图样表达的详细程度，一般施工图样的设计深度要满足以下要求。

1）能够根据施工图编制施工图预算。

2）能够根据施工图安排材料、设备订货及非标准材料的加工。

3）能够根据施工图进行施工和安装。

4）能够根据施工图进行工程验收。

对于每一项园林工程施工设计，应根据设计合同书，参照相应内容的深度要求编制设计文件。

（3）施工图样的组成　一套完整的施工图样应包括封面、目录、设计说明、施工说明等。

1）封面。施工图集封面应该注明项目名称，编制单位名称，项目的设计编号，设计阶段，编制单位法定代表人、技术总负责人和项目总负责人的姓名及其签字或授权盖章，编制年月（即出图年、月）等。

2）目录。图样目录中应包含项目名称、设计时间、图样序号、图样名称、图号、图幅及备注等。每一张图样应该对图号加以统一标示，以方便查找，如：YS—01，表示园林施工图样第一张图，图号的编排要利于记忆，便于识别，方便查找，见表1-1。

**表1-1　某园林建设项目施工图目录**（部分）

| 序　号 | 图　别 | 图　号 | 图样内容 | 图幅（规格） | 备　注 |
|---|---|---|---|---|---|
| 01 | 园施 | YS—00 | 设计说明 | A1 | |
| 02 | 园施 | YS—01 | 总体平面图 | A1 | |
| 03 | 园施 | YS—02 | 定位平面图 | A1 | |
| 04 | 绿施 | YS—03 | 绿化种植平面图1 | A2 | |
| 05 | 绿施 | YS—04 | 绿化种植平面图2 | A2 | |
| ⋮ | ⋮ | ⋮ | ⋮ | ⋮ | ⋮ |
| 28 | 水施 | SS—01 | 水景施工图1 | A2 | |
| 29 | 水施 | SS—02 | 水景施工图2 | A2 | |
| 30 | 电施 | DS—01 | 照明电路平面布置图 | A1 | |

（4）设计说明　在每一套施工图集的前面都应针对这一工程以及施工过程给出总体说明，主要内容包括以下几个方面。

1）设计依据及设计要求。应注明采用的标准图集及依据的法律规范。

2）设计范围。

3）标高及标注单位。应说明图样文件中采用的标注单位，采用的是相对坐标还是绝对坐标，如为相对坐标，须说明采用的依据以及与绝对坐标的关系。

4）材料选择及要求。一般应说明的材料包括：饰面材料、木材、钢材、防水疏水材料、种植土及铺装材料等。

5）施工要求。强调需注意工种配合及对气候有要求的施工部分。

6）经济技术指标。施工区域总的占地面积，绿地、水体、道路、百分比、绿化率及工程总造价等。

除了总的说明之外，在各个专业图样之前还应该配备专门的文字说明。

图1-4是某园林工程施工图的设计说明，供参考。

**××××××× 设计说明**

（一）工程概况

1. ×××××公园改造设计，环境工程设计总面积为7500$m^2$。

2. 该环境工程包括一个入口大门、一个中心广场、一个段道路、一座假山、两个水池及叠水、绿化等。

（二）设计依据

1. 经×××园审定的初步设计任务书。

2. 国家及地方颁布的有关规程及规范。

图1-4　某园林工程施工图的设计说明

（三）设计总则

1. 本项目的设计标高采用绝对标高计。

2. 除特别说明外，本工程施工图所注尺寸除标高以米为单位外，其余均以毫米为单位。

3. 施工图中的平、立、剖面图及节点详图等使用时应以所注尺寸为准，不能直接以图样比例尺度测算。

4. 所有与工艺、公用设备相关的预留洞、预埋件、套管等必须与相关的工艺、公用设备工种的图样密切配合。

5. 除本图已作详细表述外，所有单项工程的建筑用料、规格、施工要求应符合现行的国家或地方各项设计和施工验收规范。

（四）施工要求

1. 要按图施工，如有变动需征得设计单位同意。

2. 所有外装饰材料色彩、规格需报小样并经甲方单位认可后方可大面积施工。

3. 所有木构件均作水柏油二度防腐及干燥处理，表面调和漆二度亚光处理。

4. 所有铁件均做防锈处理，防锈漆一道，调和漆二度。

5. 车行道基层混凝土标号为 C25，人行道基层混凝土标号为 C15。花池树池、主水景台等位置混凝土标号为 C20。

6. 施工中主干道人行道铺装应与相邻地面铺装一致。

7. 施工中景观与建筑交叉部分由建筑师解决。

8. 水电施工见水施及电施图样。

（五）地基基础部分

1. 基础持力层设计地面耐力为 100Pa，基础埋深均为 1000mm。

2. 材料：垫层 C15，钢筋混凝土 C20，M10 水泥砖，M7.5 水泥砂浆，钢筋保护层 30mm。

（六）钢筋混凝土部分

1. 材料：梁板柱为 C25 混凝土，钢筋为Ⅰ级，预埋钢筋为Ⅱ级钢筋，梁柱钢筋保护层为 2.5cm 板为 1.5cm。

2. 板面的分布筋除注明外均用φ6@200，双向板底筋，短向放在底层，长向放在短筋之上。

（七）钢网架部分

1. 钢架支撑详见塑山各结点说明，在焊接时必须严格遵守《建筑结构焊接规程》（JBJ81—1997）的规定。

2. 未注明焊缝高度时均以 6mm 满焊，焊接长度双面焊为 $5d$，单面焊为 $10d$。

3. 所有结点零件以现场放样为准。

4. 所有在板面接触的均采用 200mm 见方的 C25 细石混凝土保护。

5. 现场焊接完成后，用红丹打底，防锈漆二度。

（八）艺术效果要求

本项目除工程技术要求外还有大部分是艺术效果，为能达到预期的环境效应，施工时应精心制作，听从甲方现场领导及工程技术人员的指挥，使本项目达到预期的目标。

（九）种植要求

1. 严格按苗木表规格购苗，应选择根系发达健壮、树形优美无病虫害的苗木移植，尽量减少截枝量，严禁出现没枝的单干树木。

2. 规则式种植的乔灌木，同一树种规格大小应统一，丛植和群植的乔灌木高低错落应灵活有层次。

3. 孤植树应姿态优美耐看。

4. 分层种植的灌木花卉，其轮廓线应分明，线形优美。

5. 整形绿篱规格大小应一致，观赏面宜为圆滑曲线并起伏有致。

6. 苗木严格按土球设计要求移植，种植植物时发现电缆管道障碍物等要停止操作并及时与有关部门协商解决。植后应每天浇水至少两次，集中养护管理。

7. 对种植地区的土壤理化性质进行化验分析，采用相应的消毒施肥和客土等措施。

8. 土壤应疏松湿润、排水良好，pH5 ~ pH7，含有机质的肥沃土壤强酸碱盐土中黏土、砂土等均应根据设计要求采用客土或采取改良措施。

图 1-4　某园林工程施工图的设计说明（续）

9. 对花卉草坪种植地应施肥翻耕25~30cm，搂平耙细去除杂物，平整度和坡度应符合设计要求。
10. 树穴应符合设计图样要求，位置要准确。
11. 土层干燥地区应在种植前浸树穴。
12. 树穴应施入腐熟的有机肥作为基肥。
13. 植物生长最低种植土层厚度应符合表1-2的规定。

**表1-2 植物栽植最低土层厚度表**

| 植被类型 | 草本花卉 | 草坪地被 | 小灌木 | 大灌木 | 浅根乔木 | 深根乔木 |
|---|---|---|---|---|---|---|
| 土层厚度/cm | 30 | 30 | 45 | 60 | 90 | 105 |

图1-4 某园林工程施工图的设计说明（续）

# 任务二 园林工程施工总平面施工组织设计阅读

园林施工组织设计的内容一般是由工程项目的范围、性质、特点及施工条件、景观艺术、建筑艺术的需要来确定的。由于在编制过程中有深度上的差别，所以反映在内容上也有所差异。但不论哪种类型的施工组织设计，都应包括工程概况、施工方案、施工进度计划和施工现场平面布置等，简称“一图一表一案”。

## （一）工程概况

工程概况是对拟建工程的基本性描述，目的是通过对工程的简要说明了解工程的基本情况，明确任务量、难易程度、质量要求等，以便合理制定施工方法、施工措施、进度计划和施工现场布置图。

工程概况内容如下。

1）说明工程的性质、规模、服务对象、建设地点、建设工期、承包方式、投资额及投资方式。

2）施工和设计单位名称，上级要求，图样状况，施工现场的工程地质、土壤、水文、地貌、气象等因素。

3）园林建筑数量及结构特征。

4）特殊施工措施以及施工力量和施工条件。

5）材料的来源与供应情况、“三通一平”条件、运输能力和运输条件。

6）机具设备供应、临时设施解决方法、劳动力组织及技术协作水平等。

## （二）施工方法和施工措施

施工方法和施工措施是施工方案的有机组成部分，施工方案优选是施工组织设计的重要环节之一。因此，根据各项工程的施工条件，提出合理的施工方法，拟定保证工程质量和施工安全的技术措施，对选择先进合理的施工方案具有重要作用。

**1. 拟定施工方法的原则**

在拟定施工方法时，应坚持以下基本原则。

1）内容要重点突出，简明扼要，做到施工方法在技术上先进，在经济上合理，在生产上实用有效。

2）要特别注意结合施工单位的现有技术力量、施工习惯、劳动组织特点等。

3）还必须依据园林工程工作面大的特点，制定出灵活易操作的施工方法，充分发挥机械作业的多样性和先进性。

4）对关键工程的重要工序或分项工程（如基础工程），比较先进的复杂技术，特殊结构工程（如园林古建）及专业性强的工程（如自控喷泉安装）等均应制定详细、具体的施工方法。

**2. 施工措施的拟定**

在确定施工方法时不但要拟定分项工程的操作过程、方法和施工注意事项，还要提出质量要求及其应采取的技术措施。这些技术措施主要包括：施工技术规范、操作规程的施工注意事项、质量控制指标及相关检查标准；季节性施工措施；降低施工成本措施；施工安全措施及消防措施等。同时应预测可能出现的问题及应采取的防范措施。例如卵石路面铺地工程，应说明土方工程的施工方法、路基夯实方式及要求、卵石镶嵌方法（干栽法或湿栽法）及操作要求、卵石表面的清洗方法和要求等。驳岸施工中则要制定出土方开槽、砌筑、排水孔、变形缝等的施工方法和技术措施。

**3. 施工方案技术经济分析**

由于园林工程的复杂性和多样性，每分项工程或某一施工工序可能有几种施工方法，产生多种施工方案。为了选择一个合理的施工方案，提高施工经济效益、降低成本和提高施工质量，在选择施工方案时，进行施工方案的技术经济分析是十分必要的。

施工方案的技术经济分析方法有定性分析和定量分析两种。前者是结合经验进行一般的优缺点比较，例如是否符合工期要求；是否满足成本低、经济效益高的要求；是否切合实际；操作性是否强；是否达到一定的先进技术水平；材料、设备是否满足要求；是否有利于保证工作质量和施工安全等。定量的技术经济分析是通过计算出劳动力、材料消耗、工期长短及成本费用等诸多经济指标后再进行比较，从而得出好的施工方案。在比较分析时应坚持实事求是的原则，力求数据确凿才能具有说服力，不得变相润色后再进行比较。

## （三）施工计划

园林工程施工计划涉及的项目多，内容庞杂，要使施工过程有序且保质保量地完成任务必须制定科学合理的施工计划。施工计划的关键是施工进度计划，它是以施工方案为基础编制的。施工进度计划应以最低的施工成本为前提，合理安排施工顺序和工程进度，并保证在预定工期内完成施工任务。它的主要作用是全面控制施工进度，为编制基层作业计划及各种材料供应计划提供依据。工程施工进度计划应依据工期、施工预算、预算定额（如劳动定额和单位估价）以及各分项工程的具体施工方案、施工单位现有技术装备等进行编制。

**1. 施工进度计划编制的步骤**

1）工程项目分类及确定工程量。

2）计算劳动量和机械台班数。

3）确定工期。

4）解决工程间的相互搭接问题。

5）编制施工进度。

6）按施工进度提出劳动力、材料及机具的需要计划。

根据上述编制步骤，将计算出的各因素填入施工进度计划中，即成为最常见的施工进度计划，这种格式也称横道图（或条形图）。它由两部分组成，第一部分是工程量、人工、机械的计算数量；第二部分是用线段表达施工进度的图表，可表明各项工程的搭接关系。园林施工进度计划表见表1-3。

**表1-3　园林施工进度计划表**

| 工程编号 | 工程量 | | 劳动量 | 机械 | | 每天工作人数 | 工作日 | 施工进度 | | | | | | |
|---|---|---|---|---|---|---|---|---|---|---|---|---|---|---|
| | | | | | | | | 1月 | | | 2月 | | | |
| | 单位 | 数量 | | 名称 | 数量 | | | 1～10 | 11～20 | 21～31 | 1～10 | 11～20 | 21～28 | … |
| | | | | | | | | | | | | | | |
| | | | | | | | | | | | | | | |
| | | | | | | | | | | | | | | |

**2. 施工进度计划的编制**

1）工程项目分类。将工程按施工顺序列出。一般工程项目划分不宜过多，园林工程中不宜超过25个，应包括施工准备阶段和工程验收阶段。分类时视实际情况而定，宜简则简，但不得疏漏，要着重于关键工序。园林工程常见分部工程目录见表1-4。

**表1-4　园林工程常见分部工程目录**

| 工 程 目 录 | 工 程 目 录 | 工 程 目 录 | 工 程 目 录 |
|---|---|---|---|
| 准备及临时设施工程 | 给水工程 | 防水工程 | 栽植整地工程 |
| 平整建筑用地工程 | 排水工程 | 脚手架工程 | 掇山工程 |
| 基础工程 | 安装工程 | 木工工程 | 栽植工程 |
| 模板工程 | 地面工程 | 油饰工程 | 收尾工程 |
| 混凝土工程 | 抹灰工程 | 供电工程 | |
| 土方工程 | 瓷砖工程 | 灯饰工程 | |

在一般的园林绿化工程预算中，园林工程的分部工程项目常趋于简单，通常分为：土方工程、基础工程、砌筑工程、混凝土及钢筋混凝土工程、地面工程、抹灰工程、园林路灯工程、假山及塑山工程、园路及园桥工程、园林小品工程、给水排水工程及管线工程。

2）计算工程量。按施工图和工程计算方法逐项计算求得，并应注意工程量单位的一致。

3）计算劳动量和机械台班量。

4）确定工期（即工作日）。工程项目的合理工期应满足三个条件，即最小劳动组合、最小工作面和最适宜的工作人数。最小劳动组合是指明某个工序正常安全施工时的合理组合人数，如人工打夯至少应有6人才能正常工作。最小工作面是指每个工作人员或班组进行施工时有足够的工作面，并能充分发挥劳动者潜能，确保安全施工时的作业面积。例如，土方工程中人工挖土最佳作业面积为每人4～6m²。最适宜的工作人数即最可能安排的人数，它不是绝对的，根据实际需要而定，例如在一定工作面内，依据增加施工人数来缩短工期是有限制的，但可采用轮班制作业形式达到缩短工期的目的。

5）编制施工进度计划。编制施工进度计划应使各施工段紧密衔接并考虑缩短工程总工期。为此，应分清主次，抓住关键工序。应首先分析消耗劳动力和工时最多的工序，如喷水池的池底、池壁工程，园路的基础和路面装饰工程等。待确定主导工序后，其他工序适当配合、穿插或平行作业，做到作业的连续性、均衡性和衔接性。

编好进度计划初稿后应认真检查调整，看看是否满足总工期，衔接是否合理，劳动力、机械及材料能否满足要求。当计划需要调整时，可通过改变工程工期或各工序开始和结束的时间等方法调整。

6）落实劳动力、材料、机具的需求量。施工计划编制后即可落实劳动资源的配置。组织劳动力，调配各种材料和机具并确定劳动力、材料、机械进场时间表。时间表是劳动力、材料、机械需要等计划的常见表格形式。劳动力需要量计划见表1-5，各种材料（建筑材料、植物材料）、配件、设备需要量计划见表1-6，工程机械需要量计划见表1-7。

**表1-5　劳动力需要量计划**

| 序号 | 工程名称 | 月份 | | | | | | | | | | | | 备注 |
|---|---|---|---|---|---|---|---|---|---|---|---|---|---|---|
| | | 1 | 2 | 3 | 4 | 5 | 6 | 7 | 8 | 9 | 10 | 11 | 12 | |
| | | | | | | | | | | | | | | |

**表1-6　各种材料（建筑材料、植物材料）、配件、设备需要量计划**

| 序号 | 各种材料、配件、设备名称 | 单位 | 数量 | 规格 | 月份 | | | | | | | | | | | | 备注 |
|---|---|---|---|---|---|---|---|---|---|---|---|---|---|---|---|---|---|
| | | | | | 1 | 2 | 3 | 4 | 5 | 6 | 7 | 8 | 9 | 10 | 11 | 12 | |
| | | | | | | | | | | | | | | | | | |
| | | | | | | | | | | | | | | | | | |
| | | | | | | | | | | | | | | | | | |

**表1-7　工程机械需要量计划**

| 序号 | 机械名称 | 数量 | 进场时间 | 退场时间 | 供应单位 | 月份 | | | | | | 备注 |
|---|---|---|---|---|---|---|---|---|---|---|---|---|
| | | | | | | 1 | 2 | 3 | … | 11 | 12 | |
| | | | | | | | | | | | | |
| | | | | | | | | | | | | |

## （四）施工现场平面布置图

施工现场平面布置图是用以指导工程现场施工的平面图，它主要解决施工现场的合理工作问题。施工现场平面图的设计主要依据工程施工图、本工程施工方案和施工进度计划。布置图比例一般采用1:200～1:500。

**1. 施工现场平面布置图的内容**

1）工程临时范围和相邻的部位。

2）建造临时性建筑的位置、范围。

3）各种已有的建筑物和地下管道。

4）施工道路、进出口位置。

5）测量基线、监测监控点。

6）材料、设备和机具堆放场地、机械安置点。

7）供水供电线路、加压泵房和临时排水设备。

8）一切安全和消防设施的位置等。

**2. 施工现场平面布置图设计的原则**

1）在满足现场施工的前提下应布置紧凑，使平面空间合理有序，尽量减少临时用地。

2）在保证顺利施工的条件下，为节约资金，降低施工成本，应尽可能减少临时设施和临时管线。要有效利用工地周边可利用的原有建筑物作临时用房；供水供电等系统管网应最短；临时道路土方量不宜过大，路面铺装应简单，合理布置进出口；为了便于施工管理和日常生产，新建临时房应视现场情况多做周边式布置，且不得影响正常施工。

3）最大限度减少现场运输，尤其避免场内多次搬运。场内多次搬运会增加运输成本，影响工程进度，应尽量避免。方法是将道路做环形设计，合理安排工序、机械安装位置及材料堆放地点；选择适宜的运输方式和运距；按施工进度组织生产材料等。

4）要符合劳动保护、技术安全和消防的要求。场内的各种设施不得有碍于现场施工，应确保安全，保证现场道路畅通。各种易燃物品和危险品存放应满足消防安全要求，严格管理制度，配置足够的消防设备并制作能明显识别的标记。某些特殊地段，如易塌方的陡坡要有标注并提出防范意见和措施。

**3. 现场施工布置图设计方法**

一个合理的现场施工布置图有利于现场顺利均衡地施工。其布置不仅要遵循上述基本原则，同时还要采取有效的设计方法，按照适当的步骤才能设计出切合实际的施工平面图。

1）现场勘察，认真分析施工图、施工进度和施工方法。

2）布置道路出入口，临时道路做环形设计，并注意承载能力。

3）选择大型机械安装点，材料堆放等。园林工程山石吊装需要起重机械，应根据置石位置做好停靠地点选择。各种材料应就近堆放，以利于运输和使用。混凝土配料，如砂石、水泥等应靠近搅拌站。植物材料可直接按计划送到种植点；需假植时，就地就近假植，以减少搬运次数，提高成活率。

4）设置施工管理和生活临时用房。施工业务管理用房应靠近施工现场，并注意考虑全天候管理的需要。生活临时用房可利用原有建筑，如需新建，应与施工现场明显分开，园林工程中可沿工地周边布置，以减少对景观的影响。

5）供水供电管网布置。施工现场的给水排水是施工的重要保障。给水应满足正常施工、生活和消防需要，合理确定管网。如自来水无法满足工程需要，则要布置泵房抽水。管网宜沿路埋设，施工场地应修筑排水沟或利用原有地形满足工程需要，雨季施工时还要考虑洪水的排除问题。

现场供电一般由当地电网接入，应设临时配电箱，采用三相四线供电，保证动力设备所需容量。供电线路必须架设牢固、安全，不影响交通运输和正常施工。

实际工作中，可制定几个现场平面布置方案，经过分析比较，最后选择布置合理、技术可行、方便施工、经济安全的方案。

# 任务三　园林工程总平面施工放线

## （一）施工测量概述

（1）施工测量的目的　施工测量的目的是把设计的建筑物、构筑物的平面位置和高程，按设计要求以一定的精度测设在地面上，作为施工的依据。并在施工过程中进行一系列的测量工作，以衔接和指导各工序间的施工。

园林工程施工测量贯穿于整个施工过程中。从场地平整、园林建筑及装饰小品定位，道路、假山、花坛、水池等的基础施工，到建筑物构件的安装，树木的种植点位、种植穴的挖方范围，绿篱和色带的种植位置等都需要进行施工测量，才能使建筑物、装饰小品、构筑物各部分的尺寸以及园林植物栽植的位置符合设计要求。有些工程竣工后，为了便于维修和扩建，还必须测出竣工图。

（2）园林工程施工放线的特点　测绘地形图是将地面上的地物、地貌测绘在图样上，而施工放线则和它相反，是将设计图样上的建筑物、构筑物、装饰小品、道路、水池、花坛、假山、园林植物按其设计位置测设到相应的地面上。

测量精度的要求取决于园林设计图的复杂程度和不同的园林对象。通常，园林设计越复杂、要素形态越多样，空间位置越明显、植物种植位置越重要，要求的施工放线精度越高；反之则要求精度可以低一些。

施工测量工作与工程质量及施工进度有着密切的联系。测量人员必须了解设计的内容、性质及其对测量工作的精度要求，熟悉图样上的尺寸和高程数据，了解施工的全过程，并掌握施工现场的变动情况，使施工测量工作能够与施工密切配合。另外，施工现场工种多，交叉作业频繁，并有大量土石方填挖，地面变动很大，又有动力机械的振动，因此各种测量标志必须埋设稳固且在不易破坏的位置。还应做到妥善保护，经常检查，如有破坏，应及时恢复。

（3）园林工程施工测量的原则　园林施工现场有各种建筑物、构筑物、园林装饰小品、园林植物，地形变化复杂、植物种植形式多样（多为自然式的种植形式），且园林中多为不规则的曲线（如地形设计等高线、湖岸线、道路中心线等）。要保证各个园林要素的平面和高程位置都符合设计要求，相互连成统一的整体，施工测量和测绘地形图一样，也要遵循“从整体到局部，先控制后碎部”的原则。即先在施工现场建立统一的平面控制网和高程控制网，然后以此为基础，测设出各个园林要素的位置。完成测量放线后要进行必要的检验校核工作。

## （二）工程施工测量放线的准备工作

测量放线工作是园林工程施工的引导工作，它对保证工程进度及施工质量，按图施工，达到设计要求的精度起着关键的作用。所以每个单位工程在施工之前，做好测量放线的准备工作至关重要。其主要有以下四点。

**1. 测量仪器的检验校正、检定钢尺**

1）《中华人民共和国计量法实施细则》第二十五条规定：“任何单位和个人不准在工作岗位上使用无检定合格印、证或者超过检定周期以及经检定不合格的计量器具”。测量放线所用的全站仪、经纬仪、水准仪及钢尺都是计量器具，它们必须送到有资质的检定部门进行检定，并取得合格证。测量仪器的检定周期都是一年。

仪器检校的项目很多，对经纬仪主要是检校水准管轴是否垂直于竖轴、视准轴是否垂直于横轴和横轴是否垂直于竖轴；对水准仪主要是检校圆水准轴是否平行于竖轴、水准管轴是否平行于视准轴。尽管有了检定合格的印、证，在平时也要注意进行定期的检校，当仪器经过长途运输或对其有怀疑时应自行检校。检校的结果应符合规范中的有关规定。

2）场地控制测量和定位放线所用的钢尺应是一级钢尺，30m 钢尺的尺长误差不大于 3.1mm，50m 钢尺的尺长误差不大于 5.1mm。另外，我们进行园林工程施工测量放线还应具备有小平板仪、花杆、卷尺、测钎、小木桩、斧头、绳子、白灰等。

3）龙门桩是施工放线中最重要的一种控制桩，其主要作用是控制地面轴线的位置、建筑基槽的宽度、场地地坪的高程以及挖填坡度。龙门桩必须设置在平面上的转角处或坡面上的坡度变化处。龙门板顶面高程应该用水准仪抄平测定，一般取铺装场地地坪为 ±0.00 或建筑底层地坪 ±0.00 标高。龙门桩制作材料的界面尺寸见表 1-8；龙门桩与龙门板的设置位置如图 1-5 所示。

表 1-8　支撑柱、龙门板和坡面板尺寸

| 名　称 | 截面尺寸 | 名　称 | 截面尺寸 |
|---|---|---|---|
| 支撑柱 | 45mm × 45mm | 坡面板 | 9mm × 120mm |
| 龙门板 | 9mm × 120mm | | |

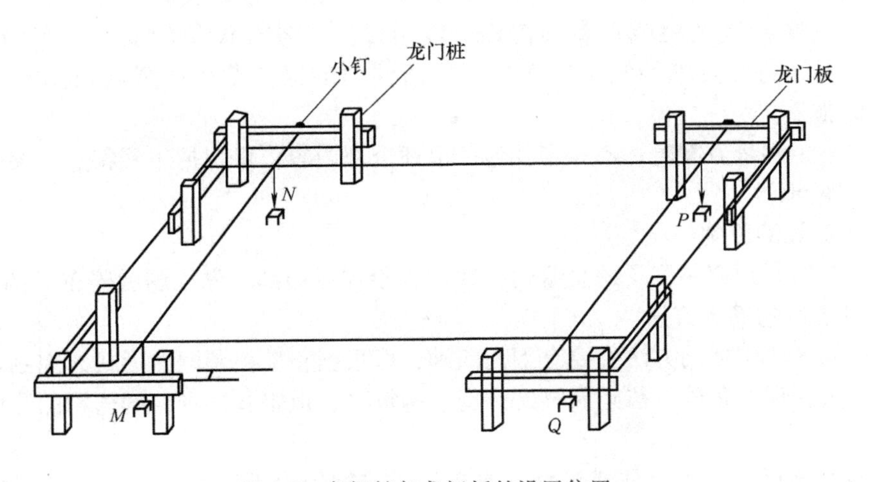


图 1-5　龙门桩与龙门板的设置位置

**2. 检测红线桩、水准点**

红线桩是由城市规划部门测定的，在法律上起着建筑边界的作用。由于红线桩的点位有坐标，所以它可以作为定点放线的依据。另外，还有甲方或测绘部门给定的控制点及水准点，这些点在使用时必须经过检测才能使用。园林中的总平面施工要依据现场或附近的测量基准点来定点和放线。有的在规划设计图中，已经标明了施工放线的基准点和基准线的实际位置，但也有些设计图上并未标出。设计图上未标明基准桩位置的，可以根据附近能找到的坐标点、水准点、道路中线、建筑轴线等，对照设计图进行推算，再按照推算结果确定园林总平面施工的基准点或基准线。重要的测量基准桩最好设置矮护栏加以保护，以免施工中受到损坏。

**3. 校核图样，了解设计意图**

设计图样是园林工程施工的主要依据，包括园林地形设计图、园林建筑设计图、园林植物种植设计图、道路及铺装场地工程施工图、假山工程施工图、驳岸工程施工图、喷泉水池工程施工图、园桥工程施工图、园林挡墙工程施工图等。一套设计图样往往由设计单位中不同的部门设计绘制，总有些不一致或疏漏之处。在施工前一定要仔细校核，检查总体尺寸和分尺寸是否一致，总平面图和大样图、详图尺寸是否一致，不符之处要向设计单位提出，进行修正。然后对施工现场进行实地踏勘，根据实际情况编制测设详图，计算测设数据。对测量放线来说最主要的就是各部分的位置（$x$，$y$，$H$）尺寸正确，所以在校核图样时也应以位置尺寸为重点。

**4. 制定施工测量方案**

施工测量方案是在施工之前，根据现场具体情况及设计要求，事先编制的一套完善的施工测量放线方法，以便指导施工，使其顺利进行，确保工期，保证精度，按设计要求完成任务。施工测量方案应包括以下内容。

地理位置、结构形式、工程面积、工程量、施工工期、工程特点及特殊要求；施工测量的基本要求；建筑物与红线桩、控制点的关系；设计要求定位条件、定位依据；场地平整，平面各种临时设施、道路、地上地下各种管线的定位；红线桩、控制点及水准点校测；场地平面与高程控制网的布置方案、形式、精度等级及施测方法；建筑物定位、基础放线的主要方法及验线；高程传递、竖向投测；各种设备的安装、沉降变形观测、竣工测量；对于特殊要求的测量工作要提出所使用的仪器型号；测量工作的班组人员组成及管理措施。

在制定施工测量方案时，不一定要包括上述全部内容，可根据工程特点，突出重点、简明扼要地说明问题。

**5. 定点放线的原则**

定点放线的原则遵循测量的总原则，即“先整体后局部，先控制后碎布”的原则。

**6. 测设点位的基本方法**

测设点的平面位置的方法主要有下列四种，可根据施工控制网的形式，控制点的分布情况，地形情况，现场条件及待建园林建筑物、构筑物、道路和待种植的植物的测设精度要求等进行选择。

（1）直角坐标法　当园林建筑物、构筑物、植物的附近已有彼此垂直的主轴线时，可采用此法。设 $O$ 为原点，$OA$、$OB$ 为两条相互垂直的主轴线（或为两条已有的成正交叉的道路线，或为方格网的横纵轴）。

（2）极坐标法　极坐标法是根据水平角和距离测设点的平面位置，适用于测设距离较

短，且便于量距的情况。

(3) 角度交会法　角度交会法又称方向线交会法。当待测点远离控制点且不便量距离时，采用此法较为适宜。

(4) 距离交会法　距离交会法是根据两段已知距离交汇出点的平面位置。如建筑场地平坦，量距方便，且控制点离测设点不超过一整尺的长度时，用此法比较适宜。在施工中细部位置测设常用此法。

### （三）规则式园林总平面施工放线

园林布局形式若采用的是规则式布局，则定点和放线就比较简单，一般可按下列步骤和方法进行。

(1) 定点　按照设计图标明的尺寸，以基准点和基准线为起点，用卷尺作直线丈量。用经纬仪作角度测量。采用直角坐标法和角度交会法，首先将园林中轴线上各处的中心点和轴心点测设到地面相应的点位上，再将主要园林设施的中心点、轴线交叉点或平面位置控制点测设到地面上，然后在这些点位上都钉上小木桩，并写明桩号。以同样的方法，确定园林边界线上所有转折点在地面上的位置，并钉上控制桩。

(2) 定线

1）定中心线和轴线：依据一定的中心桩和轴心桩，将设计图上园路、广场、水池、建筑等的中心线或纵横轴线在地面上确定下来。定线的方法，是在中心线、轴线的延长端加设木桩作端点控制桩，控制桩与中心桩、轴心桩之间的连线，就是地面上的中心线或轴线。轴线控制桩可采用龙门桩。

2）定边界线：用绳子将园林边界转折点的控制桩串联起来，再用白灰沿着绳子画线，即可放出园林的边界线，定下修建围墙的位置。

(3) 平面放线　根据中心点、中心线和各处中心桩、控制桩，采用简单的直线丈量方法，放出主要设施的边线或建筑物外墙的轴线，则这些设施的平面形状放线即已经完成。一些设施，如水池、广场、园路等施工中的挖填方范围也就确定下来，可以接着进行土方工程的施工。

(4) 附属放线　主要设施的中心线、轴线和中心点，还可以作为其他一些小型设施或附属设施定点放线的基准。根据这些已有的中心线和中心点，可进一步完成所有设施项目的放线工作。

由于规则式布局的园林绿地对称性强，道路、场地、水池、建筑、林地、草坪等的平面形状都是直线形或规则几何形的，而且又有园林中轴线可以作放线基准，因此其施工放线很是方便。只要对中心桩、控制桩定位精确，放线质量就很容易达到园林规划设计的要求。

### （四）自然式总平面放线

采用自然式布局的园林绿地，其地形、园路、水体、草坪、林地等都是不规则的形状，整个园林中只有一条中轴线可作放线基准，因此其施工放线就比较麻烦。在一般园林的施工中，自然式定点放线大多采用坐标方格网法，只在局部小区域中采用角度交会法进行定点操作。具体的定点放线方法如下所述。

**1. 建立坐标方格网**

有些园林工程在规划图或竖向设计图中有施工坐标方格网，可以直接用来进行总平面的定点和放线。如果在规划设计图中没有方格网，也可以采用与图样相同的比例，在图上补绘坐标方格网。方格的尺寸视图面大小一般可采用20m×20m、25m×25m或50m×50m。施工方格网的坐标轴规定是：纵轴为*A*轴，*A*值的增量在*A*轴上；横轴为*B*轴，*B*值的增量在*B*轴上。*A*轴相当于测量坐标网的*X*轴，*B*轴相当于测量坐标网的*Y*轴。

**2. 测设坐标网**

按照绘有坐标方格网的规划设计图，用测量仪器把方格网的所有坐标点测设到地面上，构成地面上的施工坐标网系统。每个坐标点钉一个小木桩，桩上写明桩号和该点在*A*、*B*两轴上的坐标值。分布在园林边界沿线附近的坐标点，最好用混凝土桩做成永久性的坐标桩。

**3. 用坐标网定点**

地面的坐标网系统建立以后，可以随时用其为所有设施定点。当需要为某一设施确定中心点或角点位置时，可对照图样上的设计，在地面上找到相应的方格和其周围的坐标桩，再用绳子在坐标桩之间连线，成为坐标线。以坐标桩和坐标线为丈量的基准点和基准线，就能够确定方格内外任何地方的中心点、轴心点、端点、交点和角点。

**4. 用角度交会法定点**

要为设计图上某一设施的中心点定位，还可以利用其附近任意两个已有的固定点。在图上用比例尺分别量出两个固定点至中心点的距离；再从这两个固定点引出两条拉成直线的绳子，以量出的距离作为绳子的长度，两条绳子在各自长度之内相交，其交点即为该设施在地面上的中心点位置。两个已知的固定点，还可以是方格坐标网系统中的两个相邻坐标桩。

**5. 用方格坐标网放线**

在规划设计图上找出图形线与方格网线的一系列交点，并把这些交点测设到地面坐标网的相应位置，然后再把这些交点用线连起来，其所连之线就是需要在地面放出的该图形线。应用方格坐标网法能够很方便地进行自然式园路曲线、水体岸线和草坪边线等的放线，因此，一般采用自然式布局的园林，都用这种方法进行放线。

园林总平面的定点放线一般不是一次做完的。初次放线主要是解决挖湖堆山、地面平整、划定园林中轴线、以路线划分地块和近期施工建筑的定位等带有全局性的施工问题。以后，随着工程项目的一步步展开，还会有多次的定点放线工作。

## 任务四　园林工程施工现场平面布置与临时设施施工

### （一）施工现场平面布置内容

施工现场平面布置是一项复杂的系统工作，需要从整个建设过程来进行设计，并且需要工程师有丰富的法律、制度、技术和施工等方面的知识和经验。其内容一般包括：施工现场道路布置，起重机械布置，搅拌站，加工设施和仓库的位置，施工现场水、电布置，施工现场生活和办公设施布置，施工现场大门、围挡及标牌位置等。园林工程施工准备与临时设施工程施工流程如图1-6所示。

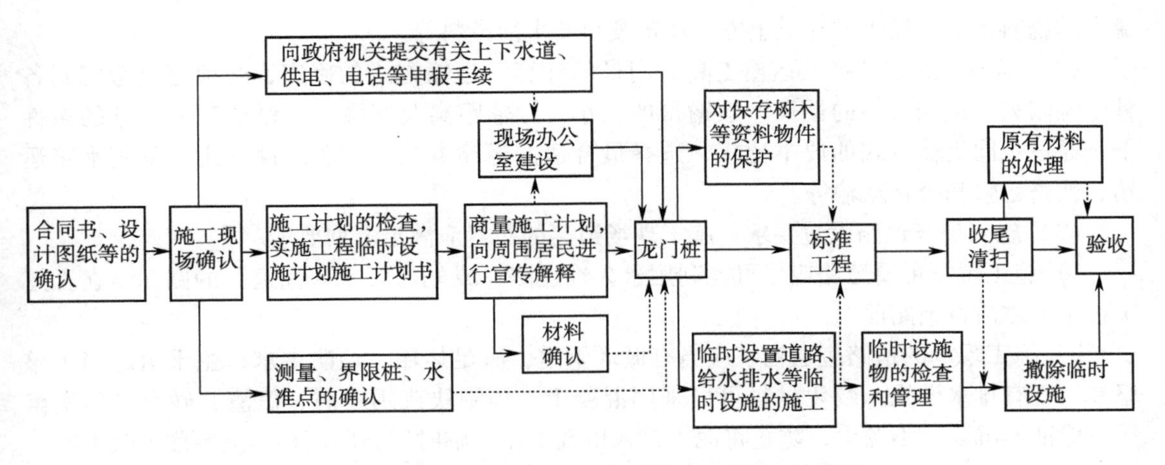


图 1-6　园林工程施工准备与临时设施工程施工流程图

## （二）施工现场总平面布置

**1. 场外交通的引入**

设计全工地性施工总平面图时，首先应从研究大宗材料、成品、半成品、设备等进入工地的运输方式入手。当大宗材料由铁路运来时，首先要解决铁路的引入问题；当大批材料是由水路运来时，应首先考虑原有码头的运用和是否增设专用码头的问题；当大批材料是由公路运入工地时，由于汽车线路可以灵活布置，因此，一般先布置场内仓库和加工厂，然后再布置场外交通的引入。

（1）铁路运输　当大量物资由铁路运入工地时，应首先解决铁路由何处引入及如何布置的问题。一般大型工业企业、厂区内都设有永久性铁路专用线，通常可将其提前修建，以便为工程施工服务。但由于铁路的引入会严重影响场内施工的运输和安全，因此，铁路的引入应靠近工地一侧或两侧。仅当大型工地分为若干个独立的工区进行施工时，铁路才可引入工地中央。此时，铁路应位于每个工区的侧边。

（2）水路运输　当大量物资由水路运进现场时，应充分利用原有码头的吞吐能力。当需增设码头时，卸货码头不应少于两个，且宽度应大于2.5m，一般用石或钢筋混凝土结构建造。

（3）公路运输　当大量物资由公路运进现场时，由于公路布置较灵活，所以一般先将仓库、加工厂等生产性临时设施布置在最经济合理的地方，再布置通向场外的公路线。

**2. 施工现场道路的布置**

施工现场道路主要包括施工现场的永久道路和临时道路。施工现场道路的科学、合理布置，可以缩短施工现场道路的铺设长度，减短施工阶段材料和设备等的运输距离，从而减少施工成本，加快施工进度。施工现场道路布置包括下列环节。

（1）工地物流量的确定　工地物流主要由场外物料的流入，场内物料的流出等组成。流入的物料有施工用的建筑材料、绿化材料、半成品和构件，如填土和客土土方、砂、石、瓦、石灰、水泥、钢材、木材、混凝土拌合物、金属构件、钢筋混凝土构件、木制品、绿化苗木、改土基质等。这些物料对选择运输方式、决定运输工具及设置运输道路起决定作用。

流出的物料主要有运出的弃土土方、建筑废料及生活废料等。

（2）运输方式的选择及运输工具需用量的计算　运输方式的确定，必须充分考虑到各种影响因素，例如材料的性质、运输量的大小、运输距离及期限。在保证完成任务的条件下，通过不同运输方式的成本比较，选择最合适的运输方式。一般运输方式可采用水路运输、铁路运输和公路运输等。

（3）施工现场道路设置要求　施工现场道路的布置应满足下列要求。

1）施工现场主要道路应尽可能利用永久性道路，或先建好永久性道路的路基，在土建工程结束之前再铺路面。

2）施工现场的道路应通畅，应当有循环干道，满足运输、消防要求；主干道应当平整坚实，且有排水设施。硬化材料可以采用混凝土、预制块或用石屑、焦渣、砂石等压实整平，保证不沉陷、不扬尘，防止将泥土带入市政道路。临时道路路面种类及厚度见表1-9。

**表1-9　临时道路路面种类及厚度**

| 路面种类 | 特点及其使用条件 | 路基土层 | 路面厚度/cm | 材料配合比 |
|---|---|---|---|---|
| 砾石级配路面 | 雨天照常通车，可通行较多车辆，但材料级配要求严格 | 砂质土 | 10～15 | 体积比　黏土:砂:石=1:0.7:3.5<br>质量比<br>面层：黏土13%～15%，砂石料85%～87%<br>底层：黏土10%，砂石混合料90% |
| | | 黏质土或黄土 | 14～18 | |
| 碎（砾）石路面 | 雨天照常通车，碎（砾）石本身含土较多，不加砂 | 砂质土 | 10～18 | 碎（砾）石>65%，当地土含量≤35% |
| | | 砂质土或黄土 | 15～20 | |
| 碎砖路面 | 可维持雨天通车，通行车辆较少 | 砂质土 | 13～15 | 垫层：砂或炉渣4～5cm<br>底层：7～10cm碎砖<br>面层：2～5cm碎砖 |
| | | 黏质土或黄土 | 8～15 | |
| 炉渣或矿渣路面 | 可维持雨天通车，通行车辆较少，当附近有此项材料可利用时选用 | 一般土 | 10～15 | 炉渣或矿渣75%，当地土25% |
| | | 较松软时 | 15～30 | |
| 砂土路面 | 雨天不通车，通行车辆较少，附近不产石料，只有砂时选用 | 砂质土 | 15～20 | 粗砂50%，细砂、粉砂和黏土50% |
| | | 黏质土 | 15～30 | |
| 风化石屑路面 | 雨天不通车，通行车辆较少，附近有石屑可利用时选用 | 一般土 | 10～15 | 石屑90%，黏土10% |
| 石灰土路面 | 雨天不通车，通行车辆少，附近产石灰时选用 | 一般土 | 10～13 | 石灰10%，当地土90% |

**3. 内部运输道路的布置**

根据各加工厂、仓库及各施工对象的相对位置，研究货物转运图，区分主要道路和次要道路，进行道路的规划。规划厂区内道路时，应考虑以下几点。

1）合理规划临时道路与地下管网的施工程序。在规划临时道路时，应充分利用拟建的永久性道路，提前修建永久性道路或者先修路基和简易路面，作为施工所需的道路，以达到

节约投资的目的。若地下管网的图样尚未出全，必须采取先施工道路，后施工管网的顺序时，临时道路就不能完全建造在永久性道路的位置，而应尽量布置在无管网地区或扩建工程范围地段上，以免开挖管道沟时破坏路面。

2）保证运输通畅。道路应有两个以上进出口，道路末端应设置回车场地，且尽量避免临时道路与铁路交叉。厂内道路干线应采用环形布置，主要道路宜采用双车道，宽度不小于6m，次要道路宜采用单车道，宽度不小于3.5m。

3）选择合理的路面结构。临时道路的路面结构，应当根据运输情况和运输工具的不同类型而定。一般场外与省、市公路相连的干线，因其以后会成为永久性道路，所以一开始就建成混凝土路面；场区内的干线和施工机械行驶路线，最好采用碎石级配路面，以利修补。场内支线一般为土路或砂石路。

**4. 仓库与材料堆场的布置**

仓库与材料堆场通常考虑设置在运输方便、位置适中、运距较短并且安全防火的地方。区别不同材料、设备和运输方式来设置。

1）当采用铁路运输时，仓库通常沿铁路线布置，并且要留有足够的装卸前线。如果没有足够的装卸前线，必须在附近设置转运仓库。布置铁路沿线仓库时，应将仓库设置在靠近工地的一侧，以免内部运输跨越铁路，同时仓库不宜设置在弯道处或坡道上。

2）当采用水路运输时，一般应在码头附近设置转运仓库，以缩短船只在码头上的停留时间。

3）当采用公路运输时，仓库的布置较灵活。一般中心仓库布置在工地中央或靠近使用的地方，也可以布置在靠近于外部交通连接处。砂石、水泥、石灰、木材等仓库或堆场宜布置在搅拌站、预制场和木材加工厂附近；砖、瓦和预制构件等直接使用的材料应该直接布置在施工对象附近，以免二次搬运。工业项目建筑工地还应考虑主要设备的仓库（或堆场），较笨重的设备应尽量放在车间附近，其他设备仓库可布置在外围或其他空地上。

**5. 加工厂的布置**

各种加工厂的布置，应以方便使用、安全防火、运输费用最少、不影响建筑安装工程施工的正常进行为原则；一般应将加工厂集中布置在同一个地区，且多处于工地边缘。各种加工厂应与相应的仓库或材料堆场布置在同一地区。

1）混凝土搅拌站。根据工程的具体情况可采用集中、分散或集中与分散相结合的方式布置。当现浇混凝土量大时，宜在工地设置混凝土搅拌站；当运输条件好时，以采用集中搅拌或选用商品混凝土最有利；当运输条件较差时，以分散搅拌为宜。

2）预制加工厂。预制加工厂一般设置在建设单位的空闲地带上，如材料堆场专用线转弯的扇形地带或场外临近处。

3）钢筋加工厂。钢筋加工厂应区别不同情况，采用分散或集中布置。对于需进行冷加工、对焊、点焊的钢筋和大片钢筋网，宜设置中心加工厂，其位置应靠近预件构件加工厂；对于小型加工件，利用简单机具成型的钢筋加工，可在靠近使用地点的分散的钢筋加工棚里进行。

4）木材加工厂。要视木材加工的工作量、加工性质和种类决定是集中设置还是分散设置几个临时加工棚。一般原木、锯材堆场布置在铁路专用线、公路或水路沿线附近，木材加工场亦应设置在这些地段附近。锯木、成材、细木加工和成品堆放，应按工艺流程布置。

5）砂浆搅拌站。对于工业建筑工地，由于砂浆量小分散，可以分散设置在使用地点附近。

6）金属结构、锻工、电焊和机修等车间。由于它们在生产上联系密切，应尽可能布置在一起。

**6. 行政与生活临时设施的布置**

行政与生活临时设施包括：办公室、汽车库、职工休息室、开水房、小卖部、食堂、俱乐部和浴室等。根据工地施工人数，可计算这些临时设施的建筑面积。应尽量利用建设单位的生活基地或其他永久性建筑，不足部分另行建造。

一般全工地性行政管理用房宜设在全工地入口处，以便对外联系，也可设在工地中间，便于全工地管理。工人用的福利设施应设置在工人较集中的地方或工人必经之处。生活基地应设在场外，距工地500～1000m为宜。食堂可布置在工地内部或工地与生活区之间。

**7. 临时水电管网及其他动力设施的布置**

当有可以利用的水源、电源时，可以将水电从外面接入工地，沿主要干道布置干管、主线，然后与各用户接通。临时总变电站应设置在高压电引入处，不应放在工地中心；临时水池应放在地势较高处。当无法利用现有水电时，为了获得电源，可在工地中心或工地中心附近设置临时发电设备，沿干道布置主线；为了获得水源，可以利用地表水或地下水，并设置抽水设备和加压设备（简易水塔或加压泵）以便储水和提高水压。然后把水管接出，布置管网。施工现场供水管网有环状、枝状和混合式三种形式，根据工程防火要求，应设立消防站，一般设置在易燃建筑物（木材、仓库等）附近，并须有通畅的出口和消防车道，其宽度不宜小于6m，与拟建房屋的距离不得大于25m，也不得小于5m，沿道路布置消防栓时，其间距不得大于100m，消防栓到路边的距离不得大于2m。

临时配电线路的布置与水管网相似。工地电力网，3～10kV的高压线采用环状，沿主干道布置；380V/220V低压线采用枝状布置。工地上通常采用架空布置，与路面或建筑物的距离不小于6m。

施工准备和临时设施工程流程表见附录1。

# 项目二　园林项目竖向设计与土方工程施工

## 项目目标

1. 能够正确识读园林项目工程的布局规划图。

2. 理解园林工程项目对地形与竖向设计的要求，并完成园林工程项目的地形与竖向设计。

3. 能够根据园林工程项目的地形与竖向设计图计算出工程项目的土方量，并完成土方工程施工方案的编制。

## 项目提出

本项目为一街心游园工程，游园北、南、东侧紧邻城市道路，西南角有一幼儿园。它属于城市公共绿地建设项目，游园已经完成布局规划（图2-1），现开始对游园进行单位工程设计，内

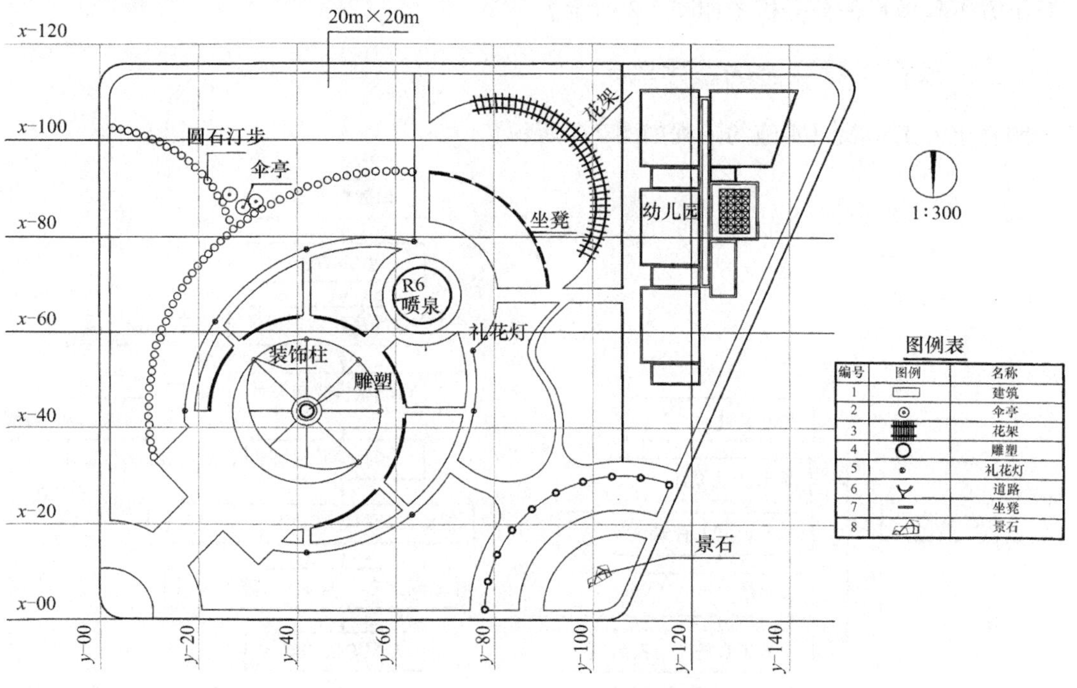


图2-1　街心游园工程总平面布置图

容包括游园的竖向设计和根据竖向设计图进行的土方工程量的估算和土方工程施工方案的编制。

## （一）识图并理解设计意图

**1. 看图名、比例尺、指北针和图例说明**

该项目是一个公共绿地建设项目即为一小游园。游园平面布局采用中轴对称布局。西北角为一主入口，与城市道路相接，因为游园面积较小，为了避免一览无余，增加景深，在西北角入口处设一假山障景。在东北角有一次要入口，可以透视园中的主要景观。游园正南向有一入口，透视园中的喷泉水景。

**2. 看图中的图例符号，了解游园的建设内容**

游园的工程内容包括单位工程及分部工程。

（1）单位工程　单位工程包括土方地形工程、绿化工程、景观照明工程和喷灌系统工程。

（2）分部工程　分部工程包括假山工程、道路和小广场铺装工程、园亭工程、水池喷泉工程、雕塑工程、花架工程、花坛池工程。

**3. 看图中的定型定位尺寸和坐标方格网**

图中具有明显的中轴线，并且以 20m 边长的方格网加以控制。图中标明了各分项工程的定型定位尺寸。

## （二）项目任务分析

土方工程项目任务分析图如图 2-2 所示。

## （三）项目工程实施的程序制定

园林土方工程项目实施的流程如图 2-3 所示。

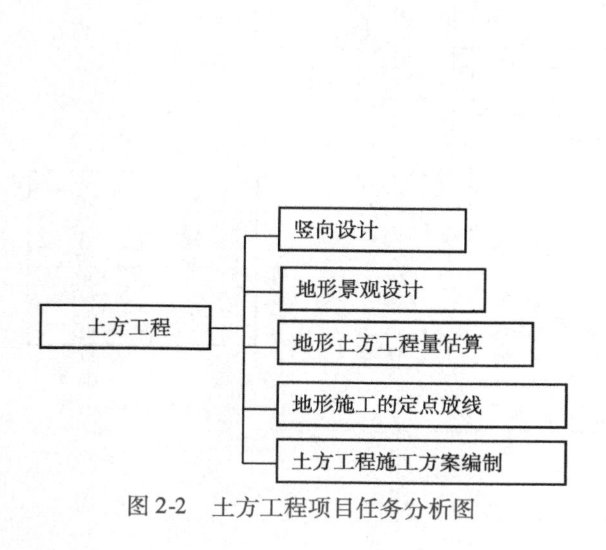


图 2-2　土方工程项目任务分析图

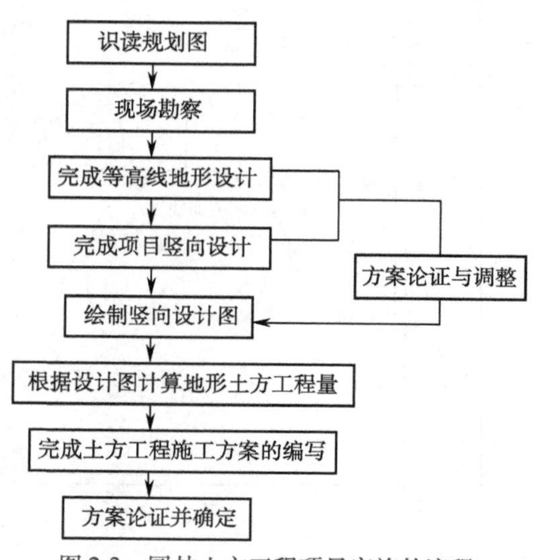


图 2-3　园林土方工程项目实施的流程

## （四）地形与土方工程项目实施准备

**1. 地形与土方工程项目实施的技术准备**

1）项目的规划布局图。

2）现场的勘察资料。

3）有关地形设计的相关案例资料。

**2. 地形与土方工程项目实施工具材料的准备**

1）绘图工具。

2）计算机及园林制图软件。

3）求积仪和坐标纸。

4）经纬仪、水准仪、花杆、塔尺、皮尺、钢尺、小木桩等放线工具。

**3. 地形与土方工程施工现场准备**

在施工地范围内，凡有碍工程的开展或影响工程稳定的地面物和地下物都应该清理，例如按设计未予保留的树木、废旧建筑物或地下构筑物等。

（1）伐除树木　凡土方开挖深度不大于50cm或填方高度较小的土方施工，现场及排水沟中的树木必须连根拔除。清理树墩除用人工挖掘外，直径在50cm以上的大树墩可用推土机或用爆破的方法清除。建筑物、构筑物基础下土方中不得混有树根、树枝、草及落叶。

（2）建筑物或地下构筑物的拆除　应根据其结构特点采取适宜的施工方法，并遵照《建筑工程安全技术规范》的规定进行操作。

（3）施工过程中的其他管线或异常物体　应立即请有关部门协同清查。未搞清前，不可施工，以免发生危险或造成其他损失。

# 任务一　项目地形设计

## （一）地形设计准备

准备图板、图样、绘图工具、计算机制图工具和软件。

## （二）地形设计的程序

地形设计流程图如图2-4所示。

## （三）地形设计的要点

**1. 分析地形所在项目的总体布局**

1）项目位于北京地区，冬季盛行西北风。

2）项目三面紧邻城市主要道路，交通噪声干扰严重。

3）项目通过以地块的对角线作为主视景线，延长了视线，达到了造景中小中见大的效果。

4）游园主要为内聚空间，这样可以为周围市民提供安静的休憩空间。

5）为了避免游园内的景观一览无余，在东北和西北入口处皆设障景。

**2. 项目地形的设计要求**

1）利用地形障景，避免一览无余。

2）利用地形组织透视线，增加景观层次。

3）利用地形隔除噪声，创造安静的内聚空间。

4）利用地形组织游园的自然排水。

5）利用地形为植物创造不同的栽植环境，充分展示植物的季相景观。

**3. 确定主峰、次峰、配峰的位置和高程**

（1）主次配峰位置的确定

1）因为此园林项目冬季受北方西北风的影响，为了挡住西北风的侵袭，在园中创造一个背风的小气候，主峰需设置在游园的西北方向。次峰和配峰宜布置在全园的位置与主峰呼应，并建立其全园的地形骨架。同时要考虑地形组织游览实现的功能。

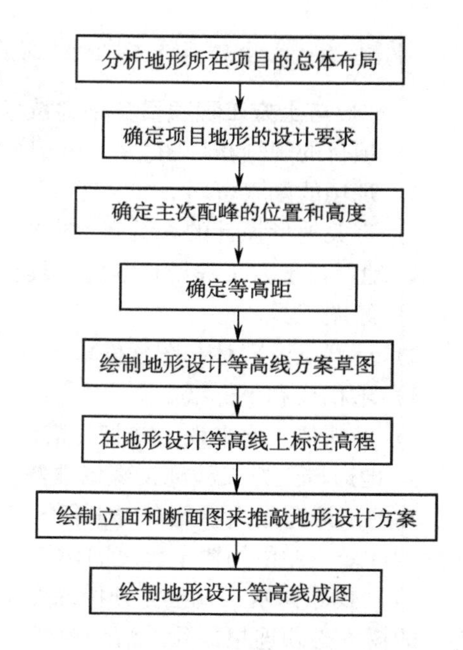


图 2-4　地形设计流程图

2）地形设计不宜对称。自然界中不乏山体平立面对称的例子，但不应是我们效法的对象。平面上应做到缓急相济（即地形设计等高线要有疏有密，等高线疏则地形较缓，等高线密则地形较陡），能够给人以不同感受。在北方通常北坡较陡，因为山的南坡有背风向阳的小气候条件，适于大面积展示植物景观和建筑色彩。

3）立面上要有主次配峰的安排，三者不能处在同一条直线上，也不要形成直角或等边三角形关系，要远近高低错落有致。正如宋朝画家郭熙所说："山，近看如此，远数里看又如此，远十数里看又如此，每远每异，所谓山形步步移也；山，正面如此，侧面又如此，背面又如此，每看每异，所谓山形面面看也。"作为陪衬的山（客山）要和主峰在高度和体量上保持合适的比例。客山过大，难以反衬出主山之雄。客山太小，显得无足轻重，不具备可比性。设计时要做到"众山拱状、主山始尊，群峰互盘，祖峰乃厚"（王维《画学秘诀》）。由此可见，增加山的高度和体积不是产生雄伟感的唯一途径，有时反会加大工程量。

（2）主次配峰高程的确定

1）为了使地形更具自然真山的效果，常将视距安排在山高的 3 倍甚至 2 倍以内，靠视角的增大产生高耸感。大空间里 4 ~ 8 倍的视距仍会对山体有雄伟的印象，如果视距大于景物高度的 10 倍，这种印象就会消失。

2）地形设计要体现三远的变化，即使人有高远感、平远感和深远感。"山有三远。自山下而仰山巅，谓之高远；自山前而窥山后，谓之深远；自近山而望远山谓之平远。"在山体的三远中，深远通常被认为是最难以做到的，它可以使山体丰厚幽深。为了达到预想的效果而又不至于挖砌太多的土方，常使山趾相交形成幽谷，或在主山前设置小山创造前后层次。

3）山脊线的设置。山的组合可以很复杂，但要有一气呵成之感，切不可使人觉得孤立零碎。山脊线的作用如同人的骨骼一样，要做到以骨贯肉，气脉相通。山体之间不应互不理睬，而应顾盼有情。山脉即使中断也要尽可能做到“形散而神不散”，脊线要“藕断丝连”，保持内在联系。从山体的断面看山脚宜缓、稳定自然，山坡宜陡、险峻、峭立，山顶又缓、空阔开朗，山坡至山顶应有变化，同时注意利用有特点的地形地貌。

4）背景山的作用。山除了可以做主景以外，也可作为背景出现。在现代园林中类似古典园林的墙可对游览序列产生有效的控制，使各个内容不同的空间不至于相互干扰。绿地中常在道路交叉口和路旁堆山植树，避免游人穿行并组织观赏路线。在地下水位较高的地带堆山还可改善生态条件。

5）山的高度的掌握。山的高度可因需要决定。供人登临的山，为有高大感并利于远眺应高于平地树冠线。在这个高度上可以不致使人产生“见林不见山”的感觉。当山的高度难以满足这一要求（10～30m）时，要尽可能不在主要欣赏面中靠山脚处种植过大的乔木，而应以低矮灌木（如有庇荫要求可采用小乔木）突出山的体量。在山顶覆以茂密的高大乔木林（根部要为小树所掩以免使真山的高度一目了然），造成磅礴的气势。横向上也要注意用余脉延伸，用植矮树于山端等方法掩虚露实，一样可以起到相应作用。

如果反其道而行之，在某些休养院中弱化地形，就可使原有的陡峭地势不致使人望而生畏，在轻松的气氛里完成适当的锻炼。对于那些分割空间和起障景作用的土山，通常不被登临，高度在1.5m以上能遮挡视线就足够了。建筑一般不要建在山的最高点，这样会使山体显得呆板，同样建筑也失掉了山体的陪衬。建筑选址既要配合山形又要便于赏景。

（3）地形设计中应考虑的问题

1）园林绿地与城市的关系。园林的地貌、立体造型是城市面貌的组成部分。当园林的出入口按城市居民来园的主要方向设置时，出入口处需要有广场和停车场，一般应有较平坦的用地，使与城市道路有合理地衔接。

2）地形的现状情况。整个园林地形的设计要遵循“保护利用为主、修整改造为辅”这一重要原则。顺应自然，充分利用原地形，因势利导地安排内容，设置景点，必要之处也可进行改造。但要注意挖填土方的就地平衡，这样可以减少土方工程量，节约工力，降低基建费用。

3）注意建筑与地形的结合情况。园林建筑、地坪的处理方式，以及建筑和其周围环境的联系，直接影响着挖填土方工程。园林中的建筑如能紧密结合地形，建筑体型或组合能随形就势，就可以少动土方。

4）地形设计还要注意园路选线的问题。山坡上修筑路基，大致有三种情况：全挖式、半挖半填式、全填式。园路除主路和部分次路，因运输、养护车辆的行车需要，要求较平坦外，其余均可任其随地形蜿蜒起伏，有的甚至造奇设险以引人入胜，所以园路设计的余地较大。尤其是地形变化复杂的地区应结合地形，利用地形、地物等方面，避免或减少大填大挖，以减少土方工程量。

5）尽量通过地形改造创造不同的地形空间类型，满足不同游览活动的要求，给人以不同的游园体验。

（4）确定等高距　等高距的大小反映了表达地形的准确程度。我们可以根据设计地形地貌变化的复杂程度，选择从0.1～1m不同的等高距。

（5）绘制地形设计等高线方案草图　项目地形设计案例如图 2-5 所示。

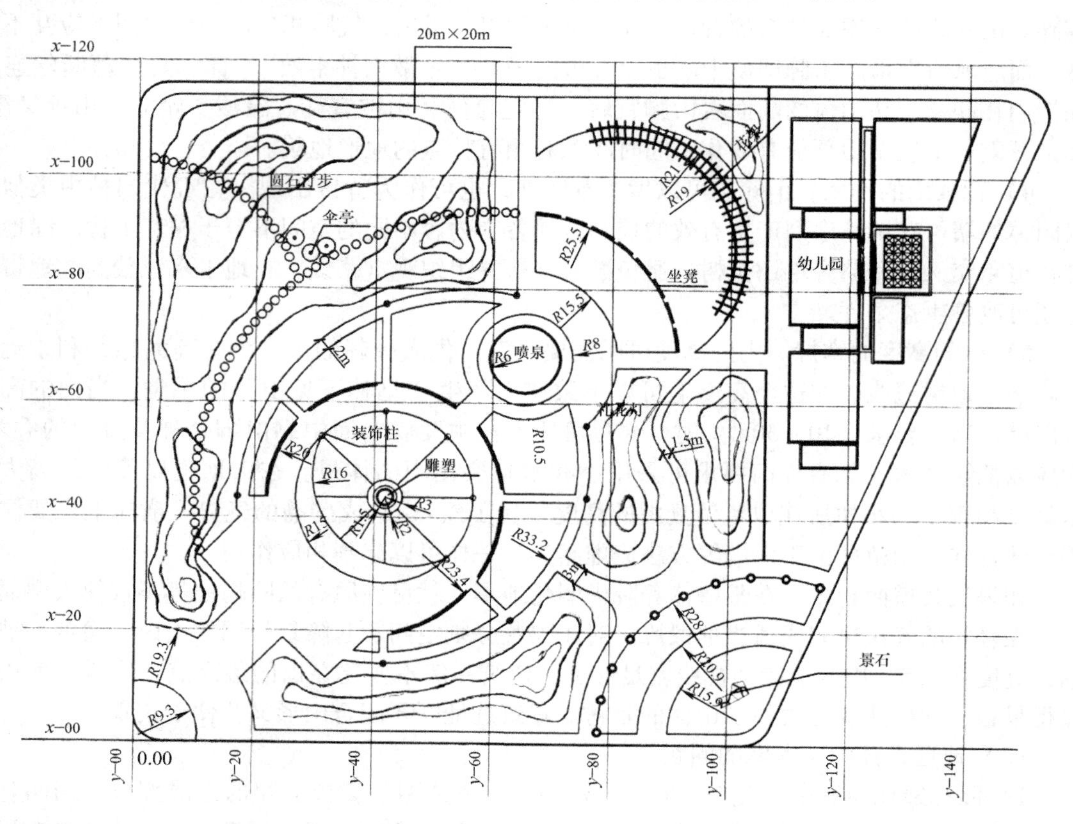


图 2-5　项目地形设计案例

（6）在地形设计等高线上标注高程　在地形设计方案草图上根据设定的等高距在等高线上应标注高程，高程数字处的等高线应断开，高程数字的字头应朝向山头，数字要成列排列整齐且数字的左右边界线与等高线垂直。周围平整地面高程为 ±0.00，高于地面为正，数字前“+”号省略；低于地面为负，数字前应注写“-”号。高程单位为“米”，要求保留两位小数。

（7）绘制立面和断面图来推敲地形设计方案（图 2-6）　地形设计中为使视觉形象更明了和表达实际形象轮廓，可以绘出立面图，即水平向垂直投影图，对视点水平向所见地形地貌一目了然。而剖面图则是地形变化按比例在纵向（以等高线与剖面线交点处描绘出的带有垂直向标高的坐标方向）和横向（地形水平长度坐标方向）的表达，以说明地形上地物相对位置和室内外标高的关系；同时说明植被分布及树木空间的轮廓与景观气势（包含林冠线，是指树丛和林带在立面空间构图的轮廓线），还可说明在垂直空间内地面上不同界面的处置效果（如水岸变化坡度延伸情况、垂直空间里上、中、下层生态群落植物配置情况等）。

剖面图在地形设计中的表现方式有三种，可视不同场合采用（图 2-7）。

1）剖面图，仅表示垂直于地形平面的切割后，剖面线上所呈现出的物象图。

2）剖立面图，不仅表示出切割线的剖面，同时亦表示这剖面线后可见的种种物象。

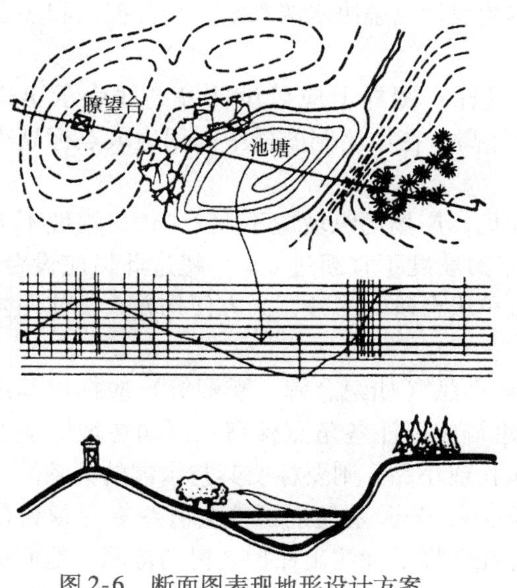


图 2-6　断面图表现地形设计方案

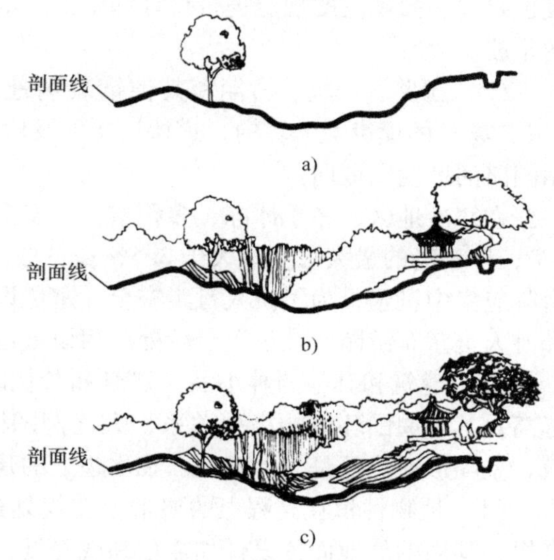


图 2-7　剖面表现的三种图

a）剖面图　b）剖立面图　c）剖面透视图

3）剖面透视图，除表达了切割线的剖面外，还将此剖面线后的景象以透视方式一同表现于图上。

（8）绘制地形设计等高线成图　将地形设计草图扫描成图片格式，打开 AutoCAD 界面转化成电子版地形设计图。地形设计图用细实线绘制，也可以和下一个完成竖向设计任务的内容一并绘制成园林竖向设计图。

# 任务二　项目竖向设计

竖向设计是指在一块场地上进行垂直于水平面方向的布置和处理。园林用地的竖向设计就是园林中各个景点、各种设施及地貌等在高程上如何创造高低变化和协调统一的设计。

在建园过程中，园基的原地形往往不能完全符合建园的要求，所以在充分利用原有地形的情况下必须进行适当的改造。竖向设计的任务就是从最大限度地发挥园林的综合功能出发，统筹安排园内各种景点、设施和地貌景观之间的关系，使地上的设施和地下设施之间、山水之间、园内与园外之间在高程上有合理的关系。

## （一）竖向设计准备

准备图板、图样、绘图工具、计算机制图工具和软件。

## （二）竖向设计的内容

（1）地形设计　地形的设计和整理是竖向设计的一项主要内容。地形骨架的“塑造”，山水布局，峰、峦、坡、谷、河、湖、泉、瀑等地貌小品的设置，他们之间的相对位置、高低、大小、比例、尺度、外观形态、坡度的控制和高程关系等都要通过地形设计来解决。不同的土质有不同的自然倾斜角。山体的坡度不宜超过相应的土壤自然安息角。水体岸坡的坡度也要按有关规范的规定进行设计和施工。水体的设计应解决水的来源、水位控制和多余水的排放。

（2）园路、广场、桥涵和其他铺装场地的设计　图样上应以设计等高线表示出道路（或广场）的横纵坡和坡向，道桥连接处及桥面标高。在小比例图样中则用边坡点标高来表示园路的坡度和坡向。

在寒冷地区，冬季冰冻、多积雪。为安全起见，广场的纵坡应不大于7%，横坡不大于2%，停车场的最大坡度不大于2.5%；一般园路的坡度不宜超过8%。超过此值应设台阶，台阶应集中设置，为了游人行走安全，避免设置单级台阶。另外，为方便伤残人员使用轮椅和游人推童车游园，在设置台阶处应附设坡道。

（3）建筑和其他园林小品　建筑和其他园林小品（如纪念碑、雕塑等）应标出其地坪标高及其与周围环境的高程关系，大比例图样建筑应标注各角点标高。例如在坡地上的建筑，是随形就势还是设台筑屋。在水边上的建筑物或小品，则要标明其与水体的关系。

（4）植物种植在高程上的要求　在规划过程中，公园基地上可能会有些有保留价值的老树，其周围的地面依设计如需增高或降低，应在图样上标注出保护老树的范围、地面标高和适当的工程措施。

植物对地下水很敏感，有的耐水、有的不耐水。规划时应依不同树种创造不同的生活环境。水生植物种植时，不同水生植物对水深有不同要求，有湿生、沼生、水生等多种，例如荷花适宜生活于水深0.6～1.0m的水中。

（5）排水设计　在地形设计的同时要考虑地面水的排除，一般规定无铺装地面的最小排水坡度为1%，而铺装地面则为5%，但这只是参考限值，具体设计还要根据土壤性和汇水区的大小、植被情况等因素而定。

（6）管道综合　园内各种管道（如供水、排水、供暖及煤气管道等）的布置，难免有些地方会出现交叉，在规划上就需按一定原则，统筹安排各种管道交会时合理的高程关系，以及它们和地面上的构筑物或园内乔灌木的关系。

## （三）竖向设计的程序

项目竖向设计流程图如图2-8所示。

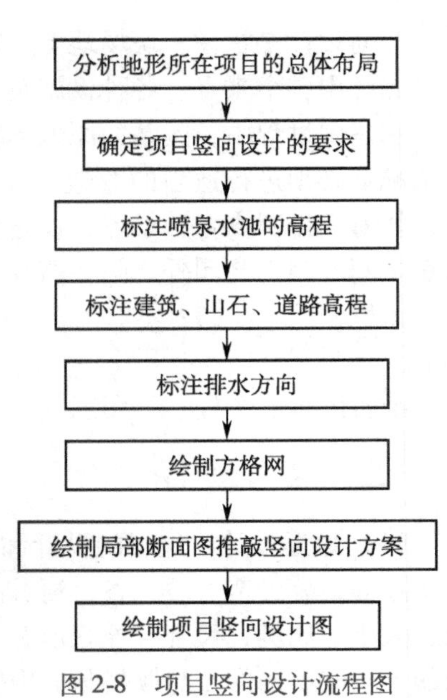

图2-8　项目竖向设计流程图

## （四）竖向设计的要点

### 1. 分析地形所在项目的总体布局

1）项目地形设计已经完成，在地形设计过程中充分考虑了地形的适用功能、造景功能和土方就地平衡原则（即经济性）。

2）项目中仍有一些设计要素的竖向变化情况没有交代，其中包括：①整个游园与城市道路的衔接；②游园中的喷水池；③游园的道路广场及与之边缘相接的花坛池；④雕塑、假山、花架、蘑菇亭等；⑤排水坡向与坡度。总而言之，地形设计是竖向设计的一个重要内容。我们需要在设计中反复推敲并结合任务一的方案不

断修订，最终满足项目适用、经济、美观的三大建园原则。

**2. 确定项目竖向设计的要求**

项目的竖向设计要求综合考虑造景要求、赏景要求、造园中的一切功能要求，以满足人们游览，同时综合考虑项目总体布局与局部单项或分部工程在竖向上的位置关系，考虑设计单项工程与分部工程在竖向上的高程关系。尤其对于单项工程与分部工程的交叉点的连接更应引起注意并应做周密计划。

**3. 标注喷泉水池的高程**

对于园林水景，用特粗实线表示水体边界线（即驳岸线或水池池壁水平投影线），对于人工水池，一般池底为平面，用标高符号标注池底高程，标高符号下面应加画短横线和45°斜线表示池底。

**4. 标注建筑、山石、道路高程**

将设计平面图中的建筑、山石、道路、广场等位置按外形水平投影轮廓绘制到地形设计图中，其中建筑用中实线，山石用粗实线，广场、道路用细实线。

1）标注建筑标高。建筑应标注室内地坪标高，以箭头指向所在位置。

2）标注山石标高。山石用标高符号标注最高部位的标高。

3）道路高程标注。道路高程，一般标注在交汇、转向、变坡处，标注位置以圆点表示，圆点上方标注高程数字。

**5. 标注排水方向**

根据坡度，用单箭头标注雨水排除方向。

**6. 绘制方格网**

为了便于施工放线和土方工程量估算，地形设计图中应设置方格网。设置时尽可能使方格某一边落在某固定建筑设施边线上（目的是便于将方格网测设到施工现场），每一网格边长可为5m、10m、20m等，按需而定，其比例与图中一致。方格网按顺序编号，规定：横向从左向右，用阿拉伯数字编号；纵向自下而上，用拉丁字母编号，并按测量基准桩的坐标，标注出纵横第一网格坐标。

**7. 绘制局部断面图推敲竖向设计方案**（图2-9）

必要时，可绘制出某一剖面的断面图，以便直观地表达该剖面上竖向变化情况。

**8. 绘制项目竖向设计图**

该项目竖向设计图采用三种方法：对于地形设计采用等高线法；对于园林中的建筑、桥涵、雕塑、假山石、道路交叉节点、道路变坡点采用重点工程标准法；对于地形的排水和道路广场排水采用坡向标注法。

（1）等高线法　是以某一水平面为依据，在用相互等距的系列水平面切割地形后，所得的平面与地形的交线之水平正投影图来表示地形的变化，相应的标高即标注其上，成为一组设计等高线。如图2-10所示，平面间的垂距即为等高间距，两相邻等高线间的垂距在水平投影图上的投影即为等高线“平距”。

（2）坡向标注法　地形图中，为了较快地进行竖向控制标高计算，往往将图中某些特殊的点（园路交叉点、建筑物的转角基底地坪、园桥的顶点、涵闸出口处等）用十字、圆点或水平三角标记符号“▽”来标明高程，特别适用于场地平整和度假休息旅游设施的竖向设计，也适用于园路段的明码标坡（图2-10）。

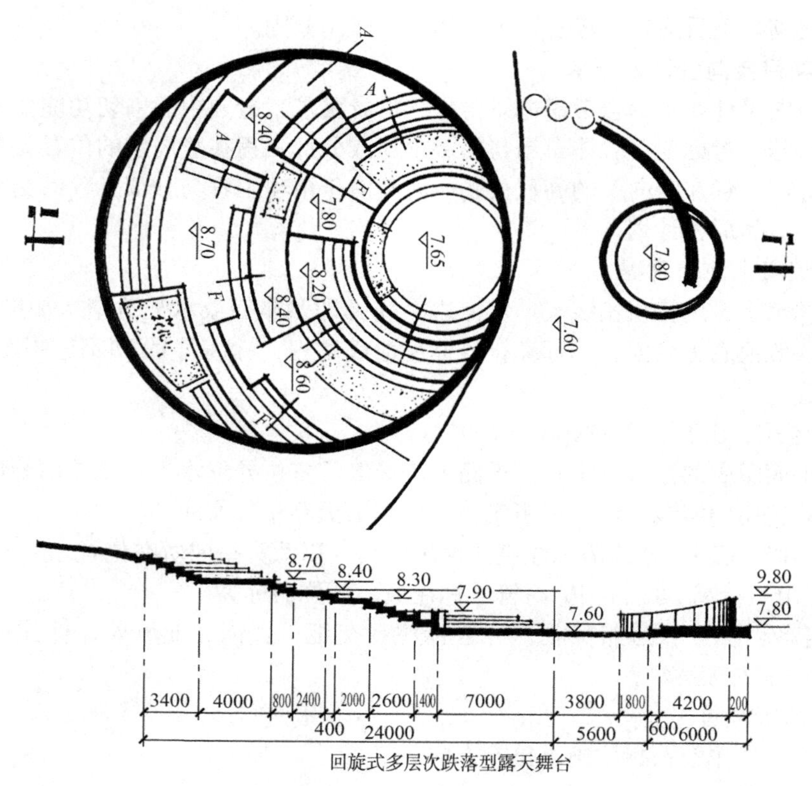


图 2-9　露天广场的平面与剖面设计

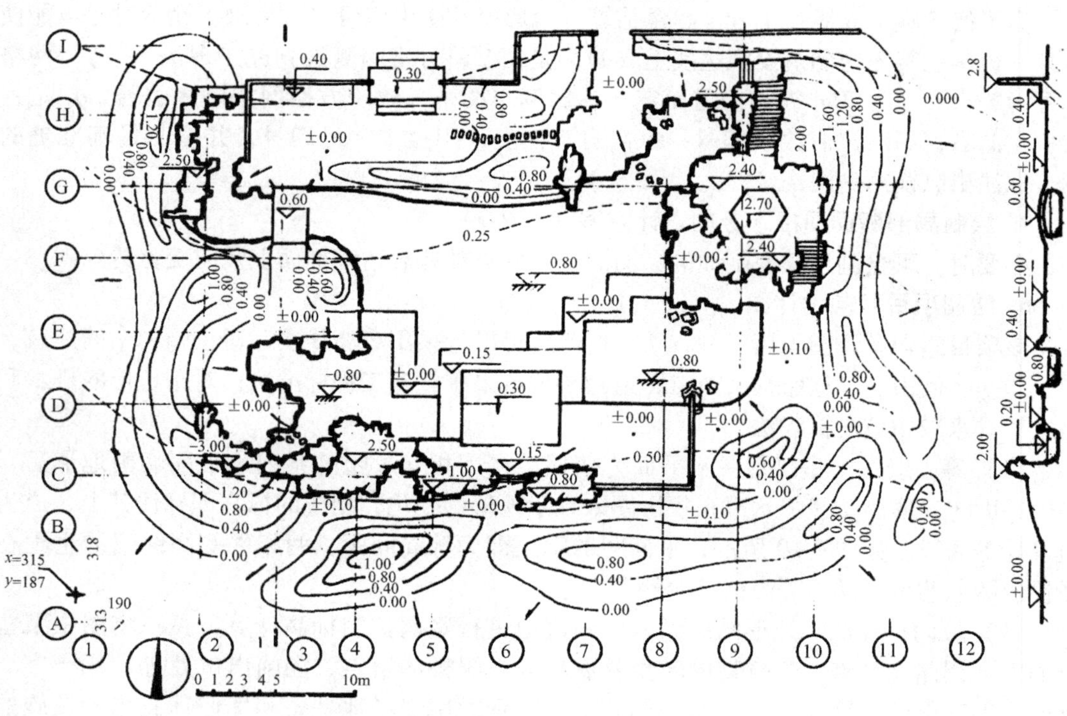

图 2-10　园林竖向设计的多种表现技法案例

（3）断面图法　绘制某一剖面的断面图，直观地表达该剖面上竖向变化情况，标注假山、建筑、驳岸、桥涵顶点、水池池底、基准标高地坪标高（图 2-10）。

## （五）项目设计参考数据和资料

### 1. 园林中地形坡度设计与限值

园林中地形坡度设计与限值如图 2-11 所示。

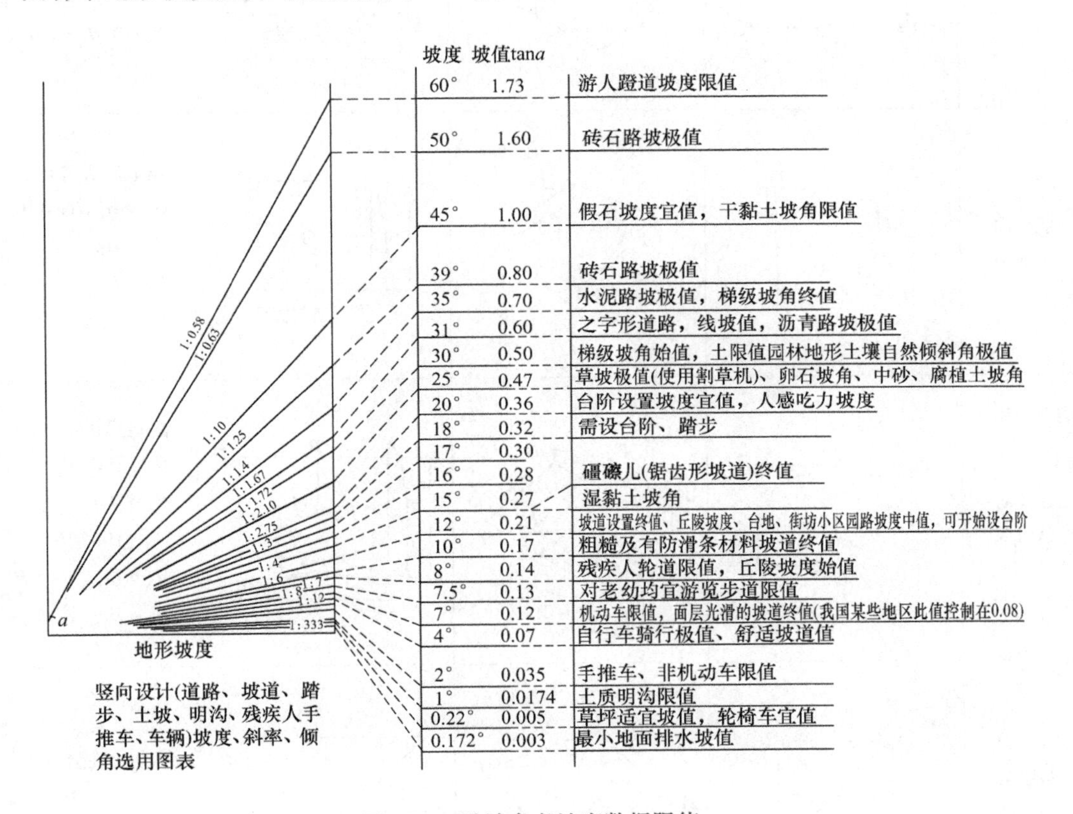


图 2-11　设计参考坡度数据限值

### 2. 景园设计中常见的场地坡度类型

景园设计中常见的场地坡度类型见表 2-1。

表 2-1　园林中常见的场地坡度类型

| 坡地类型 | 平面图式 | 立体图式 | $H_0$ 点（或线）的位置 | 备　注 |
|---|---|---|---|---|
| 单坡向一面坡 | A B D C | A B C D | B C $H_0$ $H_0$ A D o | 场地形状为正方形或矩形<br>$H_A = H_B$，$H_C = H_D$<br>$H_A > H_D$<br>$H_B > H_C$ |

（续）

| 坡地类型 | 平面图式 | 立体图式 | $H_0$点（或线）的位置 | 备　注 |
|---|---|---|---|---|
| 双坡向<br>双面坡 | 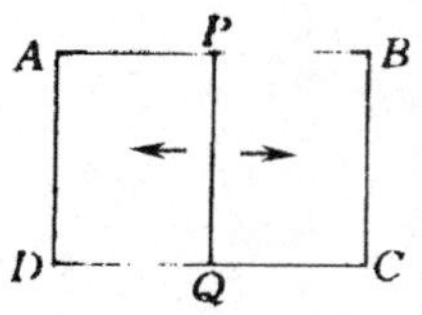 | 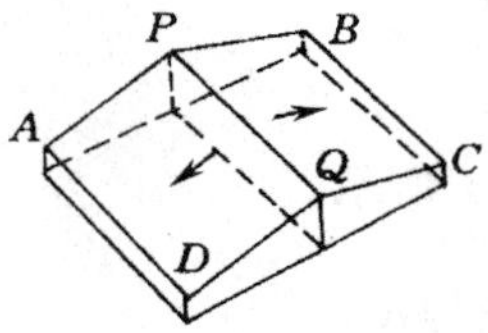 | 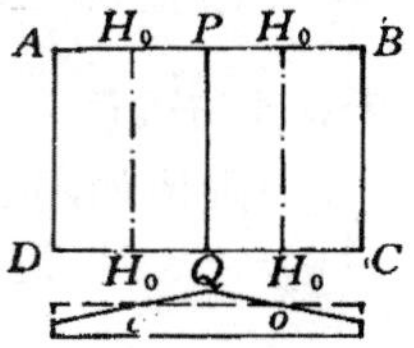 | 场地形状同上<br>$H_P = H_Q$<br>$H_A = H_B = H_C = H_D$<br>$H_P$（或$H_Q$）$> H_A$等 |
| 双坡向<br>一面坡 | 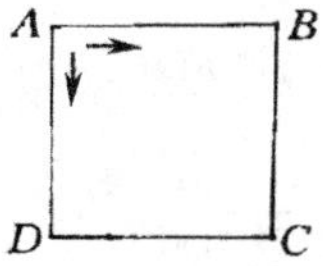 | 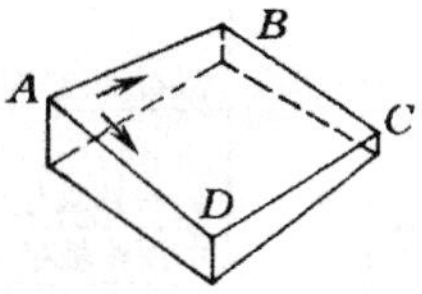 | 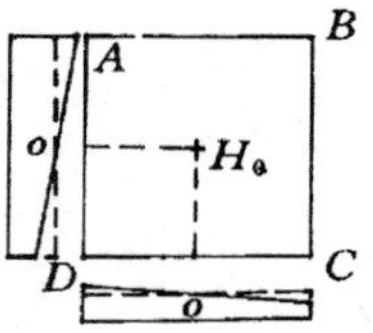 | 场地形状同上<br>$H_A > H_B, H_A > H_D$<br>$H_B \gtreqless H_D$<br>$H_B > H_C$<br>$H_D > H_C$ |
| 三坡向<br>双面坡 | 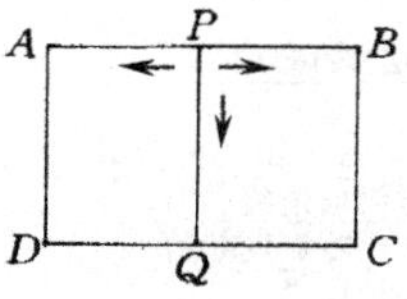 | 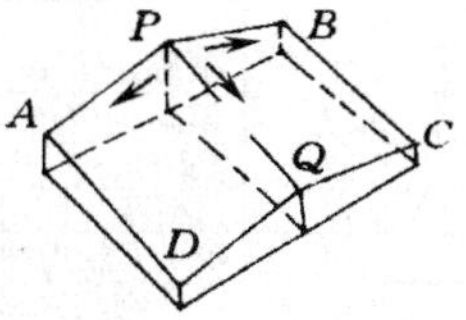 | 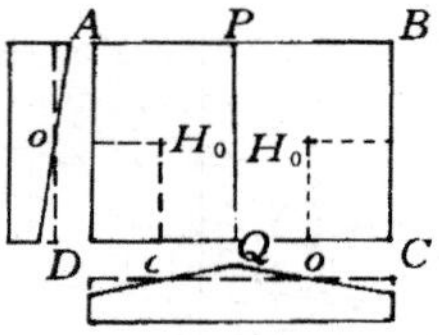 | 场地形状同上<br>$H_P > H_Q$，$H_P > H_A$<br>$H_P > H_B$<br>$H_A \gtreqless H_Q \gtreqless H_B$<br>$H_A > H_D$，$H_B > H_C$<br>$H_Q > H_C$（或$H_D$） |
| 四坡向<br>四面坡 | 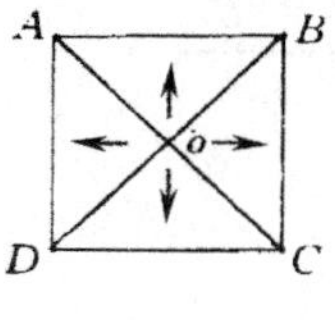 | 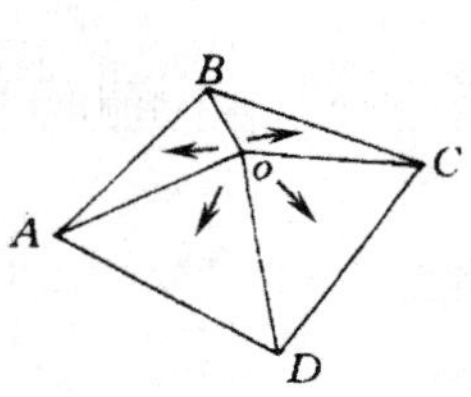 | 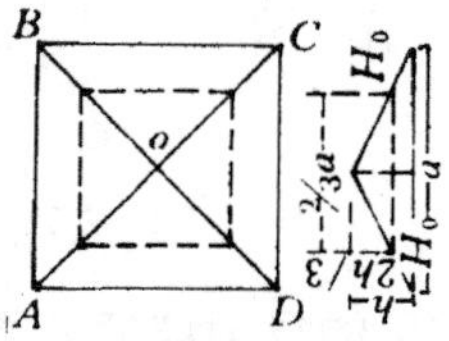 | 场地形状同上<br>$H_A = H_B = H_C = H_D$<br>$H_P > H_A$ |
| 圆锥状 | 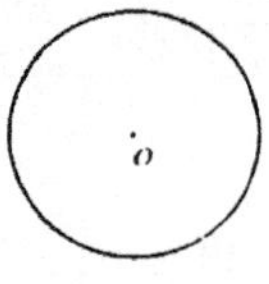 | 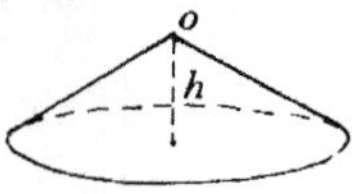 | 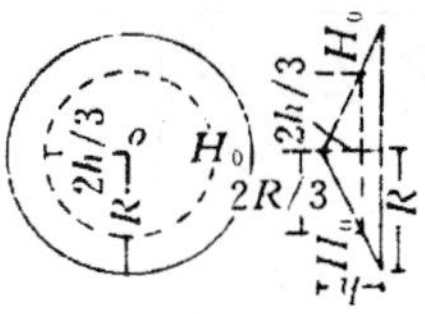 | 场地形状为圆形<br>半径为$R$<br>高度为$h$的圆锥体 |

**3. 坡度分类及分级标准与特征**

坡度分类及分级标准与特征见表2-2。

表 2-2　坡度分类及分级标准与特征

| 类　型 | 坡度 $i$ | 特　征 | 观　感 |
| --- | --- | --- | --- |
| 平坡地 | 0% ~3% | 基本上是平地，园路与建筑可自由布置，但需注意地表保证最小排水坡度为3‰ | 1%的坡度已能够使人感觉到地面的倾斜，同时也可以满足排水的要求。如坡度达到2% ~3%，会给人以较为明显的印象。若原地形平整，全凭施工才能造成地形变化设计坡度便可将其作为参照标准以兼顾美观、经济两个方面，这也是常说的微地形处理 |
| 缓坡地 | 3% ~10% | 道路、建筑布置不受地形约束 | 4% ~7%的坡度是草坪中很常见的<br>8% ~12%之间时称为缓坡 |
| 中坡地 | 10% ~25% | 建筑区内需设梯级，道路不宜垂直于等高线布置，建筑群布置受限制 | 陡坡的坡度大于12%，它一般是山体即将出现的前兆。无论哪种类型的坡地都会对游人活动产生某些限制，各种工程设施也不像在平地上可以随意布置而要同等高线相平行。通常土坡坡度不大于20%，草坪坡度也控制在25%以内 |
| 陡坡 | 25% ~50% | 道路线与等高线成锐角布置，建筑群布置受较大限制 | 在坡度超过40%时常常需要设置挡土墙以免发生坍塌 |
| 急坡地 | 50% ~100% | 道路需曲折盘旋而上，梯道需与等高线成斜角布置，建筑设计需作特殊处理 | |
| 悬崖坡地 | >100% | 道路及梯道布置极困难，工程措施投资大 | |

（1）平地（$i$<3%）　所谓平地，不是绝对的平，平地不利于自然地形排水，而是要保持一定坡度，以免视野单调。要注意景观艺术效果，避免单向坡拉得过长，要设成多面坡。平地坡度的大小选择可视地被植物覆盖和排水速度而定。

1）排水速度要求：游人散步草坪的坡度可大些，介于1% ~3%比较理想，以求场地快干，也适合于安排多项活动和内容。花坛或种植林带，由于径流下渗透水量较大，坡度可略小些，宜为0.5% ~2%。

2）地表有铺装的硬地，坡度可小些，宜为0.3% ~1%，但排水坡面尽可能多向，以加快地表排水速度。

3）当平地处于山坡与水体之间，则可设置坡率渐变的坡度由30%、15%、10%、5%、3%，直至临水面时，则以0.3%的缓坡徐徐伸入水中，使山地丘陵和草坪水面之间没有生硬转折的界限，柔顺舒展地过度。

4）多个平台设计。设计位于不同标高的地形平台以满足地坡的高差缓和变化，也满足游人步移景换，多视角观瞻景园的艺术要求。高差过渡用阶梯、台级、坡道衔接，空间由此也灵活多变。

总之，平台的地貌应具有多方向发展的张力感地形。凸形的地貌可创造景观中构图的焦点，地形形象十分突出；凹形地貌具有封闭性和内向性，能在观景上产生舞台效果，在谷地中会产生神秘孤独感，在开阔地会使人心胸坦荡、豪放，而在台地梯阶上又能使人情绪起伏，增强错落而有韵律的气氛。

（2）丘陵　丘陵的坡度变化一般为10% ~25%，高度差异也多为1 ~3m。丘陵在地形设计中可视做土山的余脉、主峰的配景、平地的外缘。在进行规划造景构图之际，不仅要注意地形的方圆偏正，还要注意丘陵地形的走向趋势，园林用地唯丘陵地最胜，只要“略成小筑，足微大观”。

（3）盆地式地形与下沉式广场

1）盆地式地形设计与露天音乐厅。利用盆地式地形可以设计下沉式广场，四周高于中央，在人群喧杂时可“闹中取静”，还可设计花坛式沉床和沉园。

2）台阶式地形设计与露天剧场。台阶式地形很适合处理成露天剧场用地或杂技角斗场的演出，所围合成的单向斜坡面，更宜组合成大舞台。

3）台阶式地形的竖向设计。台阶式地形，在进行地形竖向设计时，梯级可作为在相近标高上变化的小空间处理，因为在上上下下的台阶中，台阶都是作为既有高程上的变化，又有作为交通空间所特有的斜向界面来设计。

# 任务三　土方工程施工

任何建筑物、构筑物、道路及广场等工程的修建，都要在地面上作一定的基础，挖掘基坑、路槽等，这些工程都是从土方施工开始的。在园林中地形的利用、改造或创造，如挖湖堆山、平整场地都要依靠动土方来完成。土方工程在园林建设中是一项大工程，而且在建园中也是先行的项目。它完成的速度和质量，直接影响着后续工程，所以它关系着整个建设工程的进度。土方工程的投资和工程量一般都很大，有的大工程施工期很长。由此可见土方工程要想“多、快、好、省”地完成，必须做好施工安排工作。

## （一）施工准备

1）施工材料准备：小线、白灰。

2）施工机具准备：尖头铁锹、平头铁锹、手锤、手推车、梯子、枝剪、手锯、铲土机、经纬仪、水准仪、小木桩、挖土机、自卸汽车、运输车。

3）作业条件：工程设计完成并得到开工通知。

## （二）工艺顺序

土方工程施工流程如图 2-12 所示。

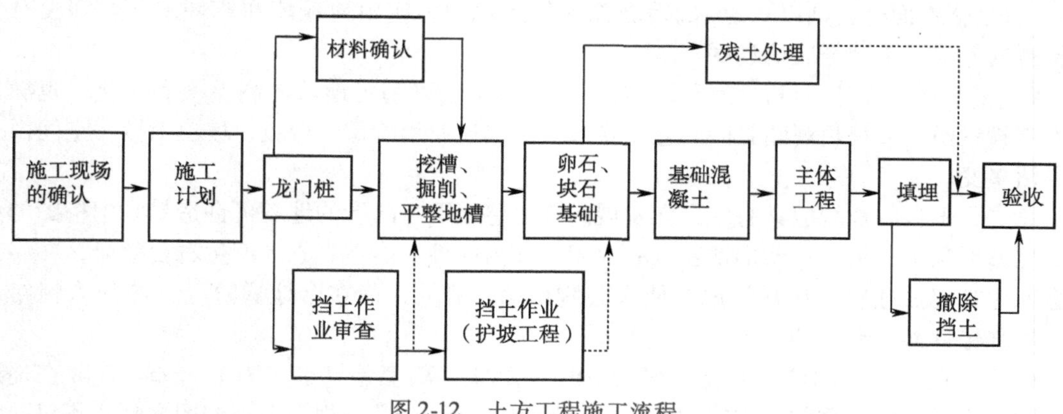


图 2-12　土方工程施工流程

## （三）土方工程施工技术要点

土方工程施工技术要点主要包括清理场地、排水和定点放线，以便为后续土方施工工作提供必要的场地条件和施工依据。准备工作做得好坏，直接影响着功效和工程质量。

**1. 清理场地**

在施工地范围内，凡有碍工程的开展或影响工程稳定的地面物和地下物都应该清理，例如按设计未予保留的树木、废旧建筑物或地下构筑物等。

1）伐除树木。凡土方开挖深度不大于50cm或填方高度较小的土方施工，现场及排水沟中的树木必须连根拔除。清理树墩除用人工挖掘外，直径在50cm以上的大树墩可用推土机或用爆破方法清除。建筑物、构筑物基础下土方中不得混有树根、树枝、草及落叶。

2）建筑物或地下构筑物的拆除，应根据其结构特点采取适宜的施工方法，并遵照建筑工程中相关安全技术规范的规定进行操作。

3）施工过程中的其他管线或异常物体，应立即请有关部门协同清查。未搞清前，不可施工，以免发生危险或造成其他损失。

**2. 场地排水**

场地积水不仅不便于施工，而且也影响工程质量。在施工之前应设法将施工场地范围内的积水或过高的地下水排走。

（1）地面积水的排除　在施工前，根据施工区地形特点在场地内及其周围挖排水沟，并防止场地外的水流入。在低洼处或挖湖施工时，除挖好排水沟外，必要时还应加筑围墙或设防水堤。另外，在施工区域内考虑临时排水设施时，应注意与原排水方式相适应，并且应尽量与永久排水设施相结合。为了排水通畅，排水沟纵坡坡度不应小于0.2%，沟的边坡值取1:1.5，沟底宽、深均不小于50cm。

（2）地表水的排除　园林土方施工中多用明沟，将水引至集水井面，再用水泵抽走。一般按排水面积和地下水位的高低来安排排水系统，先定出主干渠和集水井的位置，再定支渠的位置和数目，土壤含水量大、要求排水迅速的，支渠分支应密些，其间距为1.5m，反之可疏些。在挖湖施工中应先挖排水沟，排水沟的深度应深于水体挖深。沟可一次挖掘到底，也可依施工情况分层下挖，采用哪种方式可根据出土方向决定。图2-13所示为双向出土，图2-14所示为单向出土，水体开挖顺序可依图中A、B、C、D依次进行。

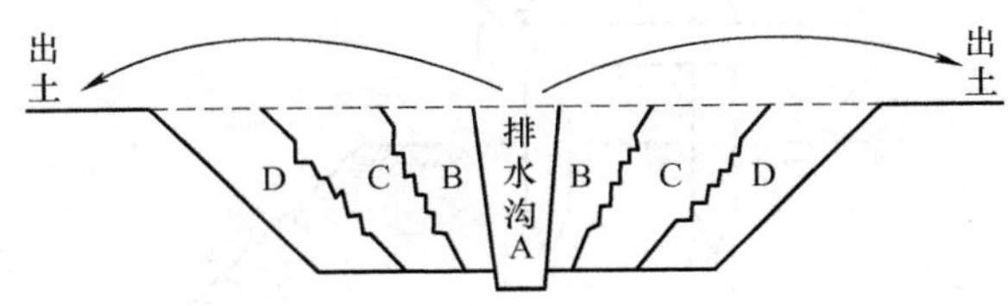


图2-13　排水沟一次挖到底，双向出土挖湖施工

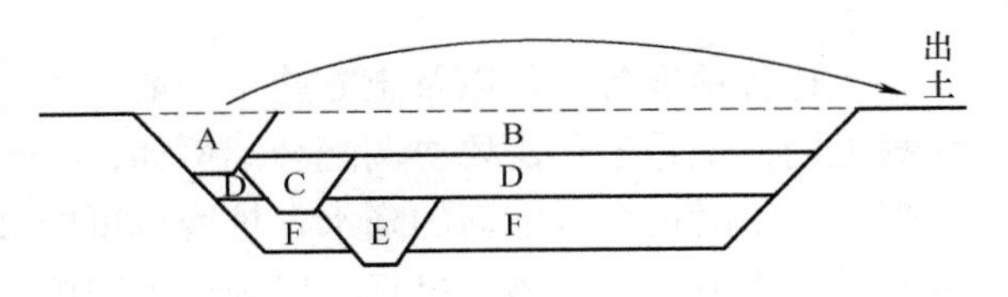


图2-14　排水分层挖掘，单向出土挖湖施工

**3. 定点放线**

在清场之后，为了确定施工范围及挖土或填土的标高，用测量仪器在施工现场进行定点放线工作，这一步工作很重要，为使施工充分表达设计意图，测设时应尽量精确。

（1）平整场地的放线　用经纬仪或全站仪将图样上的方格网测设到地面上，并在每个方格网交点处设立木桩，边界木桩的数目和位置依图样要求设置。木桩上应标记桩号（取施工图样上方格网交点的编号）和施工标高（挖土用“+”号，填土用“-”号）。

（2）自然地形的放线　挖湖或堆山，首先确定挖湖或堆山的边界线，但这样的自然地形放到地面上是较难的，特别是在缺乏永久性地面物的空旷地上，在这种情况下应先在施工图上画好方格网，再把方格网测设到地面上，而后把设计地形等高线和方格网的交点一一标到地面上并打桩，桩木上也要标明桩号及施工标高。

堆山时由于土层不断升高，木桩可能被埋没，所以桩的长度应保证每层填土后要露出土面。土山不高于1.5m的，也可用长竹竿作为标高桩，在桩上把每层的标高均标出。不同层用不同颜色标志，以便识别。对于较高的山体，标高桩只能分层设置。

挖湖工程的放线工作与堆山基本相同，但由于水体挖深一般较一致，而且池底常年隐没在水下，放线可以粗放些，岸线和岸坡的定点放线应准确，这不仅是因为它是水上造景部分，而且和水体岸坡的工程稳定性有很大关系。为了精确施工，可以用边坡样板控制边坡坡度，如图2-15所示。

开挖沟槽时，用打桩放线的方法木桩易被移动，从而影响校核工作，所以应使用龙门板，如图2-16所示，每隔30~100m设龙门板1块，其间距视沟渠纵坡的变化情况而定。板上应标明沟渠中心线位置、沟上口和沟底宽度等。板上还要设坡度板，用坡度板来控制沟渠坡度。

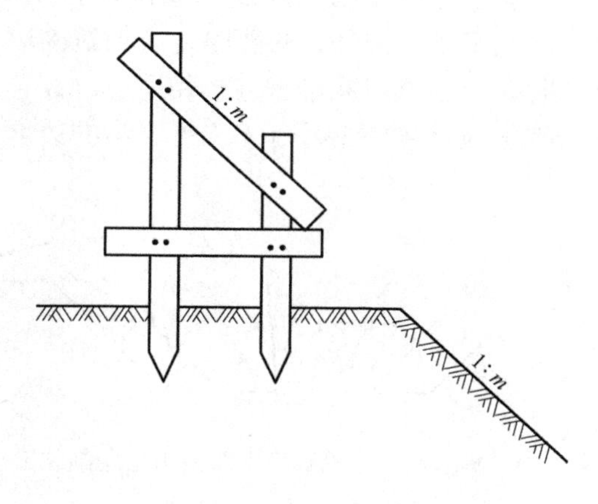


图2-15　边坡样板

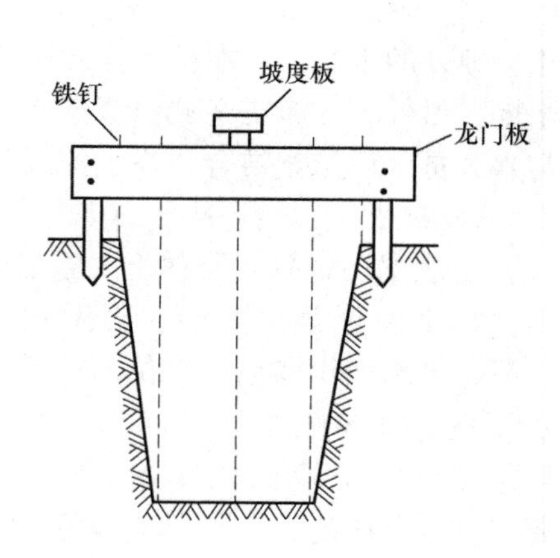


图2-16　龙门板

上述各项准备工作以及土方施工一般按先后顺序进行，但有时要穿插进行，不仅是为了缩短工期，也是工作需要协调配合。例如，在土方施工中，仍可能会发现新的地下异物需要处理，施工时也会碰上新的降水，桩线也可能被破坏或移位等。因此，上述的准备工作可以说是贯穿土方施工的整个过程，以确保工程施工按质、按量、按期顺利完成。

## （四）土方挖掘施工

### 1. 人工挖土方施工

人力施工适用于一般园林建筑、构筑物的基坑（槽）和管沟以及小溪流、假植沟、带状种植沟和小范围整地的人工挖方工程。

(1) 施工准备

1) 主要机具：尖头铁锹、平头铁锹、手锤、手推车、梯子、铁镐、撬棍、钢尺、坡度尺、小线等。

2) 作业条件。

① 土方开挖前，应摸清地下管线等障碍物，并应根据施工方案的要求，将施工区域内的地上、地下障碍物清除和处理完毕。

② 建筑物、构筑物的位置或场地的定位控制线，标准水平桩及基槽的灰线尺寸，必须经过检验合格，并办完预检手续。

③ 场地表面清理平整，做好排水坡度，在施工区域内要挖临时性排水沟。

④ 夜间施工时，应合理安排工序，防止错挖或超挖。

⑤ 开挖低于地下水位的基坑、管沟时，应根据当地工程地质资料，采取措施低地下水位，一般要低于开挖底面的50cm，然后再开挖。

⑥ 熟悉图样，做好技术交底。

(2) 工艺顺序　确定开挖的顺序和坡度→沿灰线切出槽边轮廓线→分层开挖→整修槽边→清底。

(3) 施工技术要点

1) 坡度的确定。

① 在天然湿度的土中，开挖基坑（槽）和管沟时，当挖土深度不超过下列数值的规定时，可不放坡，不加支撑。

密实、中密的砂土和碎石类土（填充物为砂土）　-1.00m。

硬塑、可塑的黏质粉土及粉质黏土　-1.25m。

硬塑、可塑的黏土和碎石类土（充填物为黏性土）　-1.50m。

坚硬的黏土　-2.0m。

② 超过上述规定的深度，在5m以内时，当土具有天然湿度，构造均匀，水文地质条件好，且无地下水时，不加支撑的基坑（槽）和管沟，必须放坡。边坡最陡坡度应符合表2-3的规定。

表2-3　园林各类土的边坡坡度

| 序　号 | 土 的 类 别 | 边坡坡度（高:宽） | | |
|---|---|---|---|---|
| | | 坡顶无荷载 | 坡顶有静荷载 | 坡顶有动荷载 |
| 1 | 中密的砂土 | 1:1.00 | 1:1.25 | 1:1.50 |
| 2 | 中密的碎石类土（充填物为砂土） | 1:0.75 | 1:1.00 | 1:1.25 |
| 3 | 硬塑的轻亚黏土 | 1:0.67 | 1:0.75 | 1:1.00 |
| 4 | 中密的碎石类土（充填物为黏性土） | 1:0.50 | 1:0.67 | 1:0.75 |
| 5 | 硬塑的亚黏土、黏土 | 1:0.33 | 1:0.50 | 1:0.67 |
| 6 | 老黄土 | 1:0.10 | 1:0.25 | 1:0.33 |
| 7 | 软土（经井点降水后） | 1:1.00 | — | — |

2) 根据基础和土质以及现场出土条件，要合理确定开挖顺序，然后再分段分层平均下挖。

① 开挖各种浅基础，如不放坡，应沿灰线直边切出槽边的轮廓线。

② 开挖槽坑。

浅条形基础。一般黏性土可自上而下分层开挖，每层深度以60cm为宜，从开挖端部逆向倒退按踏步型挖掘。碎石类土先用镐翻松，正向挖掘，每层深度视翻土厚度而定，每层应清底和出土，然后逐步挖掘。

浅管沟。与浅的条形基础开挖基本相同，仅沟帮不切直修平。标高按龙门板上平往下返出沟底尺寸，当挖土接近设计标高时，再从两端龙门板下面的沟底标高上返50cm为基准点，拉小线用尺检查沟底标高，然后修整沟底。

开挖放坡坑（槽）和管沟时，应先按施工方案规定的坡度，粗略开挖，再分层按坡度要求做出坡度线，每隔3m左右做出一条，以此线为准进行铲坡。深管沟挖土时，应在沟帮中间留出宽度80cm左右的倒土台。

开挖大面积浅基坑时，沿坑三面同时开挖，挖出的土方装入手推车或翻斗车，由未开挖的一面运至弃土地点。

3）开挖基坑（槽）或管沟，当接近地下水位时，应先完成标高最低处的挖方，以便在该处集中排水。开挖后，在挖到距槽底50cm以内时，测量放线员应配合抄出距槽底50cm的平线；自每条槽端部20cm处每隔2～3m，在槽帮上钉水平标高小木板。在挖至接近槽底标高时，用尺或事先量好的50cm标准尺杆随时以小木板上平校核槽地标高。最后由两端轴线（中心线）引桩拉通线，检查距槽边尺寸，确定槽宽标准，据此修整槽帮，最后清除槽底土方，修底铲平。

4）基坑（槽）管沟的直立帮和坡度，在开挖过程和敞露期间应防止塌方，必要时应加以保护。在开挖槽边弃土时，应保证边坡和直立帮的稳定。当土质良好时，抛开槽边的土方（或材料）应距槽（沟）边缘0.8m以外，高度不宜超过1.5m。在柱基周围、墙基或围墙一侧，不得堆土过高。

5）开挖基坑（槽）的土方，在场地有条件堆放时，一定留足回填需用的好土，多余的土方应一次运至弃土处，避免二次搬运。

6）土放开挖一般不宜在雨季进行。否则工作面不宜过大，分段、逐片的分期完成。雨季开挖基坑（槽）或管沟时，应注意边坡稳定。必要时可适当放缓边坡或设置支撑，同时应在坑（槽）外侧围以土堤或开挖水沟，防止地面水流入。施工时，应加强对边坡、支撑、土堤等的检查。

7）土方开挖不宜在冬期施工。如必须在冬期施工，其施工方法应按冬期施工方案进行。采用防止冻结法开挖土方时，可在冻结前用保温材料覆盖或将表层土翻耕耙松，其翻耕深度应根据当地气候条件确定，一般不小于0.3m。

开挖基坑（槽）或管沟时，必须防止基础下的基土遭受冻结。如基坑（槽）开挖完毕后，有较长的停歇时间，应在基底标高以上预留适当厚度的松土，或用其他保温材料覆盖，以防止地基受冻。如遇开挖土方引起邻近建筑物（构筑物）的地基和基础暴露时，应采用防冻措施，以防产生冻结破坏。

**2. 机械挖方**

机械施工主要适用于较大规模的园林建筑，构筑物的基坑（槽）和管沟以及园林中的河流、湖泊、大范围的整地工程等。

（1）施工准备

1）主要机具：挖土机、推土机、铲运机、自卸汽车等；铁锹、手推车、小白线、钢卷尺及坡度尺。

2）作业条件。

①~⑤ 同人工挖土方。

⑥ 选择土方机械，应根据施工区域的地形条件与作业条件、土的类别与厚度、总工程量和工期综合考虑，以能发挥施工机械的效率来确定，编好施工方案。

⑦ 施工区域运行路线的布置，应根据作业区域工程的大小、机械性能、运距和地形起伏等情况加以确定。

⑧ 在机械施工无法作业以及修整边坡坡度、清理槽底时，应配备人工进行。

⑨ 熟悉图样，做好技术交底。

（2）工艺流程　确定开挖的顺序和坡度→分段分层平均下挖→修边和清底。

（3）机械土方工程施工技术要点

1）由于施工作业范围大，桩点和施工放线要明显，以引起施工人员和推土机手的注意。

2）在开挖有地下水的土方时，应采取措施降低地下水位，一般要降至开挖面以下0.5m，然后才能开挖。

3）夜间施工应有足够照明，危险地段应设明显标志，防止错挖或超挖。

4）施工机械进入现场所经过的道路、桥梁以及卸车设施等，应事先经过检查，必要时进行加固或加宽等准备工作。

5）在机械施工无法作业和修整边坡坡度、清理槽底时，应配备人工进行。

6）开挖基坑（槽）和管沟，不得挖至设计标高以下，如不能准确地挖至设计基底标高时，可在设计标高以上暂留一层土不挖，以便在整平后由人工挖出。

（4）挖方工程质量控制　首先，挖方工程应达到如下质量标准。

1）保证项目。桩基、基坑、基槽和管沟基底的土质必须符合设计要求，并严禁扰动。

2）允许偏差项目。土方工程的挖方和场地平整允许偏差值见表2-4。

表2-4　土方工程的挖方和场地平整允许偏差值

| 项　目 | 允许偏差/mm | 检验方法 |
|---|---|---|
| 标高 | +0；-50 | 用水准仪检查 |
| 长度、宽度 | -0 | 用经纬仪、拉线和尺量检查 |
| 边坡偏差 | 不允许 | 观察或用坡度尺检查 |

其次，挖方工程应注意以下质量问题。

1）基底超挖。开挖基坑（槽）或管沟均不得超过基底标高。若个别地方超挖，其处理方法应取得设计单位的同意，不得私自处理。

2）软土地区桩基挖土应防止桩基移位。在密集群桩上开挖基坑时，应在打桩完成后，间隔一段时间，再对称挖土；在密集桩附近开挖基坑（槽）时，应事先确定防桩基移位的措施。

3）基底未保护。基坑（槽）开挖后应尽量减少对基土的扰动。若基础不能及时施工，可在基底标高以上留出0.3m厚土层，待做基础时再挖掉。

4）施工顺序不合理。土方开挖宜先从低处进行，分层、分段依次开挖，形成一定坡度，以利排水。

5）施工机械下沉。施工时必须了解土质和地下水位情况。推土机、铲运机一般需要在地下水位0.5m以上推铲土；挖土机一般需要在地下水位0.8m以上开挖，以防机械自重下沉。铲运机挖方的台阶高度，不得超过最大挖掘高度的1.2倍。

6）开挖尺寸不足，边坡过陡。基坑（槽）或管沟底部的开挖宽度，除结构宽度外，应根据施工需要增加工作面宽度。如排水设施、支撑结构所需的宽度，在开挖前均应考虑。

7）基坑（槽）或管沟边坡不直不平，基底不平，应加强检查，随挖随修，并要认真验收。

**3. 土方的运输**

在土方调配中，一般都按照就近挖方或就近填方的原则，力求土方就地平衡以减少土方的搬运量。运土方式也分人工运土和机械运土两种。人工运土一般是短途的小搬运。搬运方式有用人力车拉、用手推车推或由人力肩挑背扛等。这种运输方式在有些园林局部或小型施工中经常使用。长距离运土或工程量很大时通常需要机械运土，运输工具主要是装载机和汽车。根据工程施工特点和工程量大小等不同情况，还可以采用半机械化与人工结合的方式运土。

不论采用哪种运土方式，运输路线的组织很重要，一般采用回环式道路，避免相互交叉。如果使用外来土垫地堆山，运土车辆应设专人指挥。卸土的位置要准确，施工人员要随时指点，否则乱堆乱卸，必然会给下一步施工增加许多不必要的小搬运，从而浪费了人力物力。

**4. 土方的填筑**

填土应该满足工程的质量要求，土壤的质量要根据填方的用途和要求加以选择。在绿化地段，土壤应满足种植植物的要求，而作为建筑用地则以要求将来地基的稳定为原则。利用外来土垫地堆山，对土质应该验定放行，劣土及受污染的土壤，不应放入园内以免将来影响植物的生长和妨害游人健康。

（1）填筑工程施工准备

1）材料准备：土宜优先利用基槽中挖出的土，但不得含有有机杂质。使用前应过筛，其粒径不大于50mm，含水率应符合规定。

2）主要机具：蛙式或柴油打夯机、手推车、筛子（孔径40～60mm）、木耙、铁锹、2m靠尺、胶皮管、小线和木折尺。

3）作业条件：施工前应根据工程特点、填方土料种类、密实度要求、施工条件等，合理地确定填方土料含水率控制范围、虚铺厚度和压实遍数等参数；重要回填土方工程，其参数应通过压实试验来确定。施工前做好水平标志，以控制回填土的高度或厚度。

（2）工艺流程　基底地坪的清整→检验土质→分层铺土、耙平→分层夯实→检验密实度→修整找平验收。

（3）回填土施工技术要点

1）填埋顺序：先填石方，后填土方；先填底土，后填表土；先填近处，后填远处。

2）填埋方式。

① 填土前应将基坑底或地坪上的垃圾等杂物清理干净；沟槽回填前，必须清理到基础底面标高，将回落的松散垃圾、砂浆、石子等杂物清除干净。

② 检验回填土的质量有无杂物，粒径是否符合规定，以及回填土的含水量是否在控制的范围内，如含水量偏高，可采用翻松、晾晒或均匀掺入干土等措施；如遇回填土的含水量偏低，可采用预先洒水湿润等措施。

③ 回填土应分层摊铺。每层铺土厚度应根据土质、密实度要求和机具性能确定。一般蛙式打夯机每层铺土厚度为 200 ~ 250mm；人工打夯不大于 200mm。每层摊铺后，随之耙平。

④ 大面积填方应分层填土，一般每层 30 ~ 50cm，一次不要填太厚，最好填一层就筑实一层。为保持排水，应保证斜面有 3% 的坡度。

⑤ 在自然斜坡上填土时，为防止新填土方沿着坡面滑落，可先把斜坡挖成阶梯状（图 2-17），然后再填入土方，这样就增强了新填土方与斜坡的咬合性，以保证新填土方的稳定性。

⑥ 在填自然式山体时，应以设计的山头为中心，采用螺旋式分路上土法，每经过全路一遍，便顺次将土卸在路两侧，空载的车（人）沿线路继续前行下山，车（人）不走回头路，不交叉穿行（图 2-18）。这不仅合理组织了人工，而且使土方分层上升，土体较稳定，表面较自然。

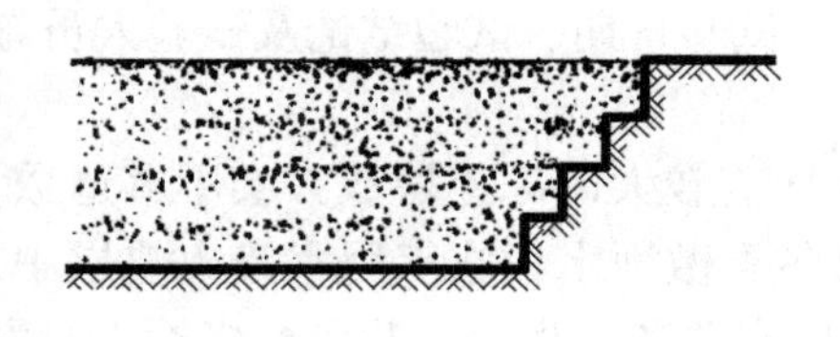

图 2-17　斜坡填土法

图 2-18　山土的推卸路线

⑦ 在堆土做陡坡时，要用松散的土堆出陡坡是不容易的，需要采取特殊处理。可以用袋装土垒砌的方法，直接垒出陡坡，其坡度可以做到 100% 以上。土袋不必装得太满，装土 70% ~ 80% 即可，这样垒成陡坡更为稳定。袋子可选用麻袋、塑料编织袋或玻璃纤维布袋。袋装土陡坡的后面，要及时填土夯实，使两者结成整体以增强稳定性。陡坡垒成后，还需用湿土对坡面培土，掩盖土袋使整个山浑为一体，如图 2-19 所示。坡面上还可栽种须根密集的灌木或培植山草，利用树根和草根将破土紧固起来。

⑧ 山的悬崖部分用泥土堆不起来，一般要用假山石或块石浆砌做成挡土石壁，然后在背面填土，石壁后要有一些长条形石条从石壁入山体中，形成狗牙槎状，以加强山体与石壁的连接，增强石壁的稳定性，如图 2-20 所示。砌筑时，石壁砌筑 1. 2 ~ 1. 5m 时，应停工几天，待水泥凝固硬化，并在石壁背面填土夯实之后，才能继续向上砌筑石壁。

（4）填方工程质量控制

1）填方工程应达到如下质量标准。

① 保证项目：基底处理，必须符合设计要求或施工规范的规定；回填的土料，必须符合设计或施工规范的规定；回填土必须按规定分层夯实。取样测定夯实后，土的干土质量密度合格率不应小于 90%，不合格的干土质量密度的最低值与设计值的差，不应大于 0. 08g/cm$^3$，且不应集中。环刀取样的方法及数量应符合相关规定。

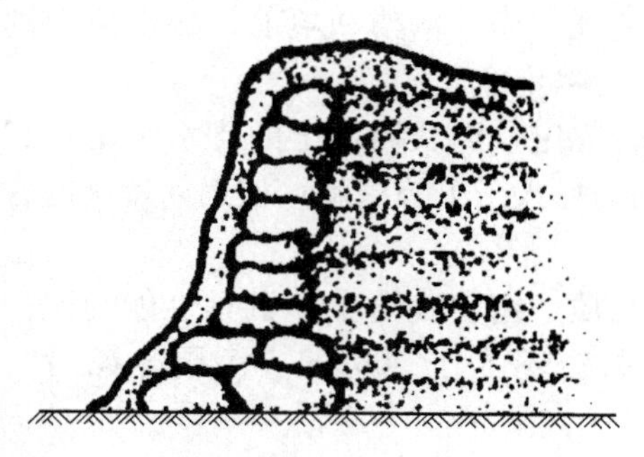

图 2-19　土袋堆陡坡

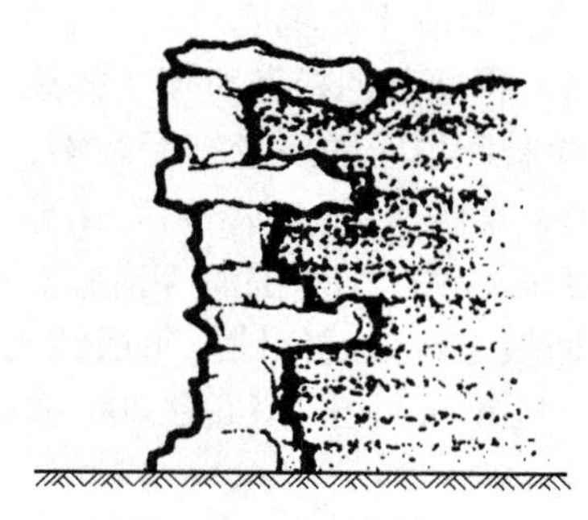

图 2-20　山石做崖壁

② 允许偏差项目。回填土工程允许偏差见表 2-5。

**表 2-5　回填土工程允许偏差**

| 项　　目 | 允许偏差/mm | 检 验 方 法 |
| --- | --- | --- |
| 顶面标高 | +0；-50 | 用水准仪或拉线尺检查 |
| 表面平整度 | 20 | 用 2m 靠尺或楔形尺量检查 |

2）填方工程应注意以下质量问题。

① 未按要求测定的干土质量密度。回填土每层都应测定夯实后的干土质量密度，符合设计要求后才能铺摊上层土。试验报告要注明土料种类、试验日期、试验结论及试验人员签字。未达到设计要求部分，应有处理方法和复验结果。

② 回填土下沉。因虚铺土超过规定厚度或冬期施工时有较大的冻土块或夯实不够遍数，甚至漏夯，回填基底有机杂物或落土清理不干净，以及冬季做洒水，施工用水渗入垫层中，受冻膨胀等造成。这些问题均应在施工中认真执行规范的有关各项规定，并要严格检查，发现问题及时纠正。

③ 管道下部夯填不实。管道下部应按标准要求填夯回填土，如果漏夯会造成管道下方空虚，造成管道折断而渗漏。

④ 回填土夯实不密。在夯压时应对干土适当洒水加以润湿，如回填土太湿同样夯不密实，呈“橡皮土”现象，这时应将“橡皮土”挖出，重新换好土再予夯实。

⑤ 在地形、工程地质复杂地区内的填方，且对填方密实度要求较高时，应采取措施（如排水暗沟、护坡桩等），以防填方土粒流失，造成不均匀下沉和坍塌等事故。

⑥ 填方基土为杂填土时，应按设计要求加固地基，并要妥善处理基底下的软硬点、空洞、旧基以及暗塘等。

⑦ 回填管沟时，为防止管道中心线位移或损坏管道，应用人工先在管道周围填土夯实，并应从管道两边同时进行，直至管顶 0.5m 以上，在不损坏管道的情况下，方可采用机械回填和夯实。在林带接口处、防腐绝缘层或电缆周围，应使用细粒土料回填。

⑧ 填方应按设计要求预留沉降量，当设计无要求时，可根据工程性质、填方高度、填料种类、密实要求和地基情况等，与建设单位共同确定（沉降量一般不超过填方高度的 3%）。

**5. 土方的夯实**

（1）夯实前的准备　土方压实分为人力和机械两种。人力夯实可采用木夯、石硪、铁

碳、滚筒、石碾等工具；一般2或4人一组；这种方式适用于面积较小的填方区。机械夯实所用机械为碾压机、电动震夯机、拖拉机带动的铁碾等；此方式适用于面积较大的填方区。

（2）土方夯实的工艺流程　基坑（槽）底地坪上清理→检验土质→分层铺土、耙平→夯打密实→检验密实度→修整找平验收。

（3）回填土夯实技术要点

1）回填土每层至少夯打三遍。打夯应一夯半夯，夯夯相接，夯夯相连，纵横交叉，并且严禁采用水浇使土下沉的所谓“水夯”法。

2）深浅两基坑相连时，应先填夯深基础，填至浅基坑相同的标高时，再与浅基础一起填夯。当必须分段填夯时，交接处应填成阶梯状，梯形的高宽比为1:2，上下层错缝距离不小于1.0m。

3）为保证土壤的压实质量，土壤应该具有最佳含水率。如土壤过分干燥，需先洒水湿润后再行压实。园林中各种土壤的最佳含水率见表2-6。

**表2-6　园林中各种土壤的最佳含水率**

| 土壤名称 | 最佳含水率 | 土壤名称 | 最佳含水率 |
|---|---|---|---|
| 粗砂 | 8%～10% | 砂质黏土和黏土 | 20%～30% |
| 细砂或黏质砂土 | 10%～15% | 重黏土 | 30%～35% |
| 砂质黏土 | 6%～22% | | |

4）碾压机械压实填方时，应控制行驶速度，一般不应超过以下规定。

平碾：2km/h；羊足碾：3km/h；振动碾：2km/h。

5）碾压时，轮（夯）迹应相互搭接，防止漏压或漏夯。长宽比较大时，填土应分段进行。每层接缝处应作成斜坡形，碾迹重叠0.5～1.0m，上下层错缝距离不应小于1m。

6）填方超出基底表面时，应保证边缘部位的压实质量。填土后，如设计不要求边坡修整，宜将填方边缘填0.5m；如设计要求边坡修平拍实，填宽可为0.2m。

7）在机械施工碾压不到的填土部位，应配合人工推土填充，用蛙式或柴油打夯机分层夯打密实。

8）回填土每层压实后，应按规范规定进行环刀取样，测出干土的质量密度，达到要求后，再进行上一层的铺土。

9）填方全部完成后，表面应进行拉线找平，凡超过标准高程的地方，及时依线铲平，凡低于标准高程的地方应补土找平夯实。

在压实过程中应注意以下几点。

① 为保证土壤的相对稳定，压实要均匀。

② 填方时必须分层堆填，分层碾压夯实，否则会造成土方上紧下松。

③ 注意土壤含水量，过多过少都不利于夯实。

④ 自边缘向中心打夯，否则边缘土方外挤易引起坍落。

⑤ 打夯应先轻后重。先轻打一遍，使土中细粉受震落下，填满下层土粒间的空隙；然后再加重打压，夯实土壤。

土方工程施工面较宽，工程量大，施工组织工作很重要，大规模的工程应根据施工力量和条件决定，工程可全面铺开也可以分区分期进行。

施工现场要有人指挥调度，各项工作要有专人负责，以确保工程按期按计划高质量地完成。基础土方开挖工程的质量要求见表2-7。

**表2-7　土方开挖工程质量检验标准**　　（单位：mm）

| 项　目 | 序号 | 项　　目 | 允许偏差或允许值 | | | | | 检验方法 |
|---|---|---|---|---|---|---|---|---|
| | | | 柱基基坑基槽 | 挖方场地平整 | | 管沟 | 地（路）面基层 | |
| | | | | 人工 | 机械 | | | |
| 主控项目 | 1 | 标高 | -50 | ±30 | ±50 | -50 | -50 | 水准仪 |
| | 2 | 长度、宽度（由设计中心线向两边量） | +200<br>-50 | +300<br>-100 | +500<br>-150 | +100 | | 经纬仪 |
| | 3 | 边坡 | 设计要求 | | | | | 观察或用坡度尺检查 |
| 一般项目 | 1 | 表面平整度 | 20 | 20 | 50 | 20 | 20 | 用2m靠尺和楔形塞尺检查 |
| | 2 | 基底土性 | 设计要求 | | | | | 观察或进行土样分析 |

注：地（路）面基层的偏差只适用于直接在挖、填方上做地（路）面的基层。

# 项目三　园林项目给水排水工程

## 项目目标

1. 正确识读提供的园林项目工程的布局规划图。

2. 根据园林工程项目地形和竖向设计情况，完成园林工程项目的喷灌系统和排水系统设计。

3. 根据园林工程项目的喷灌和排水施工图，完成工程给水排水管线施工方案的编写。

## 项目提出

本项目为一座小游园的给水排水工程，小游园北、南、东侧紧邻城市道路，西南角有一家幼儿园。它属于城市绿地建设项目。本项目的土方工程已经完成，园林地形项目工程正在进行或已经接近尾声。需要同时考虑给水排水管线工程施工。工程施工计划在正常的施工季节进行。

## 项目分析

1）阅读工程施工承包合同、中标后的给水排水工程施工组织设计和给水排水工程预算书。

2）识图（图3-1）。阅读给水和排水工程设计图，用以了解工程设计意图、目的及其所达效果，明确施工要求，以便组织施工和作出工程预算，阅读步骤如下。

① 看标题栏、比例、风玫瑰图或方位标。明确工程名称、所处方位和当地主导风向。

② 看图中索引编号。根据图示编号，对照图样及技术说明，了解给水管道的材料，管网布置形式，进行水力计算；熟悉排水系统的组成，排水材料的选择，排水的技术措施。

3）根据园林项目工程的竖向设计完成小游园固定喷灌系统和雨水管渠排水系统设计施工图。

4）确定给水管材料和雨水管渠管道的构成。

5）熟悉给水工程和排水工程的施工程序与操作步骤。

6）项目给水、排水工程施工方案制定：①喷灌管线工程施工方案制定；②管渠排水工程施工方案制定。

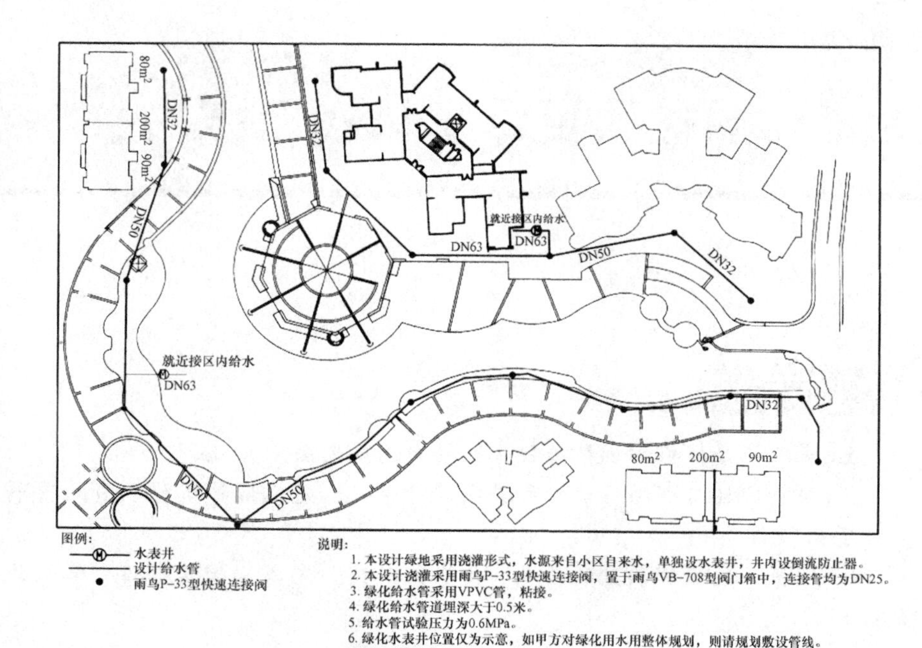


图 3-1 园林给水设计图

# 任务一 项目固定喷灌系统管线设计

## （一）喷灌系统管线设计准备

准备图板、图样、绘图工具和计算机制图工具和软件。

## （二）喷灌系统管线设计的程序

喷灌系统管线设计流程图如图 3-2 所示。

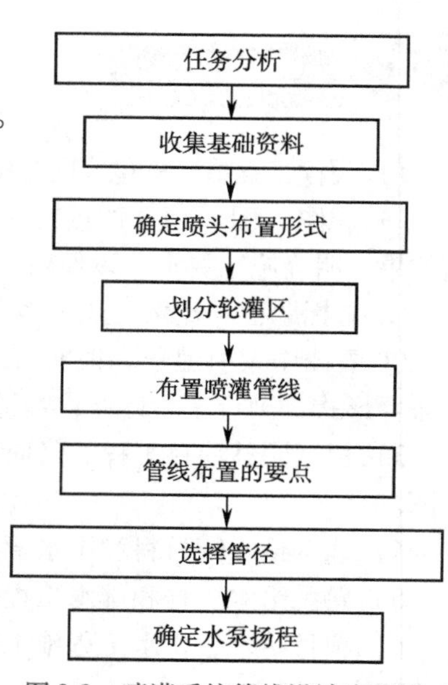


图 3-2 喷灌系统管线设计流程图

## （三）喷灌系统管线设计的要点

### 1. 任务分析

喷灌是借助一套专门的设备将具有压力的水喷射到空中，散成水滴降落到地面，供给植物水分的一种灌溉方法。

固定式喷灌系统：这种系统有固定的泵站，供水的干管、支管均埋于地下，喷头固定于竖管上，也可临时安装。还有一种较先进的固定喷头，喷头不工作时，缩入套管或检查井中。

**2. 基础资料的收集**

1）比例尺为1/1000～1/500的地形图，灌溉区面积、位置、地势。

2）气象资料。包括气温、雨量、湿度、风向风速等，其中尤以风对喷灌的影响最大。

3）土壤资料。包括土壤的质地、持水能力、吸水能力和土层厚度等，主要用以确定灌溉制度和允许喷灌强度。

4）植被情况。植被（或作物）的种类、种植面积、耗水量情况、根系深度等。

5）水源条件。灌溉区水的来源、自来水或天然水源。

6）动力要求。

**3. 划分轮灌区**

轮灌区是指受单一阀门控制且同步工作的喷头和相应管网构成的局部喷灌系统。轮灌区划分是指根据水源的供水能力将喷灌区域划分为相对独立的工作区域以便轮流灌溉。划分轮灌区还便于分区进行控制性供水以满足不同植物的需水要求，也有助于降低喷灌系统工程造价和运行费用。

**4. 喷洒方式和喷头组合形式**

喷头的喷洒方式有圆形喷洒和扇形喷洒两种。一般在管道式喷灌系统中，除了位于地块边缘的喷头为扇形，其余均采用圆形喷洒。

几种常用喷头的组合形式（也叫布置形式，是指各喷头相对位置的安排）如图3-3所示。在喷头射程相同的情况下，不同的布置形式，其支管和喷头的间距也不同。

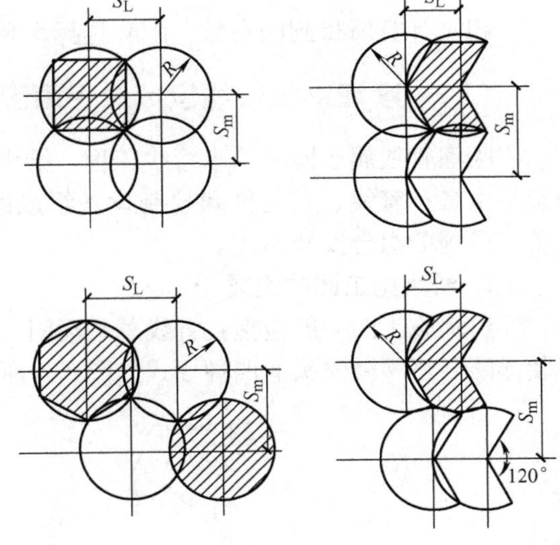


图3-3 几种常用的喷头组合方式

风对喷灌有很大影响，在不同风速条件下，喷头组合间距如何选择最合理，是喷灌系统设计中一个尚待研究的课题。在实际工作中参照美国雨鸟公司建议的喷头组合间距值，见表3-1。

**表3-1 美国雨鸟公司建议的喷头组合间距值**

| 平均风速/（m/s） | 喷头间距 $L$ | 支管间距 $b$ | 平均风速/（m/s） | 喷头间距 $L$ | 支管间距 $b$ |
|---|---|---|---|---|---|
| <3.0 | 0.8$R$ | 1.3$R$ | 4.5～5.5 | 0.6$R$ | $R$ |
| 3.0～4.5 | 0.8$R$ | 1.2$R$ | >5.5 | 不宜喷灌 | — |

注：$R$为设计喷洒半径。

**5. 布置喷灌管线**

1）根据选择的喷头布置形式和喷头射程等数据确定喷头的位置。

2）用“波形”将喷头分组到支管，从而确定支管的分布形式，支管线路只需将喷头连接。

3）画主管示意图并考虑控制阀的位置。

4）支管布置及主管布线和控制阀定位的细化调整并最终完成喷灌管线的布置。

**6. 管线布置的注意事项**

1）山地干管沿主坡向、脊线布置，支管沿等高线布置。

2）缓坡地干管尽可能沿路布置，支管与干管垂直。

3）经常刮风的地区，支管与主风向垂直。

4）支管不可过长，支管首端与末端压力差不超过工作压力的 20%。

5）压力水源（泵站）尽可能布置在喷灌系统中心。

6）每根支管均应安装阀门。

7）支管竖管的间距按选用的喷头射程、布置方向及风向、风速而定。

**7. 选择管径**

根据所选喷嘴流量和接管管径，确定立管管径。按照布置形式、支管上喷嘴的数量，得出支管的水流量。流量计算出来后，查水力计算表，即可得到支管的流速和管径。主管管径的确定与主管上连接支管的数量以及设计同时工作的支管的数量有关，主管的流量随同时工作的支管数量变化而变化。

**8. 确定水泵扬程**

根据计算所得到的参数，配套选择水泵的型号。

### （四）喷灌系统管线设计总平面图（图 3-1）

喷灌管线属于园林给水管线工程。给水工程指取水、净水、输水和配水等工程。给水工程是由各种管线、其配件和控制设备组成的，给水施工图就是表现整个给水排水管线、设备、设施的组合安装形式。

**1. 给水施工图的组成**

给水施工图一般包括：管线总平面图、管线系统图、管线剖断面图以及给水排水配件安装详图。喷灌微喷头的四种形式如图 3-4 所示。

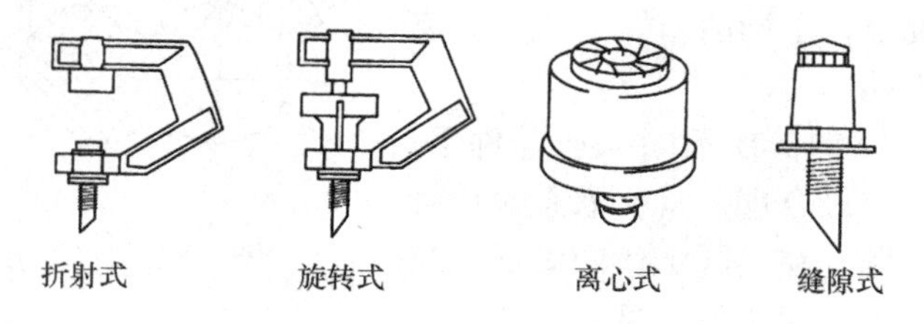


图 3-4　喷灌微喷头的四种形式

管线总平面图用于表现设计场地中给水管线的布局形式，特别是喷灌工程。对于园林工程，由于管线较少，所以一般绘制的管线综合平面图中应该包括以下内容。

1）图名、指北针、比例、文字说明以及图例表。

2）在图中通过尺寸标注确定管线的平面位置，供水点的位置，对于面积较大的区域要结合施工放线网格进行定位，并且应该给出分区管线平面布局图。

3）为了保证管道的通畅，在管线上还要设置相应的阀门井、检查井等，所以给水管线的平面图上还要用符号表示出阀门井、检查井等，并标注坐标和井口设计标高。

管道配件及安装详图包括管道上的阀门井、检查井等的构造详图，如果参照标准图集，应该在文字说明中标明参照的标准图集的编号以及页码。

**2. 给水排水施工图绘制要求**

（1）管线总平面图

1）比例。给水排水管线总平面图的比例可与施工放线图相同，可以采用 1∶500、

1:1000、1:2000，以表达清楚管线布局为基准。

2）图例。在给水排水管线总平面图中，为了便于区分，常采用不同的线型绘制不同的管线，给水管用粗实线绘制，污水管或废水管用粗虚线绘制，雨水管用粗单点长画线绘制，比如可以利用不同的标号区分不同的管线，不管哪种形式在图样中都要给出图例表，对图中的符号进行说明。

3）管径、尺寸和标高的标注。用箭头标示管道的敷设坡度及水流方向，在管线上标注管径、坡度值和距离。

（2）管线布局剖面图　通过图例表示出给水排水管线某一节点处的剖切断面形式，并标注出各个层面上的标高，这里采用的仍然是相对标高。

（3）管道配件及安装图（图3-5和图3-6）　在给水排水标准图集中给出了一些常用配件的安装图，通常若没有特殊要求，可以直接参照标准图集中的相关内容，不需要绘制出图样，仅在设计说明或者图样中注明标准图集的名称、编码和所参照图样的页码。

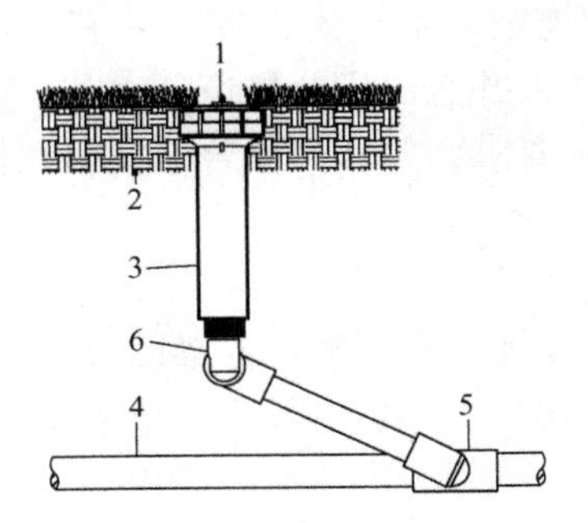


图3-5　地埋散射喷头安装图

1—喷嘴　2—回填土　3—5702散射喷头　4—支管
5—支管三通　6—1/2英寸（12.7mm铰接接头）

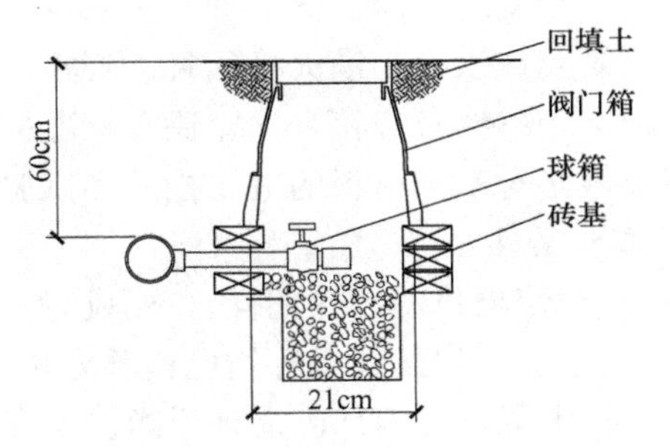


图3-6　手动取水阀安装示意图

喷灌系统的设计比较复杂，设计中要考虑的问题很多，例如灌溉地块的形状，地形条件，常年的主要风向风速、水源位置等对喷灌系统的布置都会产生影响。在坡地上，干管应尽量沿主坡向布置，使支管平行于等高线方向伸展。这样，干管两侧的水头损失较均匀。支管适当向干管倾斜，在干管的低端应设泄水阀，以便于检修或冬季排空管内存水。管道埋深应距地面80cm以下，以防破坏。地面立管的高度，对于草坪、花卉和灌木一般取1.5～2.0m。喷灌系统的布置和风向关系密切，水的喷洒应该顺主风向。对不同的植被或作物，喷灌时的雾化程度的要求也不同。所谓雾化程度是用喷头的压力与喷嘴直径的比值（$H/d$）来表示的。

在小规模的喷灌工作中，如宅旁植被喷灌、花圃、花带或花坛等有自来水管处，可以临时接管并在管上安装各种喷头或喷水器进行灌溉。

## 任务二　园林喷灌系统管线工程施工

### （一）园林喷灌工程施工准备

**1. 工具准备**

室外给水管道安装常用的机具有套丝机、砂轮切割机、试压泵、手动液压铸铁管剪切器、电焊机、氧割（焊）设备、手锤、捻口凿、钢锯、铰扳、剁斧、大锤、撬杠、电气焊工具、手拉葫芦、管子台虎钳、大绳、铁锹、铁镐、水平尺、钢卷尺等。

**2. 材料准备**

铸铁管、镀锌碳素钢管、非镀锌碳素钢管和捻口水泥。

材料质量要求。给水铸铁管及管件的规格、品种应符合设计要求，铸铁管应有制造厂的名称和商标、制造日期及工作压力符号等标记。铸铁管及管件的内外表面应整洁，不得有裂纹、砂眼、飞刺和疙瘩等缺陷。铸铁管内外表面涂层应完整光洁，附着牢固。其他管材质量也应符合有关要求。

捻口水泥一般采用不小于42.5级的硅酸盐水泥和膨胀水泥（采用石膏矾土膨胀水培或硅酸盐膨胀水泥）。水泥必须有出厂合格证。

其他材料有：石棉绒、油麻绳、青铅、白厚漆、胶圈、橡胶板（厚度3～5mm）、螺栓、螺母、防锈漆、沥青等。

材料质量要求：阀门无裂纹，开关灵活严密，铸造规矩，手轮无损坏，并有出厂合格证。地下闸阀、水表、消火栓品种、规格应符合设计要求，并有出厂合格证。

各种进场材料必须符合国家颁布标准的有关质量技术要求，并有产品合格证明和检验报告，还应做好对不同材料的进场检验和试验工作。

**3. 作业条件**

1）有安装项目的设计图样，并且已经过图样会审和设计交底，施工方案已编制好。

2）管子、管件及阀门等均已检验合格，并且具备了出厂合格证、检验（试验）合格证等有关的技术资料；内部已清理干净，不存杂物。

3）暂设工程、水源、电源等已经具备。

4）埋地管道，管沟平直，管沟深度、宽度符合要求，阀门井、水表井垫层，消火栓底座施工完毕。管沟沟底夯实，沟内无障碍物，且应有防塌方措施。管沟两侧不得堆放施工材料和其他物品。开挖的沟槽经过检查合格，并填写了“管沟开挖及回填质量验收单”。

5）室外给水管道在雨期施工或地下水位较高时，应挖好排水沟槽、集水井，准备好潜水泵、胶管等抽水设备，以便抽水。

### （二）给水管线工程施工流程图

给水管线工程施工流程图如图3-7所示。

### （三）给水管线工程施工技术要点

**1. 开挖沟槽**

开挖沟槽的施工顺序是定位放线→挖槽→地沟垫层处理→验收。

**2. 定位放线**

先按施工图测出管道的坐标及标高后，再按图示方位打桩放线，确定沟槽位置、宽度和深度，应符合设计要求，偏差不得超过质量检验标准的有关规定。

**3. 挖槽**

采用机械挖槽或人工挖槽，槽帮必须放坡，坡度为1:0.33，严禁扰动槽底部。机械挖槽至槽底上30cm，余土由人工清理，防止扰动槽底原土或雨水泡槽影响基础土质，保证基

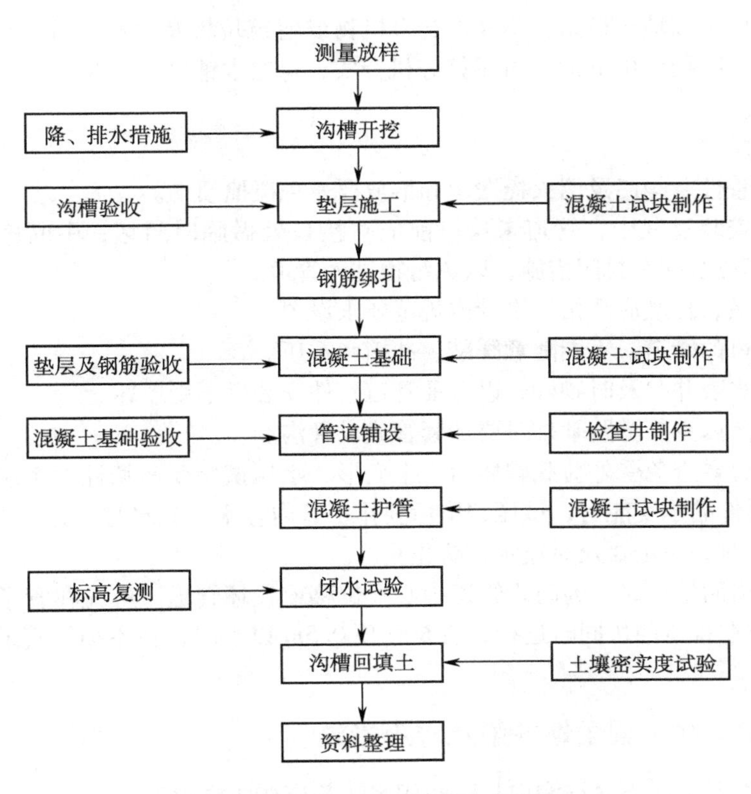


图 3-7 给水管线工程施工流程图

础的良好性。土方堆放在沟槽的一侧，土堆底边与沟边的距离不得小于 0.5m。

**4. 地沟垫层处理**

要求沟底是坚实的自然土层，如果是松土填成的或沟底是块石都需进行处理，松土层应夯实，块石则铲掉上部后铺上一层大于 150mm 厚度的回填土，整平夯实用黄沙铺平。

**5. 铺设管道**

铺设管道的程序包括下管和稳管、管道接口处理、水压测试验、管道冲洗、回填。

1）下管和稳管。管材、管件及配件符合设计要求，进场必须经验收合格后，方可施工，管道应慢慢落到沟底，每根管需对准中心线，接口角符合施工规范要求。

2）管道接口处理。镀锌钢管套丝，采用套丝机套丝以提高工作效率，套丝后用刷子刷沥青漆两道，安装时要求槽平整，不允许有架空管道现象，接头连接用麻丝缠好丝口，防止漏水。

3）水压测试验。管道安装完毕后，采取分段打压的形式，基本上保证随做随打，以免影响后续工程，暂定 80～100m 打压一次，应逐步深压，以每次 0.2MPa 为宜，升至工作压力停泵检查，继续升至试验压力，观察压力表 10min 内压降不超过 0.05MPa，管道、附件、接口未渗漏，降压至工作压力，进行外观检查，不漏为合格。

4）管道冲洗。分段冲洗或整个系统安装完毕后进行管道冲洗，冲洗前先拆除管道已安装的水表，用短管代替，并隔断与其他正常供水管线的联系，冲洗时用高速水流冲洗管道，直至所排出的水无杂质，验收合格即可。

5）回填。要求回填土过筛，不允许含有机物或建筑垃圾及大石头等，分层分填，人工夯实，在回填至管顶上50cm后，可用打夯机夯实，每层虚铺厚度控制在15～20cm，检查井周围用人工夯实。

**6. 成品保护**

1）管材、管件、阀门及消火栓搬运和堆放要避免碰撞损伤。

2）在管道安装过程中，管道未捻口前应对接口处做临时封堵；中断施工或工程完工后，凡开口的部位必须有封闭措施，以免污物进入管道。

3）管道支墩、挡墩应严格按设计或规范要求设置。

4）刚打好口的管道，不能随意踩踏、冲撞和重压。

5）阀门、水表井要及时砌好，以保证管道附件安装后不受损坏。

6）管道穿园内主要道路基础时要加套管或设管沟。

7）埋地管道要避免受外荷载破坏而产生变形。水压试验要密切注意系统最低点的压力不可超过管道附件的承受能力，试压完毕后要排尽管内存水。放水时，必须先打开上部的排气阀；天气寒冷时，一定要及时泄水，防止受冻。

8）地下管道回填土时，为防止管道中心线位移或损坏管道，应先在管子周围进行人工填土夯实，并应在管道两边同时进行，直至管顶0.5m以上时，在不损坏管道的情况下，方可用机械夯实。

### （四）给水管线工程质量缺陷及防止措施

1）在任何情况下，不允许沟内长时间积水，并应严防浮管现象。

2）阀门井深度不够，原因是埋地管道坐标及标高不准。

3）管道支（挡）墩不应建立在松土上，其后背应紧密地同原土相接触。如无条件靠在原土上，应采取相应措施保证支墩在受力情况下不致破坏管道接口。

4）注意给水铸铁管出现裂纹或破管。室外给水铸铁管在进行水压试验时，或投入运行时，时常因管内空气排除不利而造成严重的水击现象，水击的冲击波往往足以在瞬间达到破坏铸铁管的强度，造成管道的局部破裂。给水铸铁管在无坡度时，水压试验应设置排气装置，而在整个管网运行中，应随地形及敷设深度，在管网系统的最高点设置双筒排气阀，或用室外消火栓代替排气装置，以保证系统在运行中不致出现管道破裂事故。一旦出现管身破裂，首先应停水，并将水排空，更换管道。如果是局部小范围破裂，可采用钢箍或打卡箍等进行处理。处理时，应将裂纹首尾各钻一小孔，主要目的是防止裂纹继续扩展。将内径大于铸铁管外径15～20mm的钢管一剖两半，钢管长度应大于裂纹长度，扣紧在裂纹处，再将钢箍焊成一体；钢箍与铸铁管壁之间的间隙，可填塞石棉水泥或膨胀水泥，这种方法只限于较小裂纹的处理。

## 任务三　小游园雨水管渠系统的设计

### （一）雨水管渠系统设计准备

准备图板、图样、绘图工具、计算机制图工具软件。

## （二）雨水管渠系统设计的程序

雨水管渠系统设计流程图如图 3-8 所示。

## （三）雨水管渠系统设计的要点

**1. 任务分析**

园林绿地排水尽可能利用地形排除雨水，但在某些局部如广场、主要建筑周围或难于利用地面排水的局部，可以设置暗管，或开渠排水。这些管渠可根据分散和直接的原则，分别排入附近水体或城市雨水管，不必建立完整的系统。

雨水管渠系统通常由雨水口、连接管、检查井、干管和出水口五部分组成。

**2. 收集基础资料**

1）地形图与竖向设计图。比例尺为 1/1000～1/500 的地形图，灌溉区面积、位置、地势。

2）气象资料。包括当地的水文、地质、暴雨等资料。

3）周围的管线条件、雨水的走向。

**3. 划分汇水区**（图 3-9）

汇水区根据排水区域地形、地物等情况划分，通常沿山脊线（分水岭）、建筑外墙、道路等进行划分。给各汇水区编号并求其面积。

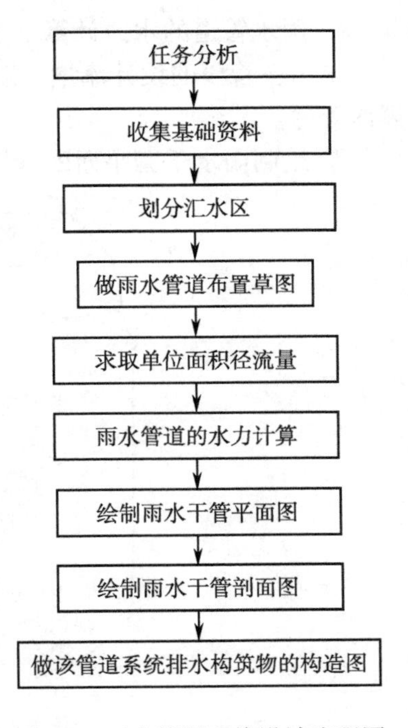

图 3-8 雨水管渠系统设计流程图

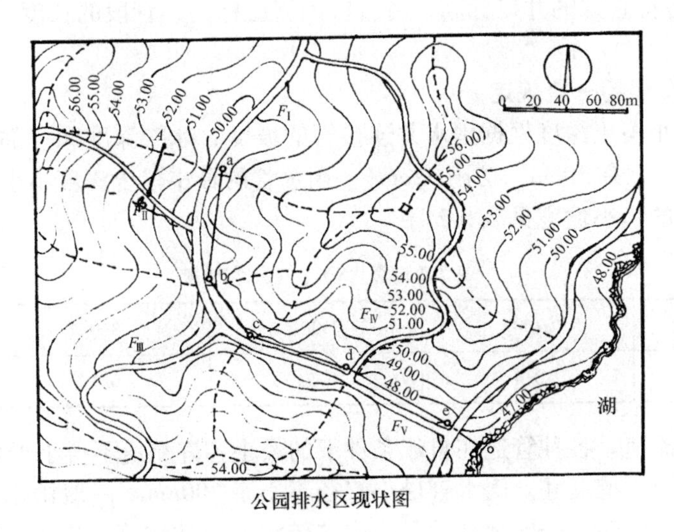

图 3-9 公园排水区现状图

**4. 做管道布置草图**

根据汇水区划分、水流方向及附近城市雨水干管分布情况等，确定管道走向以及雨水口、检查井的位置。给各检查井编号并求其地面标高，标出各段管长。

**5. 求单位面积的径流量**

根据北京市的降雨强度公式计算单位面积的径流量。

**6. 雨水管道的水力计算**

求出各管段的设计流量，以便确定出各管段所需的管径、坡度、流速、管底标高及管道埋深等值。

**7. 绘制雨水干管平面图**（图 3-10）

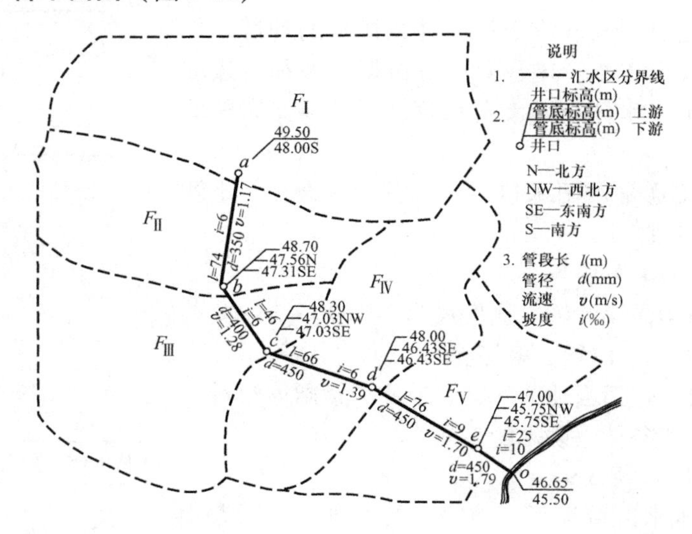


图 3-10　雨水主干管布置平面图

图上应标出各检查井的井口标高，各管段的管底标高，管段的长度、管径、水力坡降及流速等。

**8. 雨水管渠布置的一般规定**

1）管道的最小覆土深度根据雨水井连接管的坡度、冰冻深度和外部荷载情况决定（冰冻线：郑州 54cm，北京 70cm，信阳 32cm），雨水管的最小覆土深度不小于 0. 7m。

2）雨水管道的最小坡度见表 3-2。

**表 3-2　雨水管道的最小坡度**

| 管径/mm | 200 | 300 | 350 | 400 |
|---|---|---|---|---|
| 最小坡度（%） | 0. 4 | 0. 33 | 0. 3 | 0. 2 |

3）最小容许流速。各种管道在自流条件下的最小容许流速不得小于 0. 75m/s。

4）最小管径及沟槽尺寸。雨水管最小管径不小于 300mm，一般雨水口连接最小管径为 200mm，最小坡度为 1%。公园绿地的径流中挟带泥沙及枯焦落叶较多，容易堵塞管道，故最小管径限值可适当放大。

**9. 绘制雨水干管纵剖面图**

雨水干管纵剖面图如图 3-11 所示。

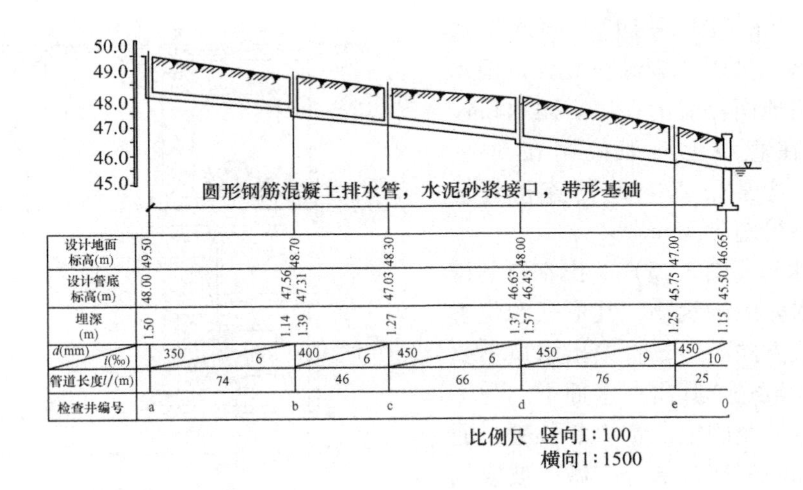


图 3-11　雨水干管纵剖面图

**10. 做该管道系统排水构筑物的构造图**

在雨水排水管网中常见的附属构筑物有检查井、跌水井、雨水口和出水口等。

（1）检查井（图 3-12）　检查井主要由井基、井底、井身、井盖座和井盖等组成。检查井的功能是便于管道维护人员检查和清理管道。另外它还是管段的连接点。检查井通常设置在管道方向坡度和管径改变的地方。井与井之间的最大间距在管径小于 500mm 时为 50m。为了检查和清理方便，相邻检查井之间的管段应在一条直线上。

（2）跌水井　跌水井是设有消能设施的检查井。在地形较陡处，为了保证管道有足够覆土深度，管道有时需跌落若干高度。在这种跌落处设置的检查井便是跌水井。常用的跌水井有竖管式（图 3-13）和溢流堰式两种类型。

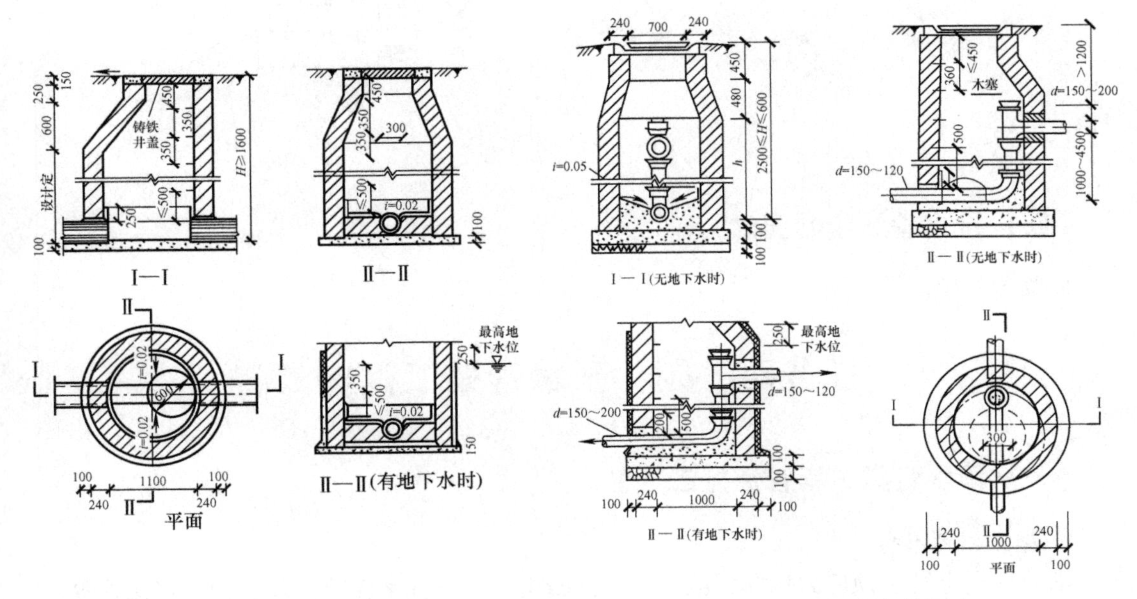


图 3-12　普通检查井构造　　　　图 3-13　竖管式跌水井构造

（3）雨水口（图 3-14）　雨水口通常设置在道路边沟或地势低洼处，是雨水排水管道收集地面径流的孔道。雨水口设置的间距，在直线上一般控制在 30 ~ 80m，它与干管常用 200mm 的连接管连接，其长度不得超过 25m。

（4）出水口（图 3-15）　出水口是排水管渠排入水体的构筑物，其形式和位置视水位、水流方向而定，管渠出水口不要淹没于水中，最好令其露在水面上。为了保护河岸或池壁及固定出水口的位置，通常在出水口和河道连接部分应做护坡或挡土墙。

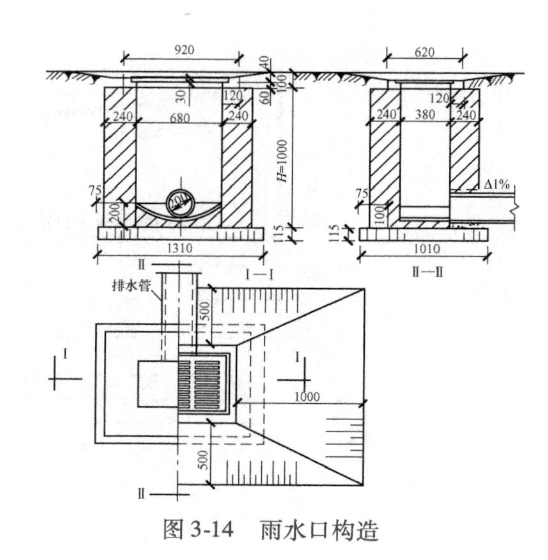

图 3-14　雨水口构造

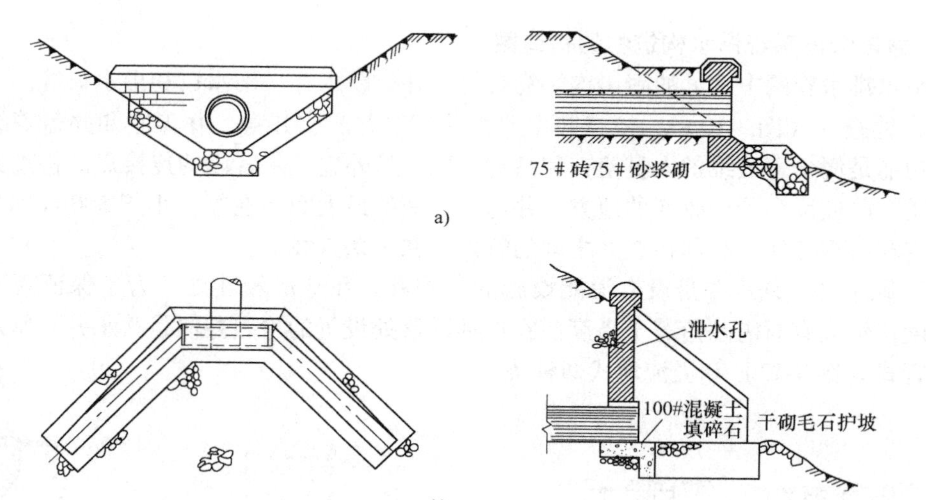

图 3-15　出水口构造

## （四）排水管线绘制要求

同喷灌系统。

# 任务四　园林雨水管渠工程施工

## （一）雨水管渠工程管道施工准备

**1. 施工材料准备**

钢筋混凝土管、预应力钢筋混凝土管、混凝土管、石棉水泥管、陶土管和缸瓦管等。室外排水管道和管件的品种、规格应符合设计要求，并有出厂合格证明。

**2. 施工机具准备**

链式手拉葫芦、千斤顶、皮老虎、撬杠、捻口凿、扁錾、手锤、钢卷尺、水平尺、量角规等。

**3. 作业条件**

1）施工图样已经过会审、设计交底，施工方案已编制。施工技术人员向班组作了图样和施工方案交底，填写了“施工技术交底记录”和“工程任务单”，并且签发了“限额领料记录”。

2）管材、管件均已检验合格，并具备所要求的技术资料。暂设工程已搭设可用，水源、电源均具备。

3）室外地坪标高已基本定位。非安装单位开挖沟槽，沟槽应验收合格，并填写了“管沟开挖及回填质量验收单”。

4）在雨期施工时，应挖好排水沟槽、集水井，准备好潜水泵、胶管等抽水设备，以便抽水，要严防雨水浸泡沟槽。

## （二）园林排水管线工程施工流程

园林排水管线工程施工流程图如图3-16所示。

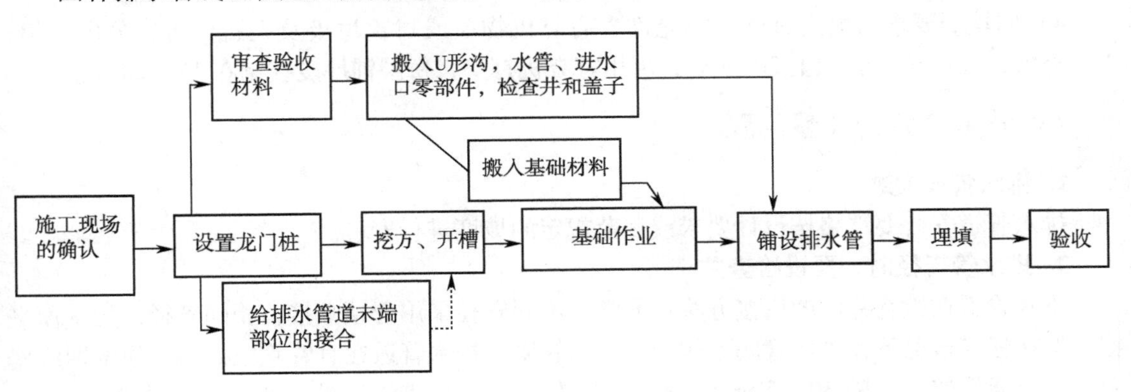


图3-16 园林排水管线工程施工流程图

## （三）园林雨水管渠施工技术要点

该游园中污水较少，主要以雨水为主，因此可以将雨水和污水在同一排水管道系统进行集中排放。

根据此绿地的设计方案和地形特点，我们综合应用地面排水、盲沟排水和管道排水三种排水方式，将雨水汇集到绿地东面的市政雨水管排走。其中地面排水和管道排水为主要排水方式，盲沟排水仅作为辅助方式。

排水管道埋入地下，有一定坡度，管道纵坡不小于5%，布置形式采用鱼骨式，污水或雨水通过排水构筑物等排出，由支管道汇水于主管道。

(1) 定位放线　先按施工图测出管道的坐标及标高后，再按图示方位打桩放线，确定沟槽位置、宽度和深度，应符合设计要求，偏差不得超过质量标准的有关规定。

(2) 挖槽　采用机械挖槽或人工挖槽，槽帮必须放坡，坡度为1:0.33，严禁扰动槽底土，机械挖至槽底上30cm，余土由人工清理，防止扰动槽底原土或雨水泡槽影响基础土质，保证基础良好性，土方堆放在沟槽的一侧，土堆底边有沟边的距离不得小于0.5m。

（3）地沟垫层处理　要求沟底是坚实的自然土层，如果是松土填成的或沟底是块石都需进行处理，松土层应夯实，块石则铲掉上部后铺上一层大于150mm厚度的回填土，整平夯实用黄沙铺平。

（4）验收　在槽底清理完毕后根据施工图检查管沟坐标、深度、平直程度、沟底管基密实度是否符合要求，如果槽底土不符合要求或局部超挖，则应进行换填处理。可用3:7灰土或其他砂石换填，检验合格后进行下道工序。

（5）铺设管道　铺设管道的程序包括管道中心及高程控制、下管和稳管、管道接口处理、回填。

1）管道中心及高程控制。利用坡度板上的中心钉和高程钉，控制管道中心和高程，这两项工作必须同时进行，使二者同时符合设计要求。

2）下管和稳管。采用人工下管中的立管压绳下管法，管道应慢慢落到基础上，此时立即校正找直符合设计的高程和平面位置，将管段承口朝来水方向敷设。

3）管道接口处理。采用水灰比为1:9的水泥捻口灰拌好后，装在灰盘内放在承插口下部，先填下部，由下而上，边填边捣实，填满后用手锤打实，将灰口打满打平为止。

4）回填。要求回填土过筛，不允许含有有机物质或建筑垃圾及大石头等，分层分填，人工夯实，在回填至管顶上50cm后，可用打夯机打实，每层铺厚度控制在15～20cm。

## （四）应注意的质量问题

### 1. 排水管道安装

排水管道安装要严格按设计要求或规范规定的坡度进行安装。

### 2. 排水管变径时，要设检查井

排水管道在检查井内的衔接方法：通常，不同管径采用管顶平接，相同管径采用水面平接，但在任何情况下，进水管底不能低于出水管底。排水管道在直管管段处为方便定期维修及清理疏通管道，每隔30～50m设置一处检查井；在管道转弯处、交汇处、坡度改变处，均应设检查井。

### 3. 产生排水管道漏水现象的原因

1）管沟超挖后，填土不实或沟底石头未打平，管道局部受力不均匀而造成管材或接口处断裂或活动。

2）管道接口养护不好，强度不够而又过早摇动，使接口产生裂纹而漏水。

3）未认真检查管材是否有裂纹、砂眼等缺陷，施工完毕又未进行闭水试验，造成通水后渗水、漏水。

4）管沟回填土未严格执行回填土操作程序，随便回填而造成局部土方塌陷或硬土块砸裂管道。

5）冬期施工做完闭水试验后，未能及时放净水，以致冻裂管道造成通水后漏水。

## （五）安全操作注意事项

1）在现场堆码管材时，要按规定的地点堆放，严禁超高堆放。人不准上去踩蹬。

2）管沟开挖必须按规定放边坡，对土质不好或深度太大的沟槽，必须按照有关规定加固、设支撑，施工中严禁以固壁支撑代替上下管沟的梯子和吊装管子的支架。较深的沟槽应分层开挖，人工挖槽一般每层以2m为宜。弃土要按规定堆放，防止造成塌方。

3）采用人力往沟内下管时，使用的绳索和地桩必须牢固可靠，两端放绳速度应一致，且沟下不得站人。

4）管道吊装的吊点应绑扎牢固，起吊时应服从统一指挥，动作协调一致。非操作人员不得进入作业区域。

5）窜动管子或进行管子对口时，动作应协调，操作人员不得将手放在管口连接处。

# 项目四　园林项目道路广场铺装工程

## 项目目标

1. 正确识读提供的园林道路和广场工程施工图并完成铺装工程施工放线图。

2. 根据施工合同组织完成项目的铺装工程施工，同时达到甲方的验收标准和要求。

3. 掌握园林铺装工程施工的技术规程和施工要点。

## 项目提出

该项目为小游园的道路和广场铺装工程，小游园北、南、东侧紧邻城市道路，西南角有一家幼儿园。它属于城市绿地建设项目，项目的土方工程已经完成，正在进行道路和广场的铺装工程施工（图 4-1 和图 4-2）。

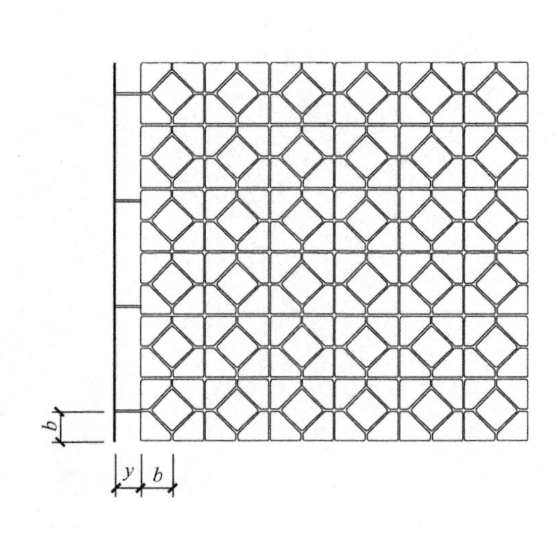


图 4-1　园路铺装大样图

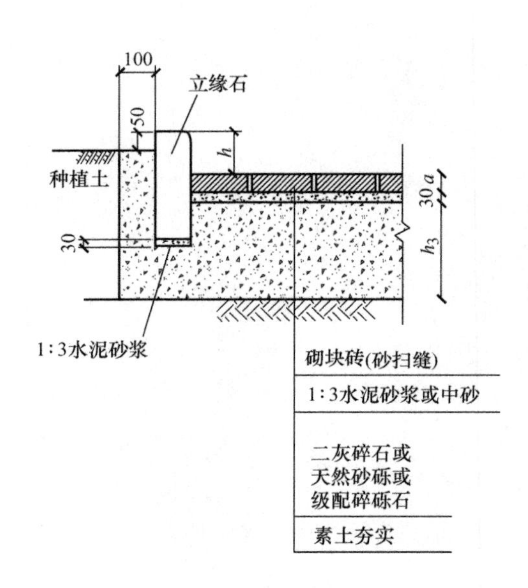


图 4-2　园路铺装施工详图

## （一）阅读文字资料

文字资料包括工程施工承包合同，道路和广场铺装工程的施工组织设计和铺装工程预算书。

## （二）识图

阅读道路和广场铺装施工图以了解工程设计意图、目的及其所达效果，明确设计要求，以便组织施工和做出工程预算，阅读步骤如下。

1）看标题栏、比例、风玫瑰图或方位标，明确工程名称、所处方位和当地主导风向。

2）看图中索引编号和施工详图，根据图示编号，对照图样及技术说明，了解铺装的材料种类、数量，路面的纵、横坡度，从路基到结合层、面层的具体做法。本工程道路为鹅卵石路面和地砖路面，广场采用红、黑色花岗石板材。

3）看道路和广场定位尺寸，明确道路位置及定点放线的基准。

## （三）施工项目内容分析

1）分析道路和广场的施工图设计。

2）确定鹅卵石和面砖的大小及类型，红、黑色花岗石板材的大小及类型。

3）设计道路、广场的纵向及横向坡度。

4）确定从路基到路面的具体做法。

项目准备

1）园路铺装工程设计资料收集：包括总平面设计图、标准图集、道路工程设计参数等。

2）园路施工组织设计与施工方案编写。

3）深入研究施工组织设计和施工图样以及园路工程施工预算书。

# 任务一　项目园路工程施工图设计

## （一）园路施工图设计准备

准备图板、图样、绘图工具以及计算机制图工具软件。

## （二）园路施工图设计程序

园路施工图设计程序如图 4-3 所示。

## （三）园路施工图设计要点

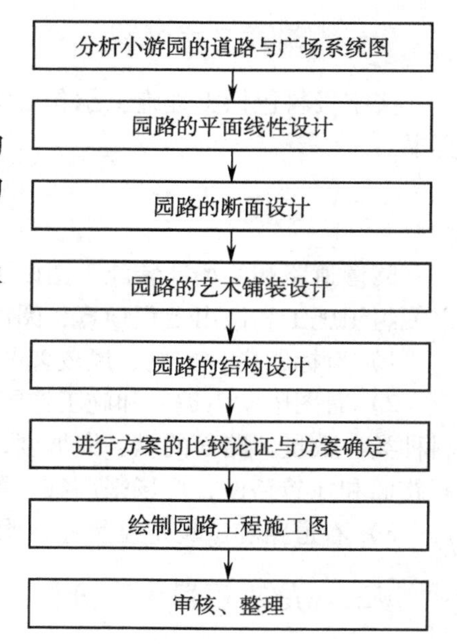


图 4-3 园路施工图设计程序

**1. 设计任务分析**

1）本项目园路设计包括规则式园路、自然式园路的道路设计与广场设计。道路包括主路、辅路、草地中的步石。

2）园路与广场施工图设计充分结合小游园入口、水池、雕塑、花架、园亭、花坛池等设计要素。

**2. 园路施工图设计内容**

1）园路施工总索引图。

2）园路的平曲线与竖曲线设计。

3）园路的铺装大样设计。

4）园路的横断面设计即园路的结构设计。

**3. 园路施工图设计的要点**

（1）园路的线形设计

1）平面线形设计。园路的线形设计应与地形、水体、植物、建筑物、铺装场地及其他设施结合，形成完整的风景构图，创造连续展示园林景观的空间或欣赏前方景物的透视线。

设计要求包括：

① 园路的线形设计应主次分明，组织交通和游览。

② 根据地形的起伏，周围功能的要求，使园路在空间上有适当的曲折，园路的布置应疏密有致并切忌互相平等。

③ 转弯半径要满足机动车最小转弯半径，结合地形、景物灵活处理，如山水公园的园路要环绕山水，但不应与水平行；平地公园的园路要弯曲柔和，密度可大，但不要形成方格网状。

平面线形设计要求：

① 平曲线半径的选择、曲线加宽在园路的总体布局的基础上进行，可分为平曲线设计和竖曲线设计。

② 平曲线设计包括确定道路的宽度、平曲线半径和曲线加宽等。平曲线半径是指当道路由一段直线转到另一段直线上去时，其转角的连接部分均采用圆弧形曲线，这种圆弧的半径称为平曲线半径。

自然式园路曲折迂回，在平曲线变化时主要由下列因素决定。

① 园林造景的需要。

② 当地地形、地物条件的要求。

③ 在通行机动车的地段上，要注意行车安全。在条件困难的个别地段上，可以不考虑行车速度，只要满足汽车本身的最小转弯半径即可。

2）园路的纵断面设计。竖曲线设计包括道路的纵横坡度、弯道、超高等。

① 竖曲线。一条道路总是上下起伏的，在起伏转折的地方，由一条圆弧连接。这种圆弧是竖向的，工程上把这样的弧线叫竖曲线。竖曲线应考虑会车安全。

② 纵横坡度。一般路面应有8%以下的纵坡和1% ~4%的横坡，以保证路面水的排除，不同材料路面的排水能力不同，因此，各类型路面对纵横坡度的要求也不同。

③ 弯道和超高。当汽车在弯道上行驶时，产生的横向推力称为离心力。这种离心力的大小，与车行速度的平方成正比，与平曲线半径成反比。为了防止车辆向外侧滑移，抵消离心力的作用，就要把路的外侧抬高。

3）园路的线形设计。园路的线形设计应充分考虑造景的需要，以达到蜿蜒起伏、曲折有致的效果；应尽可能利用原有地形，以保证路基稳定和减少土方工程量。

① 主路纵坡宜小于8%，横坡宜小于3%，颗粒路面横坡宜小于4%，纵、横坡不得同时无坡度。

② 山地公园的园路纵坡应小于12%，超过12%应做防滑处理。

③ 主园路不宜设梯道，必须设梯道时，纵坡宜小于36%。

④ 支路和小路，纵坡宜小于18%。

⑤ 纵坡坡度超过15%时，路面应做防滑处理；超过18%时，宜按台阶、梯道设计，台阶踏步不得少于两级，坡度大于58%的梯道应做防滑处理，宜设置护栏设施。

⑥ 台阶宽为30 ~38cm，高为10 ~15cm。

4）园路的结构设计。

① 面层：路面最上的一层。它直接承受人流、车辆的荷载和风、雨、寒、暑等气候作用的影响。因此要求坚固、平稳、耐磨，有一定的粗糙度，少尘土，便于清扫。

② 结合层：采用块料铺筑面层时在面层和基层之间的一层，用于结合、找平、排水。

③ 基层：在路基之上。它一方面承受由面层传下来的荷载，一方面把荷载传给路基。因此，要有一定的强度，一般用碎（砾）石、灰土或各种矿物废渣筑成。

④ 路基：路面的基础。它为园路提供一个平整的基面，承受路面传下来的荷载，并保证路面有足够的强度和稳定性。如果土基的稳定性不良，应采取措施，以保证路面的使用寿命。

⑤ 附属工程。

a）道牙——位于路两侧，使路面和路肩高程衔接，保护路面，便于排水。

b）明沟和雨水井——收集路面雨水。

c）台阶——路面坡度超过12%时，为便于行走而设置的，台阶宽为30 ~38cm，高为10 ~15cm。

d）礓礤——纵坡坡度超过15%时，斜面做锯齿形坡道。

e）蹬道——地形陡峭地段，结合地形或利用露岩而建造。

f）种植池——位于路边、广场。

5）园路结构设计原则：面层要薄、基础要强、土基要稳定。

6）园路结构设计中应注意的问题如下。

① 面层设计中路面材料的选择，应符合经济、适用、美观的原则，尽量选用当地材料，要求面层薄、结合层平、垫层强、土基层稳定。如遇软土地基，应进行补强处理。

② 结合层设计中，通常使用白灰干砂、净干砂、混合砂浆。

③ 基层的选择要求路基平整，直接铺砖修路。

④ 路牙。常见园路路牙结构做法如图 4-4 所示。

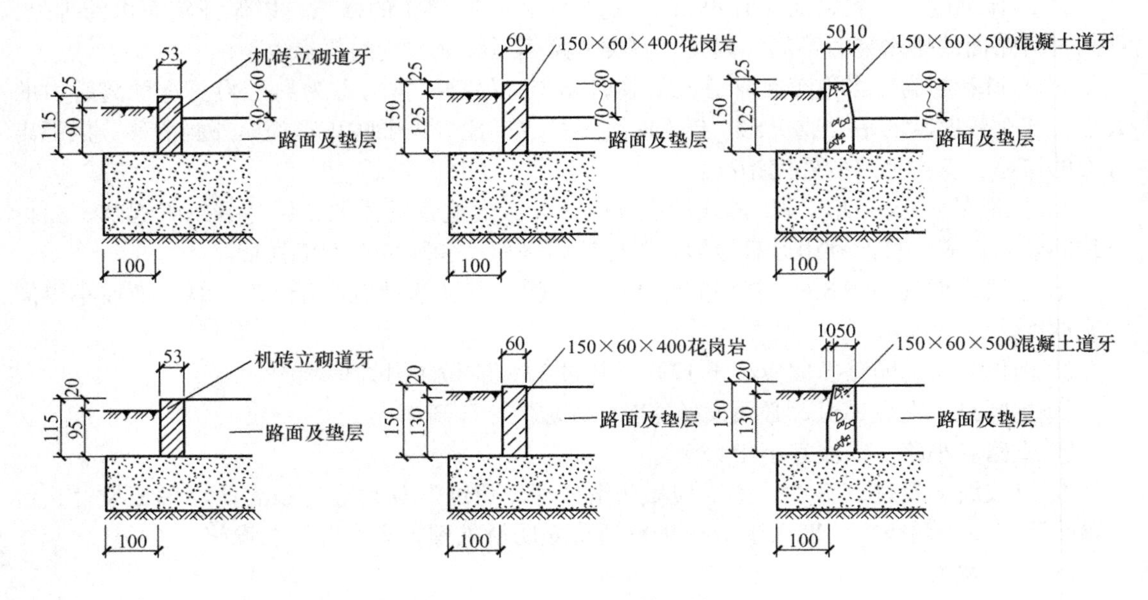


图 4-4　常见园路路牙结构做法

（2）园路的艺术铺装设计　园路路面铺装设计的原则和要求如下。

1）园路路面应具有装饰性，或称地面景观作用，它以多种多样的形态、花纹来衬托景色，美化环境。在进行路面图案设计时，应与景区的意境相结合，既要根据园路所在的环境选择路面的材料、质感、形式、尺度，又要研究路面图案的寓意、趣味，使路面更好地成为园景的组成部分。

2）园路路面应有柔和的光线和色彩，减少反光、刺眼的感觉。

3）路面应与地、植物、山石等配合。在进行路面设计时，应与地形、置石等很好的配合，共同构成景色。园路与植物的配合，不仅能丰富景色，使路面变得生气勃勃，而且嵌草的路面可以改变土壤的水分和通气的状态，为广场的绿化创造有利的条件，并能降低地表温度，对改善局部小气候有利。

（3）园路铺装实例（图 4-5）

1）石质路面（地坪）：如石板、块石、条石、片石、石板嵌草、石板软石等。

2）混凝土路面（地坪）：如普通混凝土划块、斩假石、混凝土预制块铺装、混凝土预制块嵌草等。

3）鹅卵石路面。

4）各类行道砖铺路（地坪）。

5）花街铺地路面（地坪）：用小青瓦、砖和碎缸片、碎瓷片、碎石片等。

6）陶制品路面（地坪）：如广场砖、地板砖铺设等。

7）混合路面（地坪）：用多种路面材料，经设计组合而成的路面或地坪。

8）使用功能有特殊要求的园路，如老年漫步径、健身道、盲人道等，应按功能要求使

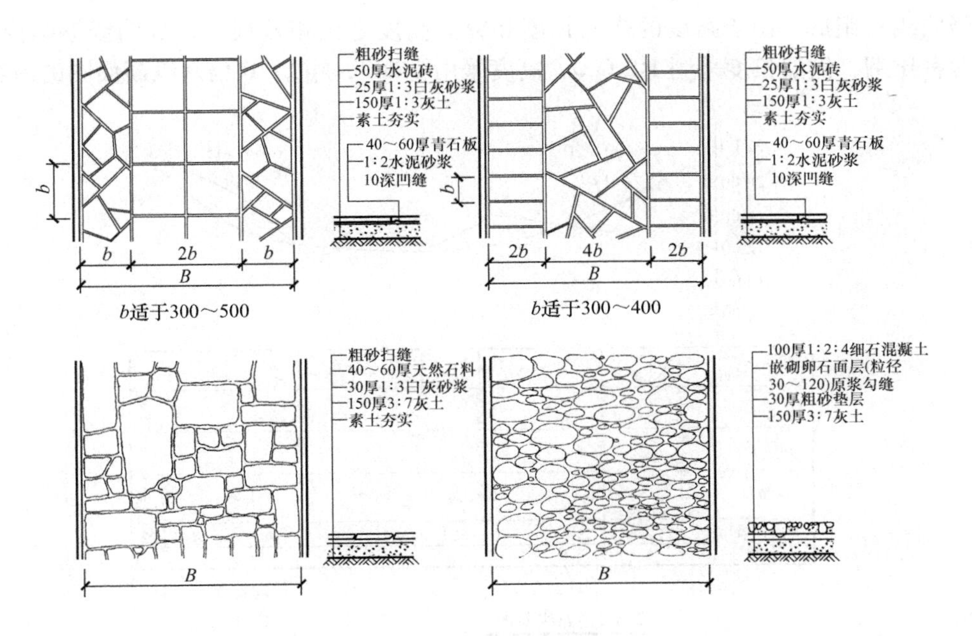


图 4-5　不同园路的铺装案例

用相应的路面材料。

9）其他路面。

**4. 园路工程施工图的设计表达**

园路工程施工图主要包括园路路线平面图、路线纵断面图、路基横断面图、铺装详图，广场施工图主要包括广场的位置、主要断面图、铺装详图等。

园路平面布置图是用来说明园路的游览方向和平面位置、线形状况等，同时还要表达出园路沿线与地上的地物（包括各种建筑、景物）的位置关系和交接的处理方法等；在纵断面图上要标出各主要位置点的标高、坡度、路基的宽度和边坡、路面结构等；在园路铺装方面还要具体表示出铺装图案，使用材料的规格、类别及施工要求等。

由于园路的竖向高差和路线的弯曲变化都与地面起伏密切相关，因此园路工程图的图示方法与一般工程图样不完全相同。

而广场的平面图则要表示出其具体位置、形状、主要尺寸、铺装图案和排水方向以及部分位置高程点高程。

（1）园路施工图的内容

1）路线平面图。路线平面图主要表示园路的平面布置情况。内容包括路线的线形（直线或曲线）状况和方向，以及沿路线两侧一定范围内的地形和地物等。地形一般用等高线来表示，地物用图例来表示。

如果园路平面图的比例较小，可在道路中心画一条粗实线来表示路线；如果比例较大，也可按路面宽度画成双线表示路线。新建道路用中粗实线，原有道路用细实线。

2）路线纵断面图（图 4-6）。纵断面图是假设用铅垂剖切平面沿着道路的中心线进行剖切，然后将所得的断面图展开而形成的立面图。路线纵断面图用于表示路线中心的地面起伏状况。纵断面图的横向长度就是路线的长度。园路立面图由直线和竖曲线（凹形竖曲线和凸形竖曲线）组成。由于路线的横向长度和纵向高度之比相差很大，故路线纵断面图通常采用两种比例，例如长度采用 1:2 000，高度采用 1:200，相差 10 倍。纵断面图的内容包括：

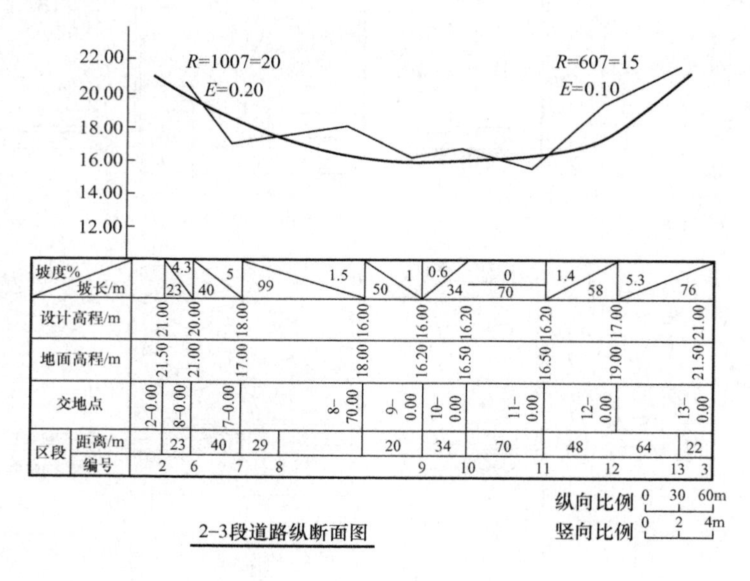


图 4-6　园路纵断面图

① 地面线是道路中心线所在处，是原地面高程的连接线，用细实线绘制。具体画法是将水准测量测得的各桩高程，按图样比例点绘在相应的里程桩上，然后用细实线顺序把各点连接起来，故纵断面图上的地面线为不规则曲折状。

② 设计线是道路的路基纵向设计高程的连接线，即顺路线方向的设计坡度线，用粗实线表示。

③ 竖曲线。设计线坡度变更处两相邻纵坡坡度之差超过规定数值时，在变坡处应设置一段圆弧竖曲线来连接两相邻纵坡，该圆弧称为竖曲线。竖曲线分为凸形竖曲线和凹形竖曲线。竖曲线上要标出相邻纵坡交点的里程桩和标高，竖曲线半径、切线长、外距，竖曲线的始点和终点，单位一律为米。

④ 资料表。在图样的正下方还应绘制资料表，主要内容包括：每段设计线的坡度，用对角线表示坡度方向。对角线上方标坡度，下方标坡长，水平段用水平线表示。

3）路基横断面图。路基横断面图是假设用垂直于设计路线的铅垂剖切平面进行剖切所得到的断面图，是计算土石方和路基的依据。

沿道路路线一般每隔 20m 画一路基横断面图，沿着桩号从下到上、从左到右布置图形。横断面图的地面线一般画细实线，设计线一律用粗实线。

路基横断面图一般用 1:50、1:100、1:200 的比例。通常画在透明方格纸上，便于计算土方量。

（2）施工图的绘制方法　园路（广场）工程施工图主要包括平面图、纵断面图和横断面图。

1）平面图。平面图主要表示园路的平面布置情况。内容包括园路所在范围内的地形及建筑设施、路面宽度与高程。

对于结构不同的路段，应以细虚线分界，虚线应垂直于园路的纵向轴线，并在各段标注横断面详图索引符号，同时有相应的施工结构图。对于自然式园路，平面曲线复杂，交点和曲线半径都难以确定，不便单独绘制平曲线，其平面形状可由平面图中方格网控制。为了便于施工，对具有艺术性的铺装图案，应绘制平面大样板，并标注尺寸。园路平面图采用坐标方格网控制园路的平面形状，其轴线编号应与总平面图相符，以表示它在总平面图中的位置。

2）纵断面图。纵断面图是假设用铅垂切平面沿园路中心轴线剖切，然后将所得断面展开而成的立面图，它表示某一区段园路的起伏变化情况。

为了满足游览和园务工作的需要，对有特殊要求的或路面起伏较大的园路，应绘制纵断面图。

绘制纵断面图时，由于路线的高差比路线的长度要小得多，如果用相同比例绘制，就很难将路线的高差表示清楚，因此路线的长度和高度一般采用不同比例绘制。

3）横断面图。横断面图是假设用铅垂切平面垂直园路中心轴线剖切而形成的断面图。一般与局部平面图配合，表示园路的断面形状、尺寸、各层材料、做法、施工要求，路面布置形式及艺术效果。

（3）资料表　资料表的内容主要包括区段和变坡点的位置、原地面高程、设计高程、坡度和坡长等内容。

## 任务二　园路基层工程施工

### （一）施工前的准备

根据设计图，核对地面施工区域，确认施工程序、施工方法和工程量。勘察、清理施工现场，确认和标示地下埋设物。

**1. 技术交底**

认真阅读施工图，对照施工技术规范及质验标准，制订组内分工计划和技术措施，然后将施工技术方案报请工程负责人审批方可施工。

**2. 材料准备**

园林铺地工程中，由于工程量大，形状变化多，需事先对铺装的实际尺寸进行放样，确定边角的方案及广场与园路交接处的过渡方案，然后再确定各种鹅卵石和地砖、花岗石的数量。在进料时要把好材料的规格尺寸、机械强度和色泽一致的质量关。

**3. 场地放样、定标高**

按照道路设计图所绘的施工坐标方格网，将所有坐标点测设到场地上并打桩定点；然后以坐标桩点为准，根据广场设计图，在场地地面上放出场地的边线，主要地面设施的范围线和挖方区、填方区之间的零点线；最后定出坐标桩点标高，注意尽量采用共同基准点。

**4. 地形复核**

对照广场竖向设计图，复核场地地形。各坐标点、控制点的自然地坪标高数据，有缺漏的要在现场测量补上。

## （二）园林道路铺装工程施工流程

园林道路铺装工程施工流程图如图 4-7 所示。

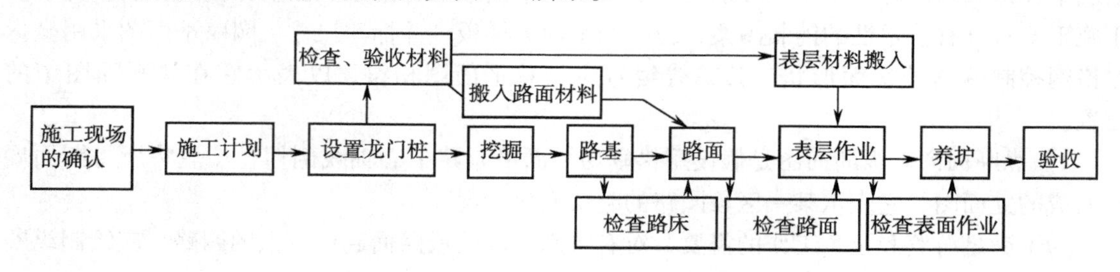


图 4-7　园林道路铺装工程施工流程图

## （三）园林道路灰土基层施工

### 1. 基层施工准备

（1）材料准备　确认和准备路基加固材料，路面垫层、基层材料和路面面层材料，包括碎石、块石、灰、砂、水泥或设计所规定的预制砌块、饰面材料等。材料的规格、质量、数量以及临时堆放位置，都要确定下来。

（2）工具准备　小水桶、半截桶、扫帚、平铁锨、铁抹子、大木杠、小木杠、筛子、窗纱筛子、喷壶、锤子、橡皮锤、錾子、溜子、板块夹具、扁担、手推车等。

### 2. 基层施工工艺流程

园路广场基层施工工艺流程图如图 4-8 所示。

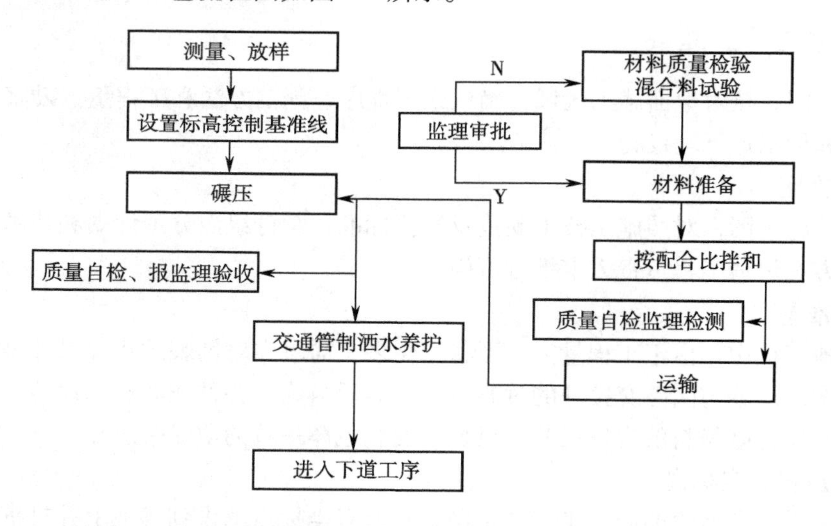


图 4-8　园路广场基层施工工艺流程图

### 3. 基层施工技术要点

1）首先检查土料种类和质量以及石灰材料的质量是否符合相关标准的要求；然后分别过筛。如果是块石闷制的熟石灰，要用 6 ~ 10mm 的筛子过筛，生石灰则可直接使用；土料要用 16 ~ 20mm 筛子过筛，均应确保粒径的要求。

2）灰土拌和。灰土的配合比应用体积比，除设计有特殊要求外，一般为2:8或3:7。基础垫层灰土必须过标准斗，严格控制配合比。拌和时必须均匀一致，至少翻拌两次，拌和好的灰土颜色应一致。

3）灰土施工时，应适当控制含水量。工地检验方法是：用手将灰土紧握成团，两指轻捏即碎为宜。如土料水分过大或不足，应晾干或洒水润湿。

4）基坑（槽）底或基土表面应清理干净，特别是槽边掉下的虚土，风吹入的树叶、木屑纸片、塑料袋等垃圾杂物。

5）分层铺灰土。每层的灰土铺摊厚度，可根据不同的施工方法选用，见表4-1。各层铺摊后均应用木耙找平，与坑（槽）边壁上的木板或地坪上的标准木桩对应检查。

**表4-1　灰土最大虚铺厚度**

| 项　次 | 夯具的种类 | 重量/kg | 虚铺厚度/mm | 备　注 |
|---|---|---|---|---|
| 1 | 木夯 | 40～80 | 200～250 | 人力打夯，落高400～500mm，一夯压半夯 |
| 2 | 轻型夯实工具 | — | 200～250 | 蛙式打夯机、柴油打夯机 |
| 3 | 压路机 | 机重6～10t | 200～300 | 双轮 |

6）夯打密实。夯打（实）的遍数应根据设计要求的干土质量密度或现场试验确定，一般不少于三遍。人工打夯应一夯压半夯，夯夯相接，行行相接，纵横交叉。

7）灰土分段施工时，不得在墙角、柱基及承重窗间墙下接茬。上下两层灰土的接茬距离不得小于500mm。

8）灰土回填每层夯（压）实后，应根据规范规定进行环刀取样，测出灰土的质量密度，达到设计要求时，才能进行上一层灰土的铺摊。

9）找平与验收。灰土最上一层完成后，应拉线或用靠尺检查标高和平整度，超高处用铁锹铲平；低洼处应及时补打灰土。

# 任务三　园路块料面层施工

## （一）施工前的准备

### 1. 材料准备

1）预制混凝土板块。其强度不应小于20MPa，规格为49.5cm×49.5cm，路面块材厚度在10cm以上，人行道及庭院块材厚度在5cm以上。进场时应有出厂合格证、混凝土强度试压记录，并对混凝土板块进行外观检查，表面要求密实，无麻面、裂纹和脱皮，边角方正，无扭曲、缺角、掉边。板块允许偏差：长宽±2.5mm，厚度±2.5mm，长度≥400mm平整度为1mm，长度≥800mm平整度为2mm。

2）水泥方格砖。尺寸为25cm×25cm×5cm，抗压、抗折强度符合设计要求，其规格、品种按设计要求选配，外观边角整齐方正，表面光滑、平整、无扭曲、缺角、掉边现象，进场时应有出厂合格证。

3）砂。粗砂、中砂。

4）水泥。强度等级在32.5级以上的普通硅酸盐水泥或矿渣硅酸盐水泥，有出厂合格证。

5）磨细生石灰粉。提前48h熟化后再用。

6）预制混凝土与路牙子，按图样尺寸及强度等级提前预制加工。

**2. 施工主要机具**

手推车、铁锹、靠尺、浆壶、水桶、喷壶、铁抹子、木抹子、墨斗、钢卷尺、尼龙线、橡皮锤（或木锤）、铁水平尺、弯角方尺、钢錾子、合金钢扁錾子、台钻、合金钢钻头、笤帚、砂轮锯、磨石机、钢丝刷等。

**3. 作业条件**

1）庭院或小区的地下各种管道，如污水、雨水、电缆、煤气等均施工完毕，并经检查验收。

2）庭院或小区的场地已进行基本平整，障碍物已清除出场。

3）庭院或小区道路已放线且已抄平，标高、尺寸已按设计要求确定好。路基基土已碾压密实，密实度符合设计要求，并已经进行质量检查验收。

## （二）园路铺装装饰面层施工流程

园路铺装装饰面层施工流程如图4-9所示。

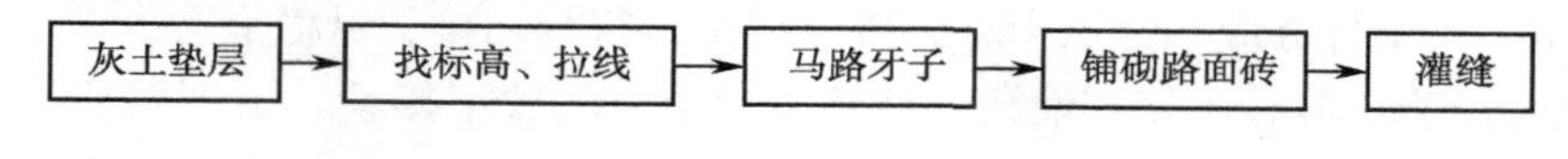


图4-9　园路铺装装饰面层施工流程

## （三）不同材料的面层工程施工技术要点

**1. 混凝土砖施工**

（1）找标高、拉线　灰土垫层打完之后，根据建筑物已有标高和设计要求的路面标高，沿路长进行砸木桩（或钢筋棍），用水准仪抄平后，拉水平线。

（2）铺砌路面砖

1）混凝土预制块路面适用于停车场、厂区、庭院。对进场的预制混凝土块进行挑选，将有裂缝、掉角、翘曲和表面上有缺陷的板块剔出，强度和品种不同的板块不得混杂使用。

2）拉水平线，根据路面场地面积大小可分段进行铺砌，先在每段的两端头各铺一排混凝土板块，以此作为标准进行码砌。

3）铺砌前将灰土垫层清理干净后，铺一层25mm厚的砂浆结合层（配合比按设计要求），面积不得铺得过大，随铺浆随砌，板块铺上时略高于面层水平线，然后用橡皮锤将板块敲实，使面层与水平线相平。板块缝隙不宜大于6mm，要及时拉线检查缝格平直度，用2m靠尺检查板块的平整度。

（3）水泥方格砖路面　适用于小区道路及甬路的铺设。

1）拉水平标高线，将灰土垫层清理干净，在甬路两端头各砌一行砖，找好平整及标高，以此作为甬路路面的标准。

2）铺25mm厚1:3白灰砂浆结合层，边砌砖边找平（面积不得铺得过大，边铺浆边铺砌砖），用橡皮锤敲木柏板，使250mm×250mm×50mm水泥方格砖与结合层紧密结合牢固。

3）随铺砌随检查缝格的顺直和板面面层的平整度，控制在允许偏差范围内。

以上板块构成的路面，在铺砌前均要根据路面的宽度进行排砖（或板块），如有非整砖（或板块），要均匀分排在路宽的两侧边，用现浇混凝土补齐，与马路牙子相接，其强度不应低于20MPa，若不设马路牙子，要注意路边的顺直，并要培土保护。

（4）灌缝　预制混凝土板块或水泥方格砖铺砌好2天内，应根据设计要求的材料（砂或砂浆）进行灌缝，填实灌满后将面层清理干净，待结合层达到强度后，方可上人行走。夏季施工，面层要浇水养护。

（5）冬期施工

1）冬期施工时，防冻剂要经试验后确定其掺入量。

2）当使用砂浆时，最好用热水拌和，砂浆使用温度不得低于5℃，并随拌随用，做好保温。

3）铺砌完成后，要进行覆盖，防止受冻。

（6）施工中应注意的质量问题

1）路面铺好后，水泥砂浆终凝前不得上人，强度不够不准上重车行驶。

2）无马路牙子的路面，注意对路边混凝土块的保护，防止路边损坏。

3）不得在已铺好的路面上拌和混凝土或砂浆。

4）路面使用后出现塌陷现象，主要原因是路基回填土不符合质量要求，未分层进行夯实，或者严寒季节在冻土上铺砌路面，开春后土化冻路面下沉。因此在铺砌路面板块之前必须严格控制路基填土和灰土垫层的施工质量，更不得在冻土层上作路面。

5）板面松动。铺砌后应在养护2天后立即进行灌缝，并填塞密实，路边的板块缝隙处理尤为重要，要防止缝隙不严板块松动。另外要控制不要过早上车碾压。

6）板面平整度偏差过大、高低不平。在铺砌之前必须拉水平标高线，先在两端各砌一行，作为标筋，以两端标准拉通线控制水平高度，在铺砌过程中随时用2m靠尺检查平整度，不符合要求时及时修整。

**2. 花岗石面层**

1）花岗石在铺设前，按设计要求，根据石材的颜色、花纹、图案、纹理等编号，当板材有裂缝、掉角、翘曲和表面有缺陷时应给予剔除，品种不同的板材不得混杂使用。

2）在铺设花岗石面层时，板材应先用水浸湿，待擦干或表面晾干后方可铺设。结合层和板材应分段同时铺筑，铺筑时宜采用水泥砂浆或干铺水泥洒水作黏结。

3）铺筑的板材应平整，线路顺直，镶铸正确；板材间、板材与结合层间应紧密砌合，不得有空隙。

4）面层每拼好一块，就用平直的木板垫在顶面，以橡皮锤在多处振击（或垫上木板，锤击打在木板上）使所有石板的顶面均保持在一个平面上，这样可使园路铺装十分平整。

5）路面铺好后，再用干燥的水泥粉洒在路面上并扫入砌块缝隙中，使缝隙填满，最后将多余的灰砂清扫干净。之后，石板下面的水泥砂浆便慢慢硬化，使板与下面稳定层紧密结合在一起。

6）施工完后，应多次浇水进行养护。

**3. 卵石面层施工**

在基础层上浇筑3～4天后方可铺设面层。首先打好各控制桩，其次挑选好3～5cm的卵石，要求质地好、色泽均匀、颗粒大小均匀；然后在基础层上铺设1:2水泥砂浆，厚度为5cm，接着用卵石在水泥砂浆层嵌入，要求排列美观、面层均匀、高低一致（可以一块1m×1m的平板盖在卵石上轻轻敲打，以便面层平整）。面层铺好一块（手臂距离长度）用抹布轻轻擦除多余部分的水泥砂浆。待面层干燥后，应注意浇水保养。

### （四）施工中应注意的事项

**1. 挖方与填方施工**

根据设计的标高进行挖填土方。填方时应当先深后浅，先分层填实深处，按施工规范每填一层就夯实一层。挖方时挖出的适宜栽植的肥沃土壤，要临时堆放在广场边，通知监理、业主处理。

**2. 场地平整与找坡**

挖填方工程基本完成后，对挖填出的新地面进行整理。要铲平地面，使地面平整度限制在0.05m内。根据各坐标桩标明的该点填挖高度和设计的坡度数据，对场地进行找坡，保证场地内各处地面都基本达到设计的坡度。

根据场地旁存在的建筑、园路、管线等因素，确定边缘地带的竖向连接方式，调整连接点的地面标高。还要确认地面排水口的位置，调整排水沟管底部标高，使地面与周边地平的连接更自然，将排水、通道等方面的矛盾降到最低。

**3. 素土夯实**

素土夯实是重要的质量控制工作，首先应清除腐殖土，清除日后地面下陷的隐患。

1）基础开挖时，机械开挖应预留10~20cm的余土待人工挖掘。

2）当挖掘过深时，不能用土或细石等回填。

3）夯实。当挖土达到设计标高后，可用打夯机进行素土夯实，以达到设计要求素土夯实的密实度。夯实过程中当打夯机的夯头印迹基本看不出时，可用环刀法进行密实度测试。如果密实度尚未达到设计要求，应不断夯实，直到达到设计要求为止。

**4. 水泥石屑稳定层**

（1）验收底基层　对于已完成的路基，必须按质量检验标准规定进行验收。凡验收不合格的路段，必须采取措施，使其达到标准后，方可铺筑水泥石屑稳定层。此外，还应逐个断面检查路基标高是否符合设计要求。

（2）施工放样　进行水平测量，在两侧标示桩上用明显的标记标出水泥石屑稳定层边缘的设计标高。

（3）水泥石屑拌和　在现场布置一个搅拌场，用一台搅拌机进行水泥石屑拌和，然后在拌和站用机具运输至铺设地段铺设。

水泥选用32.5级普通硅酸盐水泥，不宜使用高强度水泥。受潮变质硬化的水泥不得使用。选用干净石屑，不得含有泥沙、垃圾，并要具有一定的级配，其最大料径不宜超过1cm。

拌和用水采用自来水。拌和用水量以干料总重的6%左右为宜，具体可视石屑的干湿情况增减。拌和料应按设计配合比所规定的用量每槽过秤。采用搅拌机拌和，每槽拌和时间不少于2min。

（4）摊铺　根据水泥稳定层的厚度采用分层摊铺，每层厚度不超过200mm。用合适的

机具将稳定层集料均匀地摊铺在预定的宽度上，表面应力求平整。水泥石屑稳定层的压实系数为1.3～1.35，故松铺厚度应为设计厚度乘以压实系数。

（5）碾压　松铺大致整平后，应立即使用压路机压实；碾压时，应重叠1/2轮宽。使用压路机碾压，其碾压次数不少于6次，直至碾压到要求的密实度，并同时没有明显的轮迹。

严禁压路机在已完成的或正在碾压的路段上“调头”和急刹车，保证稳定层表面不受破坏。

碾压过程中，水泥石屑稳定层的表面应始终保持潮湿，如表面水蒸发得过快，应及时补洒少量的水。

（6）养生　每段碾压后，经监理工程师检查合格后应立即开始养生，采用湿法养生，养生期不少于7天。养生期内应保持潮湿状态。除洒水车外，应封闭交通。

## （五）园路工程施工质量检查

园路结构各层偏差值见表4-2。

**表4-2　园路结构各层偏差值**

<table>
<tr><th>项　次</th><th>层　次</th><th colspan="2">材料名称</th><th>允许偏差/mm</th></tr>
<tr><td>1</td><td>基土</td><td colspan="2">土</td><td>15</td></tr>
<tr><td rowspan="5">2</td><td rowspan="5">垫层</td><td colspan="2">砂、砂石、碎（卵）石、碎砖</td><td>15</td></tr>
<tr><td colspan="2">灰土、三合土、炉渣、水泥混凝土</td><td>10</td></tr>
<tr><td rowspan="2">毛地板</td><td>拼花木板面层</td><td>3</td></tr>
<tr><td>其他种类面层</td><td>5</td></tr>
<tr><td colspan="2">木格栅</td><td>3</td></tr>
<tr><td rowspan="3">3</td><td rowspan="3">结合层</td><td colspan="2">用沥青玛碲脂做结合层铺设拼花木板、板块和硬质纤维板面层</td><td>3</td></tr>
<tr><td colspan="2">用水泥砂浆做结合层铺设板块面层以及铺设隔离层、填充层</td><td>5</td></tr>
<tr><td colspan="2">用胶结剂做结合层铺设拼花木板、塑料板和硬质纤维板面层</td><td>2</td></tr>
<tr><td rowspan="7">4</td><td rowspan="7">面层</td><td colspan="2">条石、块石</td><td>10</td></tr>
<tr><td colspan="2">水泥混凝土，水泥砂浆，沥青砂浆，沥青混凝土，水泥钢（铁）屑不发火（防爆的）、防油渗等面层</td><td>4</td></tr>
<tr><td colspan="2">缸砖、混凝土块面层</td><td>4</td></tr>
<tr><td colspan="2">整体的及预制的普通水磨石、碎拼大理石、水泥花砖和木板面层</td><td>3</td></tr>
<tr><td colspan="2">整体的及预制的高级水磨石面层</td><td>2</td></tr>
<tr><td colspan="2">陶瓷锦砖、陶瓷地砖、拼花木板、活动地板、塑料板、硬质纤维板等面层以及面层涂饰</td><td>2</td></tr>
<tr><td colspan="2">大理石、花岗石面层</td><td>1</td></tr>
</table>

# 项目五　园林项目绿化工程施工

## 项目目标

1. 正确识读所提供的园林种植工程施工图并完成种植工程施工放线图。
2. 根据施工合同组织完成项目的种植工程施工，同时达到甲方的验收标准和要求。
3. 掌握园林工程施工的技术规程和施工要点。

## 项目提出

本项目为一小游园的绿化工程，小游园北、南、东侧紧邻城市道路，西南角有一家幼儿园。它属于城市绿地建设项目，项目的土方工程已经完成，地上园林土建项目工程正在进行或已经接近尾声。需要进行最后一项绿化工程施工。绿化工程施工计划在正常的施工季节进行。本项目设计总平面图如图5-1所示。

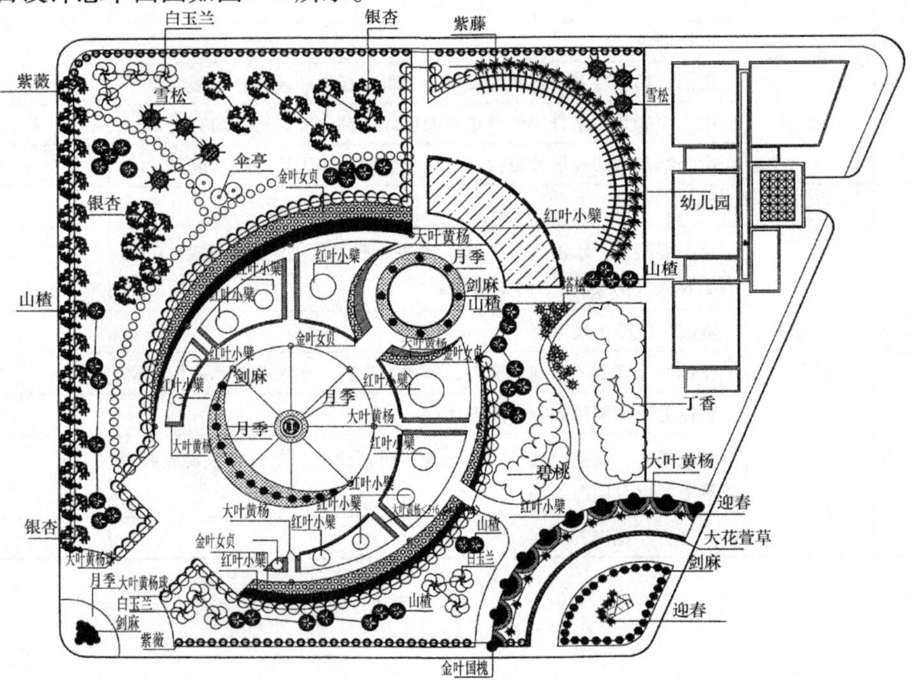


图5-1　项目种植设计总图

### （一）识图

阅读植物种植设计图用以了解工程设计意图、绿化目的及其所达效果，明确种植要求，以便组织施工和做出工程预算，阅读步骤如下。

1）看标题栏、比例、风玫瑰图或方位标，明确工程名称、所处方位和当地主导风向。

2）看图中索引编号和苗木统计表。根据图示各植物编号，对照苗木统计表及技术说明，了解植物种植的种类、数量，苗木规格和配置方式。本工程为街道小游园工程，工程采用以场地对角线为中轴线的对称构图，栽植方式有规则式和自然式两种，包括行列种植、弧线种植、散点种植三种形式。

3）看植物种植定位尺寸，明确植物种植的位置及定点放线的基准。

4）看种植详图，明确具体种植要求，包括种植穴的尺寸、种植土的改良措施和苗木立支架的方式等。

### （二）施工任务分析

根据小游园的土质状况、种植类型和植物种类综合施工方案和施工组织设计，完成项目施工任务分析。绿化工程的项目组成如图 5-2 所示。

### （三）项目绿化工程的施工程序

绿化工程施工程序如图 5-3 所示。

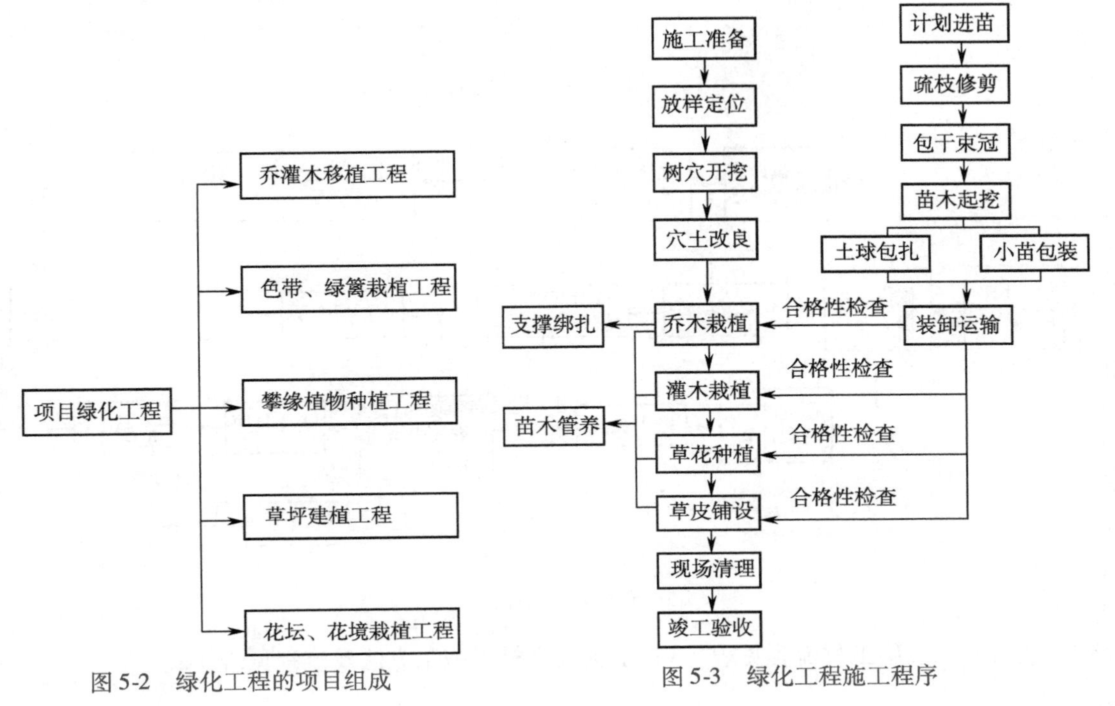


图 5-2　绿化工程的项目组成

图 5-3　绿化工程施工程序

## （一）绿化工程施工准备

园林绿化工程从计划到施工阶段，都着眼于完工后的景观效果，总目标是为植物创造良好的生存环境，创造园林式的绿化空间。栽植基础工程是营造适合植物生长土壤的工程，可以说是园林工程中最基本的，也是最重要的工程之一。绿化工程施工准备的内容组成如图5-4所示；园林栽植基础工程施工流程如图5-5所示。

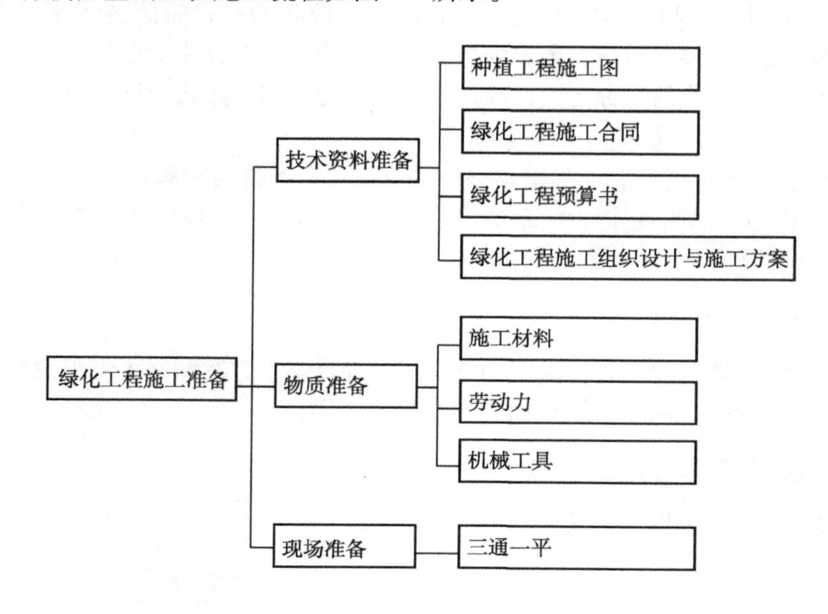


图5-4　绿化工程施工准备的内容组成

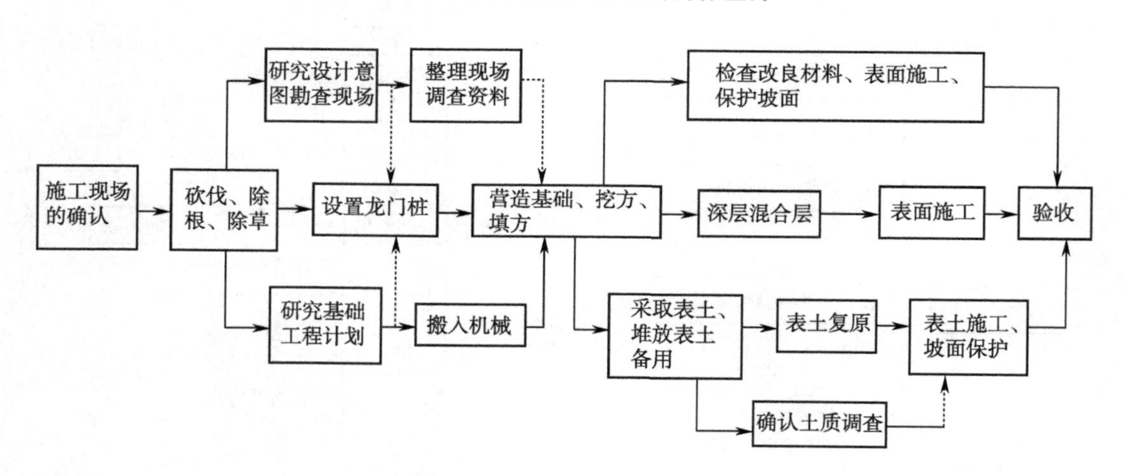


图5-5　园林栽植基础工程施工流程

栽植基础表层工程流程见表5-1；土壤改良材料施工方法及流程见表5-2。

**表 5-1　栽植基础表层工程流程**

| 施工流程 | 管 理 项 目 | 施工管理方法 | | 管理的要点（着眼点） | 准备文件 |
|---|---|---|---|---|---|
| | | 监督人 | 现场代理人 | | |
| 准备 | 1. 确认设计图样 | 确认 | 确认 | ① 掌握设计意图<br>② 确认设计数量 | |
| 材料 | 2. 施工现场 | 确认 | 确认 | ① 检查、确认施工范围<br>② 收集资料，编制施工计划书<br>③ 检查表土情况 | 施工任务书 |
| | 3. 施工计划书的编制 | 指示 | 提出 | ① 检查设计图样和各种资料<br>② 检查工程概要，工程内容，使用机械，安全措施，摄影计划，使用材料，作业组织等 | |
| 施工 | 4. 砍伐、除根、除草 | 协议 | 确认 | ① 确认后续工程的内容<br>② 其性质与普通土方工程上的砍伐、除根有所不同<br>③ 进行现场勘查<br>④ 检查基础工程的计划 | 编制表土分布范围图 |
| | 5. 设置龙门桩<br>① 在保存地、表土采取地、复原地设置标志牌<br>② 表土临时堆积<br>③ 开辟地面<br>④ 表土搬运及表土复原 | 协议 | 确认 | ① 根据设计图样、后续工程及台式标志等，检查标高<br>② 根据施工计划图和土地利用计划，区别保存地、表土采取地和复原地，并在现场设置各类标志牌<br>③ 以“安全第一”为原则<br>④ 检查堆放场地状况<br>⑤ 检查堆积方法：表层施工后，施工场地和复原地应该大致相同<br>⑥ 搬运土方时，不要使用重型机械碾压，以免形成不良地面 | |
| | 6. 确认表层施工状况<br>① 检查表层整地状况<br>② 检查施工碾压状况 | 确认 | 确认 | ① 检查表土复原后的施工场地<br>② 不要使用重型机械碾压表层，以免增加土壤硬度<br>③ 安排高、中、低树木的栽植范围<br>④ 长时间放置时，到后续工程应检查表层处置状况 | |
| 完成 | 7. 完工形状 | 确认 | 确认 | ① 确认设计图样和内容<br>② 根据必要，进行土壤分析试验 | 完工形状管理图和土壤检查报告书 |

表 5-2　土壤改良材料施工方法及流程

| 施工流程 | 管 理 项 目 | 施工管理方法 | | 管理的要点（着眼点） | 准备文件 |
|---|---|---|---|---|---|
| | | 监督员 | 工长 | | |
| 准备 | 1. 设计图样的确认 | 指示 | 确认 | ① 掌握设计意图<br>② 确认设计内容、数量、施工方法 | 现况土方分析试验表 |
| | 2. 施工现场确认 | 确认 | 确认 | ① 施工范围的检查及土壤分析试验<br>② 收集资料，编制施工计划书<br>③ 检查工程及有关工程情况 | |
| | 3. 施工计划书的编制 | 指示 | 承诺 | ① 再次检查有关设计图样及施工方法的资料<br>② 检查工程概要，工程内容，使用材料，机械计划，安全计划，照相摄影计划，作业组织图等 | 施工计划书 |
| 材料 | 4. 土壤改良材料使用要领的确认（有机质系统、无机质系统、高分子系统，土壤改良材料，还原剂） | 确认 | 确认 | ① 确认设计图样上提供使用材料的出厂单位<br>② 确认使用数量 | 材料调拨申请 |
| 施工 | 5. 耕耘作业和确认改良材料使用要领（耕耘机械的使用方法、耕耘面的整理，施工碾压状况的确认） | 确认 | 确认 | ① 检查设计图样上规定的深度及其耕耘的施工方法，检查机械种类<br>② 把使用面积分成片或分为网格（$25m^2$、$50m^2$、$100m^2$），把使用数量化小施用<br>③ 确认是否达到规定的标高<br>④ 确保适当的土壤硬度<br>⑤ 确认土壤改良剂的混合状况 | |
| 完成 | 6. 完工形状的确认（数量、面积、掺合材料数量，检查竣工面，整理工程照片） | 指示 | 文件 | ① 施工单位内部自检<br>② 与设计图样相对照，确认完工形状<br>③ 对工程照片做新的评价 | 完工形状报告书，施工单位内部检查报告书 |

## （二）栽植工程施工定点放线

### 1. 规则式定点放线

在规则形状的地块上进行规则式树木栽植，其放线定点所依据的基准点和基准线，一般可选用道路交叉点、中心线、建筑外墙的墙脚和墙脚线、规则型广场和水池的边线等。这些点和线一般都是不易再改变和相对固定的，是一些特征性的点和线。依据这些特征的点、线，利用简单的直线丈量方法和三角形角度交会法，就可将设计的每一行树木栽植点的中心

连线和每一棵树的栽植位点，都测设到绿化地面上，还可用小木桩钉在种植点位上，作为种植桩。种植桩上要写上树种代号，以免施工中造成树种的混乱。在已定种植点的周围，还要以种植点为圆心，按照不同树种对种植穴半径大小的要求，用白灰画圆圈，标明种植穴挖掘范围。

**2. 自然式定点放线**

对于在自然地形按照自然式配植树木的情况，树木定点放线一般要采用坐标方格网方法。定点放线前，在种植设计图上绘出施工坐标方格网，然后用测量仪器将方格网的每一个坐标点测设到地面，再钉下坐标桩。定点放线时，就依据各方格坐标桩，采用距离交会方法，测设出每一棵树木的栽植位点。测设下来的栽植点，也用作画圆的圆心，按树种所需穴坑大小，用石灰粉画圆圈，定下种植穴的挖掘线。

# 任务一　乔灌木栽植工程施工

## （一）施工准备

**1. 材料准备**

有机肥、园林苗木、防腐剂、草绳、蒲包、杉木杆（竹竿）、箱板、紧线器、千斤顶。

**2. 机具准备**

铁锹、镐、錾子、锤子、剪枝剪、手锯、水桶、绿篱剪、钢钎、浇水塑料管、运输工具、钉耙、草坪播种机。

**3. 作业条件**

工程现场完成三通一平工作，现场清理完毕。工程管线等地下设施施工完成。工程定点放线施工完毕。

## （二）工艺顺序

栽植工程施工流程如图 5-6 所示。

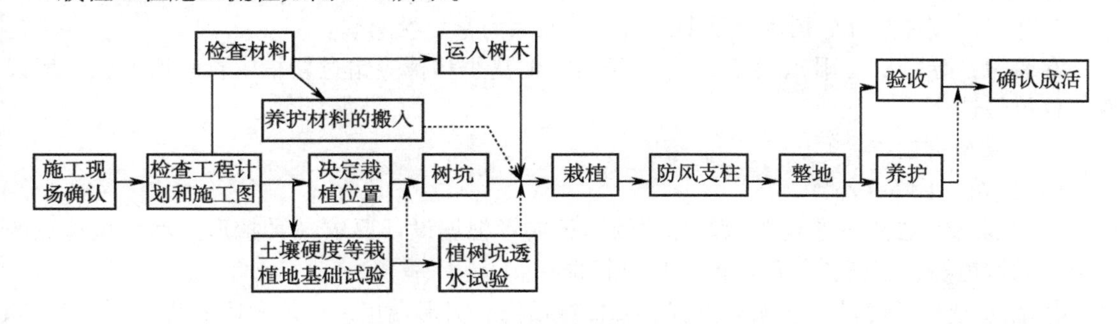


图 5-6　栽植工程施工流程

## （三）栽植工程施工技术要点

1）对需要移植的树木，应根据有关规定办好所有权的转移及必要的手续。

2）对所移植树木、生长地的四周环境和土质情况、地上障碍物、地下设施、交通路线等进行详细了解。

3）根据所移植树木的品种和施工条件，制定具体移植的技术和安全措施。

4）做好施工所需工具、材料、机械设备转移的准备工作。施工前请交通、市政、公用、电信等有关部门到场，配合排除施工障碍并办理必要手续。

5）落叶树移植前对树冠进行修剪，裸根移植一般采取重修剪，剪去枝条的1/2～2/3。带土移植则可适当轻剪，剪去枝条的1/3即可。修剪时剪口必须平滑，截面尽量缩小，修剪2cm以上的枝条，剪口应涂抹防腐剂。常绿树移植前一般不需修剪，定植后可剪去移植过程中的折断枝或过密、重叠、轮生、下垂、徒长枝、病虫枝等，常绿树修剪时应留1～2cm木橛，不得贴根剪去，剪后涂防腐剂或包装剪口。落叶树修剪时可适当留些小枝，易于发芽展叶。

6）确定所移树木后，宜提前1～2年采取缩根（断根）措施。

7）树干采取包裹措施，采用麻包片、草绳围绕，一般围绕从根茎至分枝点处，这样既可减少蒸发又可减少移植过程的擦伤。定植后再行拆除。

## （四）园林乔灌木工程施工

### 1. 掘苗

从理论上讲，只要时间掌握好，措施合理，任何品种树木都能进行移植，现仅介绍常见移植的树木和采取的方法。

常绿乔木：桧柏、油松、白皮松、雪松、龙柏、侧柏、云杉、冷杉、华山松等。

落叶乔木及珍贵观花树木：国槐、栾树、小叶白蜡、元宝枫、银杏、白玉兰等。

掘苗宜采取的移植方法有：凡常绿树和落叶树非休眠期移植或需较长时间假植的树木均应采取带土球法移植，一般干径为15～20cm，土质坚硬时，可采用软包装土球法移植，土球直径为1.5～1.8m；干径为20～40cm时，采用方木箱移植法，方箱规格为1.8～3m；一般土球、大木箱规格为干径的7～9倍。凡休眠期移植落叶树均可裸根移植或裸根少量带护心土移植；一般根系直径为干径的8～10倍（有特殊要求的树木除外）。

移植大树的时间如下。

落叶树：应在落叶后树木休眠期进行，在北京为春、秋两季。

常绿树：春、夏（雨）、秋三季均可进行，但夏季移植应错过新梢生长旺盛期，一般以春季移植最佳。

（1）裸根掘苗

1）选苗（图5-7）。

① 用涂漆、挂牌、彩绳等做好标记的树种或者根据设计要求（种植形式和种植地点的要求，如行道树、庭荫树、孤植树等）进行选择。

② 注意选择长势健旺、无病虫害、无机械损伤、树形端正、根须发达的苗木。

③ 有特殊要求的树形要确定基本标准。苗木选择要到苗木栽植现场，实地观测树木的品种类型以及生长状态，尤其要把好苗木质量关。

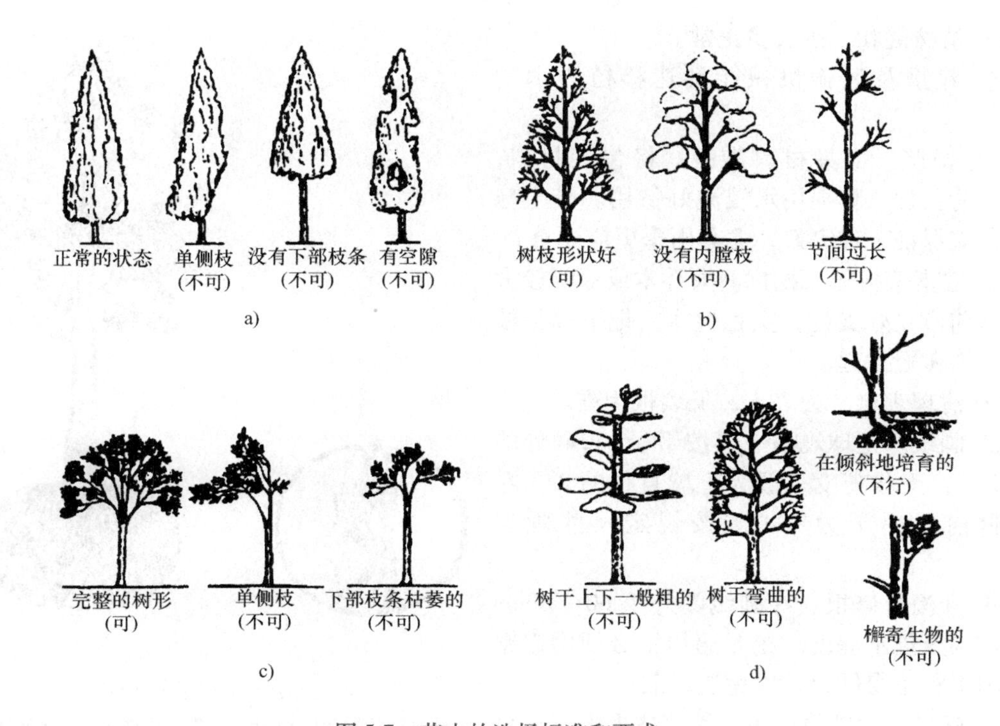


图 5-7　苗木的选择标准和要求

a）落叶阔叶树　b）树枝的选择方法　c）树形的选择方法　d）树干的选择方法

④ 选择在育苗期经过移栽的、根系集中在树蔸的苗木。

2）掘苗。

① 立支架。

② 清理表土。

③ 划出挖掘范围。裸根移植仅限于落叶乔木，按根系大小（根幅）分布而定，一般为 1.3m 处干径的 8～10 倍。

④ 开沟。沿所留根幅外垂直下挖操作沟，沟宽 60～80cm，沟深视根系的分布而定，挖至不见主根为准；通常为 80～120cm。

⑤ 掏挖。从所留根系深度 1/2 处以下，可逐渐向内部掏挖。

⑥ 切断根系。挖掘过程所有预留根系外的根系应全部切断，剪口要平滑，不得劈裂。

⑦ 打碎土台。切断所有主侧根后，即可打碎土台，保留护心土，清除余土，推倒树木。

⑧ 根部包扎。裸根移植成活的关键是尽量缩短根部暴露时间。移植后应保持根部湿润，方法是根系掘出后喷保湿剂或沾泥浆，用湿草包裹等。

⑨ 修剪。按照施工方案要求进行修剪。

（2）土球掘苗（图 5-8）

1）选苗。选苗的要求如下：

① 无严重的病虫害。

② 无严重的机械损伤。

③ 要具有必需的观赏性。

④ 植株健壮，生长量正常。

⑤ 起重及运输机械能到达移植树木的现场。

2）掘苗。工具材料准备：将包装材料，蒲包、蒲包片、草绳用水浸泡好待用。带土球移植，应保证土球完好，尤其雨季更应注意。

① 立支架拢冠。挖掘高大乔木或冠幅较大的树木前应立好支柱，支稳树木。把下部枯枝剪除，把树冠拢起。

② 清理表土。去表土，见表根为准。

③ 画线。土球规格一般按干径 1.3m 处的 7～10 倍，土球高度一般为土球直径的 2/3 左右。掘前以树干为中心，按规定尺寸画出圆圈。

④ 开沟与修根。在画线圈外挖 60～80cm 的操作沟至规定深度。挖时遇粗根必须用锯锯断再削平，不得硬铲，以免造成散坨。

⑤ 修坨。用铣将所留土坨修成上大下小呈截头圆锥形的土球。

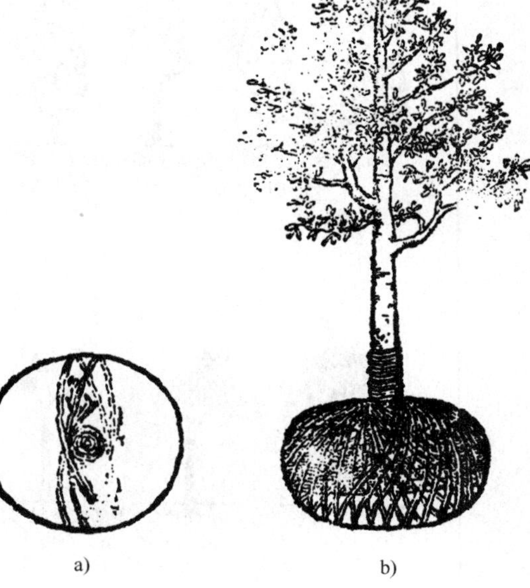

图 5-8 土球苗木橘子包包装移植法

a）平面（实绳表示土球面绳，虚绳表示土球底绳）

b）立面

⑥ 收底。土球底部不应留得过大，一般为土球直径的 1/3 左右。收底时遇粗大根系应锯断。

⑦ 围内腰绳。用浸好水的草绳将土球腰部缠绕紧，随绕随拍打勒紧，腰绳宽度视土球土质而定。一般为土球直径的 1/5 左右。

⑧ 开底沟。围好腰绳后，在土球底部向内挖一圈 5～6cm 宽的底沟，以利打包时兜绕底沿，草绳不易松脱。

⑨ 打橘子包（井字、五角包）。用包装物（蒲包、蒲包片、麻袋片等）将土球包严，用草绳围接固定。打包时绳要收紧，随绕随敲打，用双股或四股草绳以树干为起点，稍倾斜，从上往下绕到土球底沿沟内再由另一面返到土球上面，再绕树干顺时针方向缠绕。应先成双层或四股草绳，第二层与第一层交叉压花。草绳间隔一般为 8～10cm。注意绕草绳时双股绳应排好理顺。

⑩ 围外腰绳。打好包后在土球腰部用草绳横绕 20～30cm 的腰绳，草绳应缠紧，随绕随用木槌敲打，围好后将腰绳上下用草绳斜拉绑紧，避免脱落。

⑪ 收底、推倒树木。完成打包后，将树木按预定方向推倒，遇有直根应锯断，不得硬推，随后用蒲包片将底部包严，所用草绳与土球上的草绳相串联。

（3）木箱掘苗

木箱移植指移植大树时，根部带土块重量较大，为确保移植过程土块的完好，采用木箱包装移植，如图 5-9 所示。

1）选苗。木箱移植的苗木一般树体规格比较大，此方法应用于重点工程或工程的重点部位，或应用于名木古树的易地移植与保护。

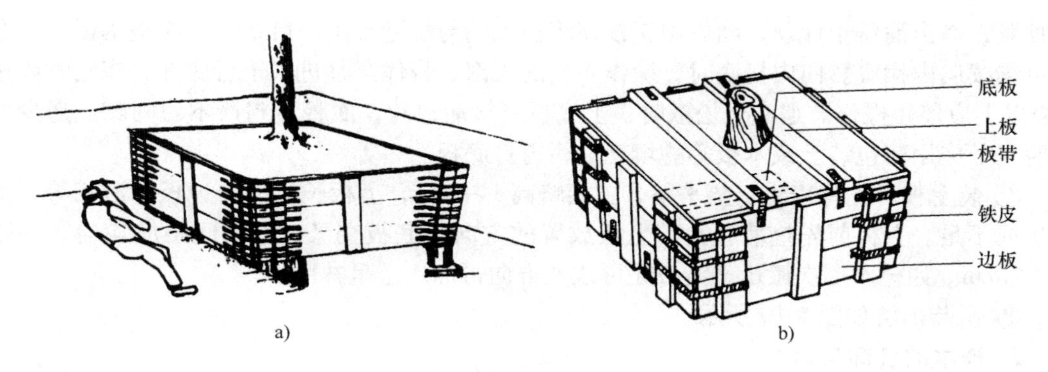


图 5-9　木箱移植

a）木箱掘苗　b）木箱包装

2）掘苗。

① 放线。先清除表土，露出表面根，按规定以树干为中心，选好树冠观赏面，划出比规定尺寸大 5 ~ 10cm 的正方形土台范围，尺寸必须准确；然后在土台范围外 80 ~ 100cm 再划出一正方形白灰线，此为操作沟范围。

② 立支柱。用 3 ~ 4 根支柱将树支稳，呈三角或正方形，支柱应坚固，长度要在分枝点以上，支柱底部可钉小横棍，再埋严、夯实。支柱与树枝干应捆绑紧，但相接处必须垫软物，不得直接磨树皮。为更牢固，支柱间还可加横杆相连。

③ 开沟。按所划出的操作沟范围下挖，沟壁应规整平滑，不得向内洼陷。挖至规定深度，挖出的土随时平铺或运走。

④ 修整土台。按规定尺寸，土台四角均应较木箱板大出 5cm，保证土台面平滑，不得有砖石或粗根等突出土台。修好的土台上面不得站人。用木箱移植的土台呈正方形，上大下小，一般下部较上部少 1/10 左右。

⑤ 装边板。土台修整后先装四面的边板，上边板时板的上口应略低于土台 1 ~ 2cm，下口应高于土台底边 1 ~ 2cm。靠箱板时土台四角用蒲包片垫好再靠紧箱板，靠紧后暂用木棍与坑边支牢。检查合格后用钢丝绳围起上下两道放置，位置分别置于距上下沿的 15 ~ 20cm 处。两道钢丝绳接口分别置于箱板的方向（一东一西或一南一北），钢丝绳接口处套入紧线器挂钩内，注意紧线器应稳定在箱板中间的带上。为使箱板紧贴土台，四面均应用 1 ~ 2 个圆木樽垫在绳板之间，放好后两面用驳棍转动，同步收紧钢丝绳，随紧随用木棍敲打钢丝绳，直至发出金属弦音声为止。

⑥ 钉箱板。用加工好的铁腰子将木箱四角连接，钉铁腰子，应距两板上下各 5cm 处为上下两道，中间每隔 8 ~ 10cm 一道，必须钉牢，园钉应稍向外倾斜，钉入，钉子不能弯曲，铁皮与木带间应绷紧，敲打出金属颤音后方可撤除钢丝绳。2. 5cm 以上木箱也可撤出圆木后再收紧钢丝绳。

⑦ 掏底。将四周沟槽在下挖 30 ~ 40cm 深后，从相对两侧同时向土台内进行掏底，掏底宽度相当于安装单板的宽度，掏底时留土略高于箱板下沿 1 ~ 2cm。遇粗根应略向土台内将根锯断。

⑧ 装底板。掏好一块板的宽度后应立即安装，装时使底板一头顶装在木箱边板的木带上，下部用木墩支紧，另一头用油压千斤顶顶起，待板靠近后，用元钉钉牢铁腰子，用圆木

墩顶紧，撤出油压千斤顶，随后用支棍在箱板上端与坑壁支牢，坑壁一面应垫木板，支好后方可继续向内掏底。向内掏底时，操作人员的头部、身体严禁进入土台底部，掏底时风速达4级以上应停止操作。遇底土松散时，上底板应垫蒲包片，底板可封严不留间隙。遇少量亏土脱土处应用蒲包装土或木板等物填充后，再钉底板。

⑨ 装上板。先将表土铲垫平整，中间略高1~2cm，上板长度应与边板外沿相等，不得超出或不足。上板前先垫蒲包片，上板放置的方向与底板交叉，上板间距应均匀，一般为15~20cm。如树木多次搬运，上板还可改变方向再加一层呈井字形。

⑩ 吊装出坑如图5-10所示。

**2. 树木的装卸与运输**

（1）运输路线勘察与确定　根据运输的对象和移植对象周边的环境条件，勘察运输路线。

（2）运输对象确认与装卸运输方案制定

1）装车前的准备。

① 装车前应对苗木进行验收、清点，检查质量，根据苗木种类和数量确定装车方法。

② 装车前对裸根苗根部应做保水处理，一般采用泥浆或保水剂浸蘸，用湿草片把根系包住或在根团中心塞入湿草团。

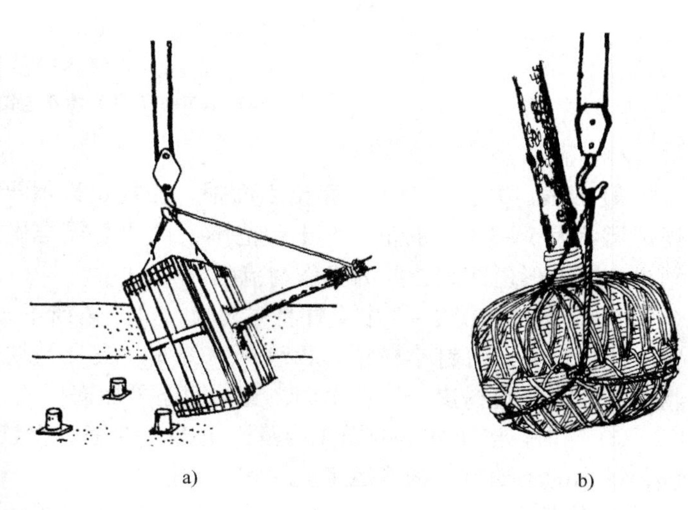


图5-10　树木吊装
a）木箱苗木吊装　b）土球苗木吊装

2）装车。

① 裸根乔木装运时根部朝前，枝条朝后，与车厢搭靠处容易磕伤干皮，应垫上草帘或麻包，树梢不得拖地，要用绳子围拢吊起来固定住。应特别注意保护好根部，减少根部劈裂、折断，装车后支稳、挤严，并盖上湿草袋或苫布加以保护。卸车时应顺序吊下。

② 高度2m以下可立装或斜立装，根部向前，树梢朝后，分层用绳子拢紧固定。

③ 带土球大苗一般不能压叠，可以与小球交叉混装；单独拉小土球可以码放2~3层，土球间紧密为好，防止摇晃松散。

④ 较大的土球、木箱需要用起重机装车，装车时，土球、木箱向前，树冠朝后。注意吊装位置要以土球、木箱为主，不要伤到枝干。装卸土球树木应保护土球完整，不散坨。为此装卸时应用粗麻绳捆绑，同时在绳与土球间，垫上木板，装车后将土球放稳，用木板等物卡紧，防止滚动。

⑤ 装卸木箱树木，应确保木箱完好，关键是拴绳、起吊，首先用钢丝绳在木箱下端约1/3处拦腰围住，绳头套入吊钩内；另再用一根钢丝绳或麻绳按合适的角度一头垫上软物拴在树干恰当的位置，另一头也套入吊钩内，缓缓使树冠向上翘起后，找好重心，保护树身，则可起吊装车。装车时，车厢上先垫较木箱长20cm的10cm×10cm的方木两根，放箱时注意不得压钢丝绳。

⑥ 树冠凡翘起超高部分应尽量围拢。树冠不要拖地，为此在车厢尾部放稳支架，垫上

软物（蒲包、草袋）用以支撑树干。

⑦ 运输时应派专人押车。押运人员应熟悉掌握树木品种、卸车地点、运输路线、沿途障碍等情况，押运人员应在车厢上并应与司机密切配合，随时排除行车障碍。

注意事项：大树的装卸及运输必须使用大型机械车辆，因此为确保安全顺利地进行，必须配备技术熟练的人员统一指挥。操作人员应严格按安全规定作业。装卸和运输过程应保护好树木，尤其是根系，土球和木箱应保证其完好。树冠应围拢，树干要采取包装保护。

**3. 栽植**

（1）复核栽植位置　对应植物种植施工图，检查栽植位置与定点放线准确度。

（2）开挖种植穴　按设计位置开挖种植穴，种植穴的规格应根据根系、土球、木箱规格的大小而定。

1）裸根和土球树木的种植穴为圆坑，应较根系或土球的直径加大 60 ~ 80cm，深度加深 20 ~ 30cm，坑壁应平滑垂直。掘好后坑底部放 20 ~ 30cm 的土堆。种植的深浅应合适，一般与原土痕相平或略高于地面 5cm 左右。

2）木箱树木挖方坑，四周均较木箱大出 80 ~ 100cm，坑深较木箱加深 20 ~ 30cm。挖出的坏土和多余土壤应运走。将种植土和腐殖土置于坑的附近待用。

（3）配苗、散苗

1）对行道树和绿篱苗栽前应再进一步按大小分开，以使所配相邻近的苗木保持栽后大小趋近一致。尤其是行道树，相邻同种树的高度要求相差不超过 50cm，干径差不超过 1cm。按穴边木桩写明的树种配苗，做到“对号入座”，应边散边栽。对常绿树应把树形最好的一面朝向主要观赏面。树皮薄、干外露的孤植树，最好保持原来的阴阳面，以免引起日灼。配苗后还应及时按图核对，检查调正。

2）配苗要充分理解设计意图，并能够根据苗木的姿态安排栽植位置和栽植朝向。

注：对于绿篱、色带、花带、丛植、群植、对植、孤植的苗木形态要求是不一样的。

（4）栽植前修剪

1）落叶树移植前对树冠进行修剪，裸根移植一般采取重修剪，剪去枝条的 1/2 ~ 2/3。

2）带土移植则可适当轻剪，剪去枝条的 1/3 即可。修剪时剪口必须平滑，截面尽量缩小，修剪 2cm 以上的枝条，剪口应涂抹防腐剂。

3）常绿树移植前一般不需修剪，定植后可剪去移植过程中的折断枝或过密、重叠、轮生、下垂的枝条以及徒长枝、病虫枝等，常绿树修剪时应留 1 ~ 2cm 木橛，不得贴根剪去。剪后涂防腐剂或包装剪口。落叶树修剪时可适当留些小枝，易于发芽展叶。

4）要注意大树种植前的修剪。

① 修剪枝叶。这是修剪的主要方式，凡病枯枝、过密交叉徒长枝、干扰枝均应剪去。此外，修剪量也与移植季节、根系情况有关。当气温高、湿度低、带根系少时应重剪；而湿度大，根系也大时可适当轻剪。此外，还应考虑到功能要求，如果要求移植后马上起到绿化效果的应轻剪，而有把握成活的则可重剪。同时修剪时可结合树形进行塑造，如对于行道树、孤植树、丛植树等采用不同的修剪量和留枝方法。

② 摘叶。此种修剪方法细致费工，适用于少量名贵树种。移植后树木可再萌出新叶。

③ 摘心，可以促进侧枝生长。

④ 抹芽，此法是为抑制侧枝生长，促进主枝生长，控制树冠不致过大，以防风倒。

⑤ 摘花摘果，为减少养分的消耗，移植前后应适当地摘去一部分花、果。

(5) 种植（定植） 树木定植是细致操作的一个环节，在施工过程中应根据栽植树木的种类和规格，按2~5个人一组合作完成每一棵树的栽植工作。基本操作要求包括：检查树坑、填底土、调节深度、朝向定位、填土提根、培土扶正、踏实筑围等。

1）检查树坑。检查树坑的直径是否合乎根系的大小、深度与根系差异情况，主要是树干的中心能否与树坑的圆心统一，因为有的根系偏斜，在栽入树坑时就使树干偏离中心，因此在要求严格的行列式栽植情况下，不许截断根系，应对树坑的某个侧面进行扩展，树干应落在设计圆心上。

2）穴底处理。

① 带土球的乔木栽植时，种植穴底部要踏平。

② 裸根的，种植穴底部要将土填成锥形。土壤干旱的情况下要浸穴处理，就是向种植前的树穴内灌水，能提高树木栽植成活率。

③ 种植木箱树木，先在坑内用土堆一个高20cm左右、宽30~80cm的一长方形土台。

3）移入种植穴并调节深度。树穴的深度是按统一标准挖的，由于树木根系分布的深浅有时不一定规范，因此每个具体的树木根系对树穴的深浅有特定的要求，在栽植前应测量根系要求深度与现有树穴深度的差异，一般要求：

① 裸根树木栽植深度应比原来根际深5~10cm。

② 带土球树木应比原来根际深3~5cm。

③ 灌木类一般要求与原来深度平齐。

4）朝向定位。首先要考虑较大的常绿针叶树的朝向应与原来一致，应把树形及长势好的面朝向主观赏面。除了平面位置和高程必须与设计规定相符外，树身上、下必须垂直，如果树干有弯曲，其弯曲方向应朝向当地的主风方向，对于行列式栽植应与行列的纵向一致。树木的定位一般以树干为准，尤其行道树要求较严格，相邻树不得相差一个树干粗，最好用测尺准确定位，按控制桩设点栽标杆树，以标杆树来及时调整位置。对于以树冠造型景观为主要观赏的树木栽植可以以树冠中心为准来调节方位，花灌木同样以冠幅轮廓中心为准来调节。

5）填土（回土），将树苗放置树穴中心。回填土应根据土质情况选择不同的施工方法。

① 普坚土，原土原还。

② 沙砾坚土，部分过筛，好土回填，渣土集中外运，补充部分客土。

③ 建筑垃圾土作为渣土清除或堆塑地形，运入客土回填。

一般用种植土加入腐殖土（肥土制成混合土）使用，其比例为7:3。注意肥土必须充分腐熟，混合均匀。还土时要分层进行，每30cm一层，还后踏平，填满为止。

种植时应注意以下事项。

① 种植裸根树木根系必须舒展，剪去劈裂断根，剪口要平滑。有条件的可施入生根剂。裸根苗把根系舒展开，一个人扶正树干，其他人填土，先填表土。待填土到1/3~1/2深度时，向上略提一下苗，使根系舒展，土壤与根系紧密接触（简称三埋两踩一提拉）。

② 种植土球树木时，应将土球放稳，随后拆包取出包装物，若土球松散，腰绳以下可不拆除，以上部分则应解开取出。带土球苗可以适当摇动一下树干，使土壤与原土球紧密接触，之后要四周踩踏一遍，或用锹把插实，下部必须紧实。

③ 种植木箱树木，先在坑内用土堆一个高20cm左右、宽30～80cm的长方形土台。将树木直立，如土质坚硬，土台完好，可先拆去中间三块底板，用两根钢丝绳兜住底板，绳的两头扣在吊钩上，起吊入坑，置于土台上。注意树木起吊入坑时，树下、吊臂下严禁站人。木箱入坑后，为了校正位置，操作人员应在坑上部作业，不得立于坑内，以免挤伤。树木落稳后，撤出钢丝绳，拆除底板填土。将树木支稳，即可拆除木箱上板及蒲包。坑内填土约1/3处，则可拆除四边箱板，取出，分层填土夯实至地平。

6）培土扶正。踩踏后要检查扶正树干，再把余下的土分层填入树穴。填土时要分层压实，最好用锹把插实，不留空隙。

7）踏平筑围。最后把余下的穴土绕根茎一周进行培土，做成环形的存水围堰，围堰的直径要略大于种植穴的直径，围堰高10～20cm。平地应四周均匀，为防止水土流失，山坡陡地要在下坡做出鱼鳞坑围堰，围堰内外要用铁锹拍实或踩牢。

① 裸根树、土球树开圆堰，土堰内径与坑沿相同，堰高20～30cm，开堰时注意不应过深，以免挖坏树根或土球。

② 木箱树木，开双层方堰，内堰边在土台边沿处，外堰边在方坑边沿处，堰高25cm左右。堰应用细土，拍实，不得漏水。

除了常规的乔灌木栽植外，还有一些特殊的栽植情况。绿篱或绿植图案造型栽植要从中心向外顺序退植；斜坡上栽植应由上向下排列；树种色块拼图时要分色栽植；假山或岩缝间栽植树木，要特殊处理根坨和栽植穴，栽植土应通透性良好，又要有一定的固持能力。

**4. 栽植后的养护管理**

（1）立支架　胸径5cm以上的乔木需要设置支撑固定，固定物应整齐、美观、实用。支架材料和支撑方式根据下列因素决定。

① 当地的风向和风力大小。

② 树体的体量大小。

③ 树木的种植方式和种植位置。

④ 工程造价成本和施工方案的规定。

支柱的材料各地不同，宜就地取材。一般采用均匀度好、干直的杉木杆或当地比较廉价、生长快的杨柳树枝干为主，也可用竹竿、水泥柱、铁管等材料。有的地方采用拉绳固定。支撑物一般需要设置到树木完全成活，靠自生根能固定位置后才可以撤走，对于防台风、海风的水泥桩则是永久设置。

单支柱一般是在台风来向立水泥杆或在下风方向立斜柱支撑；双立柱用横杆与树干固定；三脚架或三角拉绳要根据风向设计角度设定。不管哪种支撑物，与树干接触的部位要最有利于抗风，接触部位必须用胶皮或麻片包裹，防止摩擦刻伤树皮。

（2）浇水　浇水三遍，第一遍水量不宜过大，水流要缓慢，使土下沉。一般栽后两三天内完成第二遍浇水，一周内完成第三遍浇水，此两遍浇水的水量要足，每次浇水后要注意整堰，填土堵漏。前三次浇水每次都要检查围堰和树干，围堰不能漏水；由于浇水后土壤下沉，树根松动，树干歪斜，因此要及时调整，及时填土扶正。

已绑缚草绳的树干，浇根水同时也要给干皮浇水。绿篱及片林绿植的浇水，可以按沟灌、畦灌的方式给水，也要保证畦埂、畦内高度一致，浇水均匀。

（3）干冠保护　落叶乔木类树干也是失水的重要渠道，在定植后就要把树干用湿草绳缠绕或用塑料条绑缚，减少水分散失，同时也减少人为、机械、动物意外损伤。常绿树木在气温较高的季节栽植时，需要将树冠用遮阳材料围拢，减少蒸腾。

绿篱及片林绿植的冠幅上面用遮阳网或草帘覆盖，减少光照和蒸腾，增加空气湿度。

在干旱地区，为了减少蒸腾，栽植后在树干冠上喷施抗蒸腾剂，对提高树木移栽成活率也很有利。

（4）地面保护

1）中耕。浇完前三次水后，需要一次中耕，用锄头或铁锹，对围堰内的表层土壤浅层松动，切除土壤毛细管以减少蒸发。在缺水干旱地区适宜地采用膜覆盖技术，在浇完一次透水后，培土扶干，保留围堰，在树坑上面用地膜封盖，上面填浮土压风，一方面保水，另一方面还可以提高地温，加快根系活动。

2）防踩踏。人流量较大的街道或游览区域，树木栽植后的树穴经常被踩踏，应加设树穴护盖或树池透气护栅，避免人为践踏。既防践踏又保持树穴通气的材料有水泥护板、铁篦子、塑胶合成树栅、河卵石等构筑物。

3）保温抗寒。秋季植树施工随天气渐冷，土壤需水减少，在浇完防冻水后，应把围堰土填到树坑内，可以高出地面 20～30cm，既可保持土壤水分又能保护树根，防止风吹根系失水。

（5）清理验收　树木栽植工程，从场地清理到树木栽植成活需要很长时间，短则 3 个月，长则 3 年，根据承包合同，进入养护阶段后，可以初步验收。验收前要将施工场地的枯枝残树彻底清走，假植备用树也要采取保活措施，树木浇水围堰整齐，养护时间较长的可以封堰，支撑物结合应紧密牢固。验收工作在树木栽植工程中，主要看设计意图实现情况以及树木栽植成活率。

**5. 定植后大树的管理**

定植后大树必须进行养护管理工作，应采取下列措施。

1）定期检查。主要是了解树木的生长发育情况，并对检查出的问题如病虫害、生长不良等及时采取补救措施。

2）浇水。根据天气情况及树木当年的生长发育情况选择适宜的浇水时机和浇水量。

3）为降低树木的蒸发量，在夏季太热的时候，可在树冠周围搭阴棚或挂草帘。

4）摘除花序以减少树木的养分消耗，更快恢复生长。

5）施肥。移植后的大树为防止早衰和枯黄，以至于遭受病虫害侵袭，需 2～3 年施肥一次，在秋季或春季进行。

6）根系保护。在北方的树木，特别是带冻土块移植的树木移植后，定植坑内要进行土面保温，即先在坑面铺 20cm 厚的泥炭土，再在上面铺 50cm 的雪或 15cm 的腐殖土或 20～25cm 厚的树叶。早春，当土壤开始化冻时，必须把保温材料拨开，否则被掩盖的土层不易解冻，影响树木根系生长。

## （五）绿化工程竣工后一年期的养护管理

根据一年中树木生长自然规律和自然环境条件的特点，养护管理工作分为五个阶段。

第一阶段：冬季阶段。十二月、一月、二月树木休眠期主要养护、管理工作如下。

1）整形修剪。落叶乔灌木在发芽前进行一次整形修剪（不宜冬剪树种除外）。

2）防治病虫害（详见防治病虫技术规程）。

3）堆雪。下大雪后及时堆在树根上以增加土壤水分，但不可堆放施过盐水的雪。

4）要及时清除常绿树和竹子上的积雪，减少危害。

5）巡查维护。巡查执法人员加强巡查维护，依法处理各种有损绿化美化的行为，并宣传教育“爱护树木人人有责”。

6）检修各种园林机械、专用车辆和工具，保养完备。

第二阶段：春季阶段。三月、四月，气温、地温逐渐升高，各种树木陆续发芽、展叶、开始生长，主要养护管理工作如下。

1）修整树木围堰，进行灌溉工作，满足树木生长需要。

2）施肥。在树木发芽前结合灌溉，施入有机肥料，改善土壤肥力。

3）病虫防治（详见防治病虫技术规程）。

4）修剪。在冬季修剪基础上，进行剥芽去蘖。

5）拆除防寒物。

6）补植缺株。

7）维护巡查。

第三阶段：初夏阶段。五月、六月，气温高、湿度小，为树木生长旺季，主要养护管理工作如下。

1）灌溉。树木抽枝、展叶、开花，需要大量补足水分。

2）防治病虫（详见防治病虫技术规程）。

3）追肥。以速效肥料为主，可采用根灌或叶面喷施，注意掌握用量准确。

4）修剪。对灌木进行花后修剪，并对乔灌木进行剥芽，去除干蘖及根蘖。

5）除草。在绿地和树堰内，及时除去杂草，防止雨季出现草荒。

6）维护巡查。

第四阶段：盛夏阶段。七月、八月、九月，高温多雨，树木生长由旺盛逐渐变缓，主要养护工作如下。

1）病虫防治。

2）中耕除草。

3）汛期排水防涝。组织防汛抢险队，在汛期前应做好地势低洼和易涝树种的排涝准备工作。

4）修剪。对树冠大、根系浅的树种采取疏、截结合的方法修剪，增强抗风力，配合架空线修剪和绿篱整形修剪。

5）扶直。支撑扶正倾斜树木，并进行支撑。

6）维护巡查。

第五阶段：秋季阶段。十月、十一月，气温逐渐降低，树木将休眠越冬，主要养护工作如下。

1）灌冻水。树木大部分落叶，土地封冻前应普遍充足灌溉。

2）防寒。对不耐寒的树种分别采取不同防寒措施，确保树木安全越冬。

3）施底肥。珍贵树种、古树名木复壮或重点地块在树木休眠后施入有机肥料。

4）病虫防治。

5）补植缺株。以耐寒树种为主。

6）维护巡查。

7）清理枯枝、树叶、干草，做好防火工作。

## （六）栽植工程质量检测与验收

栽植工程质量检测与验收方法见表5-3。

表5-3　栽植工程质量检测与验收方法

<table>
<tr><th>项　次</th><th>项　　目</th><th>等　级</th><th>质 量 要 求</th><th>检 验 方 法</th></tr>
<tr><td>1</td><td>树穴（槽）</td><td>合格</td><td>树穴（槽）直径大于土球或裸根苗根系径向展幅40cm，深度与土球或裸根苗根系长度相适应；树穴（槽）上口与下口基本垂直，翻松底土</td><td rowspan="6">检查范围：每100株检查10株，1株为1点，少于100株全数检查<br>检查方法：观察、量测、插扦（检查浇灌质量）</td></tr>
<tr><td>2</td><td>自然式栽植的定向及排列</td><td>合格</td><td>配植树木的主要观赏朝向应基本丰满完整，生长好，姿态美；孤植树木冠幅应基本完整，群植树木的林缘线、林冠线符合设计要求</td></tr>
<tr><td rowspan="3">3</td><td>栽植深度</td><td>合格</td><td>栽植深度符合树种生长要求，根颈部与沉降后的地表面等高或略高</td></tr>
<tr><td>土球包装物、做围堰、浇水、培土、树穴覆盖物</td><td>合格</td><td>非降解包装物基本清除干净，分层填土均匀，分层捣实，水圈做法合理，浇水及时，浇透水，不跑水，不积水，外露包装物完全清除，树木覆盖物符合设计要求，美观</td></tr>
<tr><td>垂直度、支撑</td><td>合格</td><td>树木树干或树木重心与地面基本垂直；支撑设施应因树、因地设置，落叶乔木应设硬支撑，绑扎处应加衬软垫，绑扎不伤干皮，稳定牢靠</td></tr>
<tr><td>4</td><td>修剪</td><td>合格</td><td>无损伤断枝、枯枝、严重病虫枝等，规则式栽植绿篱、球类的修剪应基本整齐，线条分明；整型树的修剪应基本正确，修剪部位恰当，不留短桩，切口基本平整，留枝、留叶基本正确，树形基本匀称</td></tr>
</table>

## （七）绿化工程栽植补植

绿化工程施工完成后，要对苗木的成活率进行调查，如果没有达到合同规定的要求，对死亡的苗木进行调查做好记录，分析死亡原因，并着手进行补植。

补植后要注意成品的保护，避免污染已经建成的绿地和绿地的设施。

# 任务二　绿篱栽植工程施工

绿篱是由灌木或乔木，以较密且相等的株行距栽植的绿带，分单行、双行及多行等宽度类型。根据高度不同，绿篱又分为矮绿篱（高度 50cm 以下）；普通绿篱（高度 50 ~ 120cm）；高绿篱（高度 120 ~ 160cm）；绿墙（高度在 160cm 以上）。由于应用功能的不同，绿篱设置在不同的场景中，发挥不同的功能和作用。此外，由于观赏要求的不同和所用的材料不同，还有常绿篱、花篱、彩叶篱、观果篱、刺篱、蔓篱等形式。普通绿篱在园林中以防范及围护绿地、分隔园林空间为主要功能，是园林中的主要绿篱类型，在此以这类绿篱为例介绍其施工养护技术。

## （一）施工准备

**1. 施工材料准备**

待移植绿篱苗木、蒲包、草绳、泥浆、基肥。

**2. 施工机具准备**

小白线、钢铁、钎铁锹、剪枝剪、绿篱剪、双轮车、浇水用软塑料管。

**3. 作业条件**

现场清理完成。

## （二）工艺顺序

绿篱苗木栽植施工工艺流程如图 5-11 所示。

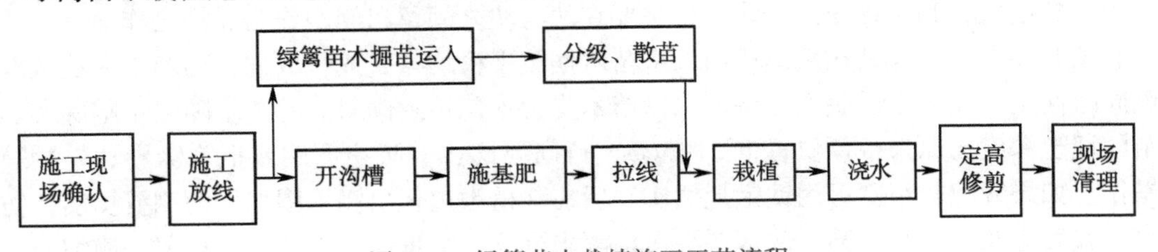


图 5-11　绿篱苗木栽植施工工艺流程

## （三）栽植工程施工技术要点

**1. 明确绿篱设计要求**

根据设计要求，明确绿篱的所属类型，了解绿篱高度、宽度，绿篱距路牙及边缘绿地的距离，竣工验收的标准等。还要了解与其他工程的交叉关系及处理措施、地下管线位置、栽植后养护的条件等内容。

**2. 沟槽挖掘**

根据设计图样进行定点放线，如有路牙或整齐草坪或花坛边沿，可以按规定距离直接定位栽植沟位置，否则，应按图样要求放线。放线时用白灰画出栽植沟两个边沿，也可用木桩设点用线绳控制边沿。放线时要标出地下管线的位置，标明注意事项。

放线后，根据绿篱设计要求，挖栽植沟。栽植沟深度一般在 40cm 左右，根据苗根长度来定；沟宽按设计要求及单双行来定，常见绿篱种植沟槽规格见表 5-4。

表 5-4 绿篱类种植沟槽规格 （单位：cm）

| 绿篱苗木高度 | 栽植开挖沟槽的尺寸（深×宽） | |
|---|---|---|
| | 单行栽植形式 | 双行栽植形式 |
| 50～80 | 40×40 | 40×60 |
| 100～120 | 50×50 | 50×70 |
| 120～150 | 60×60 | 60×80 |

绿篱沟槽挖掘也要做到沟壁垂直向下，沟底疏松平整，不能出现尖底或圆底，表土放一侧，底土放另一侧，拣出大块石头瓦砾及垃圾杂物。

**3. 苗木准备**

绿篱苗木要选株高一致、分枝一致的植株，苗木根系要重点检查，根系过少过短的苗要挑出，枯枝败叶较多的植株也要另做他用。苗木挖掘后要根据要求进行包装，如果是裸根掘苗需要对根部粘调好的泥浆，对于常绿篱苗木需带有一定量的心土并用小蒲包袋或无纺布进行包装，包装口位于苗木的基部，要扎严并喷水保湿待装车外运，可以按 10 株或 10 株的整数倍捆绑成匝，有利于装卸车点数，也有利于卸车时散苗。装车时往往和乔木同时装车，填充在乔木的缝隙处或单独装车，苗木倾斜放置，根部在前，树冠朝后，呈 45°角，挤严防止晃动。卸车要有专人指挥，并同时散苗，轻拿轻放防止心土散坨。

**4. 绿篱栽植**

绿篱的行数一般在 2～6 行之间，两行的绿篱要采取三角形交错种植，多行可以两行一组，也可以分行栽植或均匀散点栽植，为了保证均匀和后期养护管理方便也可以采用分块栽植。行内株距或分块栽植间距离要保持一致，行间要根据树木的冠幅大小来调节，通常采用株行距一致措施，利于操作。分块栽植是要在块与块之间留出间距作为养护工作面。

栽植时要求有专人站在栽植槽内，将苗木摆放平稳均匀，成行成列，回填土人员从对向两侧同时回土，先表土后底土。保证绿篱苗木受力均匀不致倾斜。并要求随回土随踩实。绿篱苗的埋土深度比原来根颈位置低 2～5cm，行间要踩实，防止侧倒或根系窝卷、外翻等错误操作。如果缝隙较小则可用铁锹把插实。后在栽植沟边作出浇水围堰，两侧要拍实，防止漏水。栽后应及时灌水，第一次水要浇透，等水沉下后，重新检查扶正，再覆一遍细土，修理围堰。

**5. 定型修剪**

定型修剪是规整式绿篱栽好缓苗后马上要进行的一道工序。修剪前要在绿篱一侧按一定间距立起标志修剪高度的一排竹竿，竹竿与竹竿之间还可以连上长线，作为绿篱修剪的高度线。绿篱顶面具有一定造型变化的，要根据形状特点设置两种或两种以上的高度线。修剪方式有人工和机械两种。人工修剪用绿篱剪，可以进行细致的造型修剪。机械修剪效率高适合于大面积作业。绿篱修剪的纵断面形状有直线形、波浪形、浅齿形、城垛形、组合型等，横断面形状有长方形、梯形、半球形、斜面形、双层形、多层形等，如图 5-12a、b 所示。在横断面修剪中，不得修剪成上宽下窄的形状，如倒梯形、倒三角形、伞形等，都是不正确的横断面形状（图 5-12c）。如果横断面修剪成上宽下窄的形状，则会影响绿篱下部枝叶的采光和萌发新枝叶，使以后绿篱的下部呈现枯秃无叶状。自然式绿篱不进行定型修剪，只将枯枝、病虫枝、杂乱枝剪掉即可。修剪下来的枝条及时拣出，地面上树的枝叶要清理干净。

## （四）绿化工程竣工后一年期的养护管理

绿篱的养护管理随乔灌木的养护管理，其常规管理内容包括：

1）浇水保湿。栽植后的浇水是首要工作，要保持土壤湿润，浇水时连同枝叶一起喷水。天气干旱、风大、光照强的地区，在修剪定型后用遮阳网或湿草帘覆盖绿篱上部，等枝叶正常生长发育后再撤去。

2）绿篱在成活养护期间，浇水后要及时扶正苗木，定期检查生长情况，缓苗后可以把围堰土封盖在栽植沟内。

3）春季萌芽时期容易发生病虫害，要及时检查，对症下药。

4）绿篱开始发新芽前，应根据土壤肥力情况，追施一次复合肥料，结合浇水进行。

5）发现绿篱出现局部死苗，要及时换苗补苗。

6）养护绿篱重要的内容就是修剪。修剪一般根据生长的不同季节进行不同频率的修剪，为了保证绿篱叶子致密、整齐，我们在修剪过程中本着一次少量多次修剪的原则。交工前的修剪以精剪修理为主。

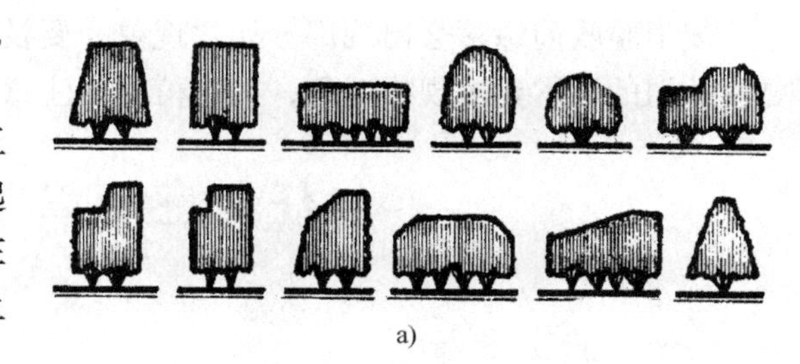

a)

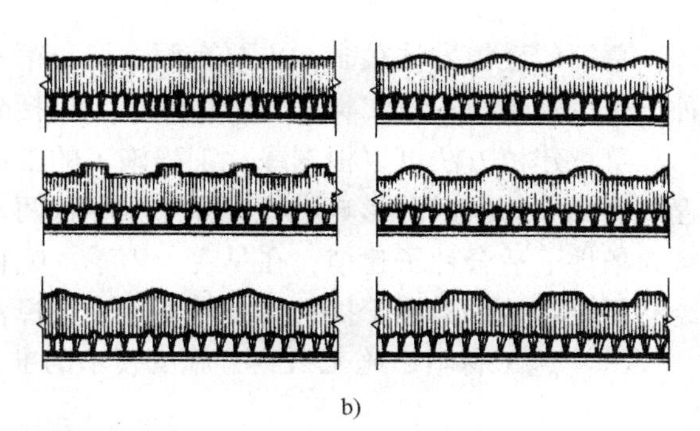

b)

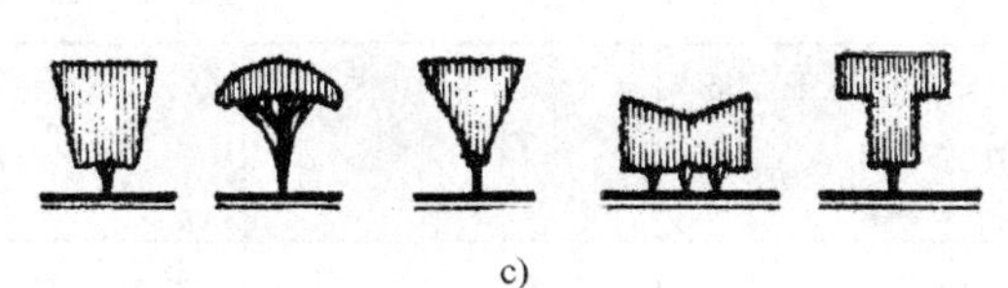

c)

图 5-12　绿篱修剪的断面形式

a）横断面形式　b）纵断面形式　c）不正确的绿篱横断面

## （五）栽植工程质量检测与验收

绿篱栽植质量要求和检验方法见表 5-5。

表 5-5　绿篱栽植质量要求和检验方法

| 项次 | 项目 | 等级 | 质量要求 | 检验方法 |
|---|---|---|---|---|
| 1 | 栽植沟槽 | 合格 | 沟槽要求平直且深度适中，侧壁垂直，表土、底土分在沟槽两侧 | 目测或用直尺 |
| 2 | 植物排列 | 合格 | 成行排列整齐或成片排列均匀，且苗木垂直沟槽底界面 | 线绳或目测 |
| 3 | 土球包装物 | 合格 | 非降解包装物基本清除干净，土层回填密实，土埂线条分明密实<br>浇水及时，浇透水，不跑水，不积水，外露包装物完全清除 | 目测插钎 |
| 4 | 修剪 | 合格 | 规则式栽植绿篱的修剪应基本整齐，线条分明 | 观察 |

### （六）绿化工程栽植补植

竣工验收前绿篱会出现部分死亡现象，要及时更换，尽量选择在适宜移植的季节进行，更换补植的苗木要求规格一致，在补植时要注意对建成的绿地进行保护。

## 任务三　草坪建植施工

### （一）施工准备

草坪的建植方法很多，主要有两大类。第一类即种子建植，包括种子直播、种子喷播和种子植生带建植；第二类即营养体建植，包括分根、分栽草块、铺栽草卷、播草茎。

草坪建植方法可以根据绿化工程施工的工期要求、建植的时间、建植地的环境条件和工程造价成本等因素的影响进行选择。在春秋两季，工期不十分紧急、土质较好、播种经验丰富的条件下适合种子建植；在早春、雨季、晚秋季节，以及工期短、土质差、土层薄、施工经验不足、地形不利于播种等条件下适合选择营养体建植。

（1）施工材料、施工机具、施工技术的准备　草坪建植施工准备见表 5-6。

**表 5-6　草坪建植施工准备**

| 施工准备 / 施工方法 | 材　料 | 机　具 | 技　术 |
|---|---|---|---|
| 整地 | 基肥 | 整地钉耙 | 充分腐熟，碾成碎块，均匀撒施 |
| 播种 | 草片、遮阳网 | 覆土筢、铁滚 | 测算建坪面积计算草种用量、选择种子，并根据测试的发芽率确定配比和播种量 |
| 分栽草根 | 细线 | 花铲、铁滚 | 注意栽植株行距，碾压，大水漫灌 |
| 铺栽草块 | 细沙土 | 薄形平板铲、铁滚 | 土地平整，栽植错缝距离，碾压，浇水 |
| 铺栽草卷 | 细沙土 | 铲草机、裁纸刀、铁滚 | 土地平整，铺栽错缝，碾压，忌互相搭接 |

（2）作业条件

1）草坪微地形施工完成。

2）根据微地形所做的给水排水系统管线敷设施工并调试完毕。

3）根据栽植土的理化性质，土壤改良完毕。

4）地面清理干净、场地平整无杂物。

### （二）草坪建植施工

**1. 播种建植施工**

（1）工艺顺序

草坪建植工程施工工艺流程如图 5-13 所示。

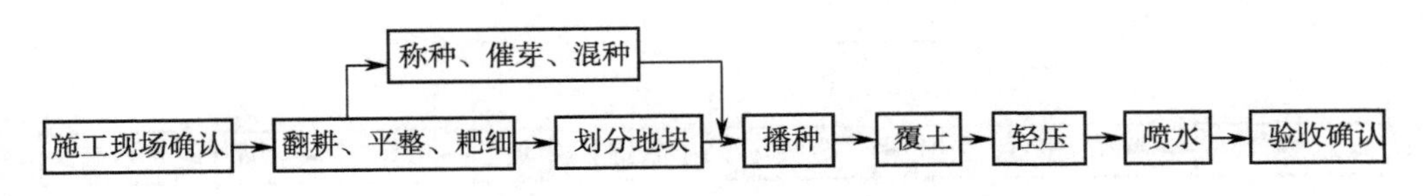


图 5-13　草坪建植工程施工工艺流程

（2）施工技术要点

1）划分条块。对于分散的地块要测算小块面积。

2）称量种子。根据播种量标准以及地块面积，计算每个地块各个草种的种子量，分别称量，粒径相近的种子称量后要充分混合后一齐播下，种子粒径相差大的要分开播种，否则容易大小粒混合不均。

3）播种。冷季型草华北地区播种在秋季8～9月最好，春季最好在4月中旬以前播种完成。无论单一草种还是混合草种，在具体播种时都要分2～3次播到坪面上，分横向、纵向把种子均匀摇出，最后再找一遍，同一片地块最好由一个人完成，对于有风的天气要考虑到风的影响，采取补救措施。如果种子太小，可以适当掺入细沙或细土，利于播匀。

4）覆土。一般草坪草播后不需要另外覆土，通常采用专用覆土耙，耙齿细密，耙幅宽，耙齿自重入土深度在1～1.5cm较合适。干旱地区适当深一些，但不要超过1.5cm。如果没有覆土耙也可以用竹扫帚轻拂、轻拍，不能总向一个方向，以免把种子扫向一个地方。南方土壤湿润，天气潮湿条件下，可以不覆土。

5）轻压。根据土壤疏松度以及含水量高低来确定滚子重量，通常采用1m长空心铁滚，滚心内可添加细砂调节重量，以达到土壤和种子充分接触的目的。土壤含水量大时不要滚压，否则压后会出现地面板结，抑制出苗。

6）覆盖。压后及时用单层稻草帘覆盖，也可用遮阳网覆盖，覆盖的目的在于保水、防风、防雨水冲刷，覆盖草片要相互叠压5～10cm，防止出现漏天漏逢，出草不均。覆盖物不要过厚，否则会造成遮阳过大、通气不畅，反而抑制出草。在小面积地块上，如果没有草片，也可用稻草、麦秸秆覆盖。

7）喷水。覆盖后就可喷水，也可以整片地块统一浇水。第一次浇水必须均匀、舒缓、浇透，一般浇水深度应达到15cm。否则喷水的水流过大会使覆土本不深的草种冲走或淤积在一处，导致出苗不够均匀整齐。

8）播后管理。播种质量要求：种子分布要均匀，覆土厚度要一致（3～5mm），播后压实，及时浇水，出苗前后及小苗生长阶段都应始终保持地面湿润，局部地段发现缺苗时需查找原因，并及时补播。

接近“五一”或“五一”之后播种建植时，烈日暴晒、气温升高，种子发芽展叶受到限制，状如针尖而不展叶，影响其正常生长。此间应在床面铺盖苇帘、遮阴布等为其降温保湿以渡过难关，一旦展叶即可正常生长。“五一”以后本地野草会蜂拥而至，加大管理的难度，所以春播应赶早不赶晚。撤除遮阴材料的时间一般在一天中的黄昏，防止小苗日晒失水进而枯死。

**2. 分栽草根建植施工**

（1）工艺顺序

分栽草根建植草坪施工流程如图5-14所示。

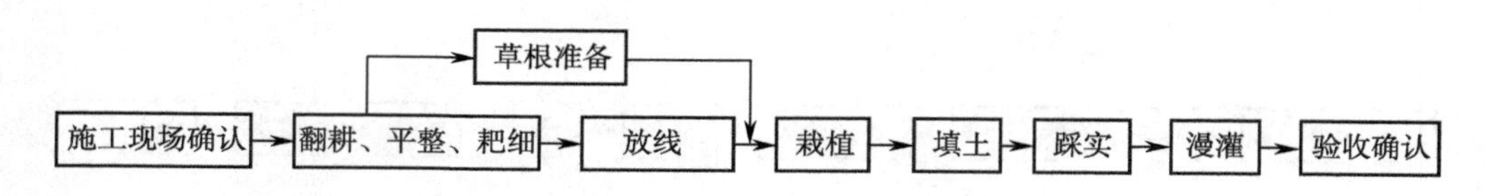


图 5-14　分栽草根建植草坪施工流程

（2）施工技术要点

第一步：起草根。

1）选择草源。所用草源覆盖度高，无杂草，叶色纯正。

2）起草。最好用平锹将草坪块状铲起，注意铲起草的厚度不小于 1.8cm。

3）分草根。将铲起的草块 3～5 株一撮拉开，草根尽量带有护心土和匍匐茎。

4）打捆。将每 10 撮捆成一捆。

5）修剪。将草坪植物的叶部分剪掉，剪掉的量决定于分栽的时间，一般剪掉 1/2，不要伤到新萌发的叶。

第二步：栽植。

1）整地。喷水湿地后待稍干后开始施工。

2）搂平耙细。将土疙瘩用水闷软后打碎，用钉耙耙细。

3）放线。对于分栽草根的行列式建植需用麻绳根据预先确定的栽植密度在栽植场地拉线。一般操作程序为两个人在绳子的两端将绳子崩直后由一人沿绳子走一字步，要求脚趾脚跟交错密集。一般栽植的株行距为 10cm×10cm，也可以为 15cm×15cm，可以根据施工要求自行调整。密植成坪快，费工、费料，成本加大；稀植成坪慢，省工、省料、成本低。如果按照 15cm×15cm 株行距建植，繁殖系数可达 1:10，即买 $1m^2$ 密度较大的母草可以分根栽植 $10m^2$ 草坪。

4）开沟或开穴。行列植一般采用沟栽，沟深 4～6cm，如采用穴栽，密度要求的穴间距：野牛草 20cm×20cm；羊胡子草 12cm×12cm；草地早熟禾 15cm×15cm；匍匐翦股颖 20cm×20cm。

5）栽植。每穴或每条的草量视草源及达到全面覆盖日期的长短而定。草源充足、要求见效快的草量需多，反之则少。一般情况下行列栽的株间距为 20cm 左右分栽一撮。穴栽可 5～10cm 见方挖穴，穴深约 5cm，采用小铲倒退栽植，随开穴随栽植。

6）平整镇压。栽后随即平整，踩实或用压滚进行镇压，目的是使草根茎与土壤密实接触，同时使地面平整无凹凸不平，便于后期管理。

7）浇水与平整。栽后立即浇水，最好采取漫灌方法，以浇第一次水时 80% 以上的叶片生长正常为标准。一周内连浇 2～3 次，如灌水后出现坑洼、空洞等现象应及时覆土，再次滚压。

**3. 铺栽草卷建植施工**

（1）工艺顺序

铺栽草卷建植草坪施工工艺流程如图 5-15 所示。

（2）施工技术要点

第一步：准备草卷。

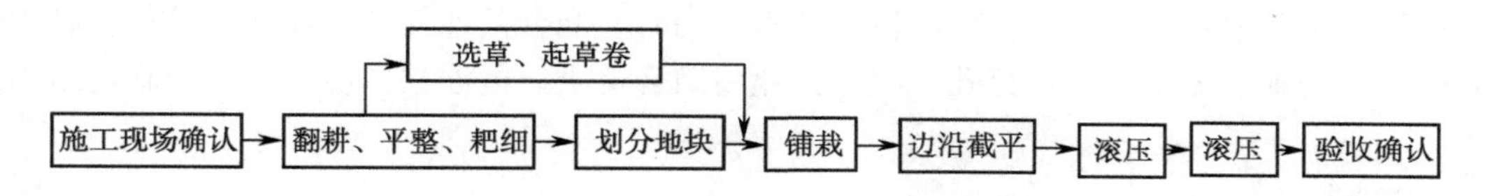


图 5-15　铺栽草卷建植草坪施工工艺流程

1）选择。草卷必须生长均匀，覆盖度95%以上。根系密布，无斑秃，无杂草，草色纯正，无病虫害。

2）出圃前准备。出圃前进行一次修剪，铲取草卷之前2～3天应灌水，保证草卷带土湿润。

3）起草卷。起草卷一般用专用大型铲草机或小型铲草机铲取，铲草机的制式宽度为30cm或加宽到35cm，长度控制在100cm，卷成草卷。草坪卷应薄厚一致，起卷厚度要求为1.8～2.5cm，运距长、掘草到铺栽间隔时间长时，可适当加厚，要求草卷基质（带土）及根系致密不散。

第二步：草卷铺栽。

1）整地。按照草坪建植用地的规范要求平整、压实，喷水湿润土壤。

2）铺栽。铺栽时准备大号裁纸刀，对不整齐的边沿截平，长短要求不要用手撕扯，应用裁纸刀裁断。草卷应铺设平坦，草卷接缝间应留1cm，严防边沿重叠。用板将接缝处拍严实，清场后进行滚压。使卷间缝隙挤严，根系与土壤密切接触。

3）灌水。采用喷灌或漫灌。

4）整理：灌水后出现漏空低洼处填土找平。

## （三）草坪建植竣工后一年期的养护管理

### 1. 灌水

（1）草坪的灌溉方式　草坪的灌溉方式有漫灌、浇灌（人工淋浇）、喷灌。在不同的设备条件和养护管理要求下，采用的灌溉方式是不相同的。

（2）用水选择　在使用再生水灌溉时，水质必须符合园林植物灌溉水质要求。

（3）季节性浇水

1）春季浇好返青水。冷季型草坪在土壤解冻时开始代谢活动，经过干旱的季节，为了尽快、尽早萌芽，应及时灌好返青水。在干旱的春季，要保证地表1cm以下潮湿，这样会引导根系向纵深发育，增强其在该生长季的抗旱能力。不要求地表总保持水湿状态。

2）夏季尽量控水。夏季雨水多，空气湿度较大，此阶段又值冷季型草休眠期，对水肥的需求不如春季强烈，此时要控水。控水是指见干见湿，能不浇就不浇，因为水分过多对休眠草坪生长不利。夏季应注意，冷季型草坪不要在阴天和傍晚浇灌水，这样非常容易引发病害。大雨过后，低洼地积水应在2～3小时内排出。

3）秋季浇好冻水。秋季较干旱，应保证根系部土壤湿度，看墒情浇水。北京地区为了草坪安全越冬，应浇灌好冻水。在土壤水昼化夜冻的11月底至12月初普遍浇灌一次透水。

4）冬季注意补水。草坪根系分布浅，当秋冬雨雪过少、表层土壤失水严重时，应在1～2月份进行补水，主要针对冷季型草坪，尤其是多年生黑麦草，北京地区冬季必须补充一次水。土壤质地疏松的、持水量小的沙性土也应该在冬季适量补水。

草坪灌水要求不留死角，应一次性浇透水，同时应配合其他养护作业同步进行。施肥作业后应立即浇水，更新复壮、打孔、疏草作业后结合覆土、覆沙立即浇水。叶面施药后不能浇水。

**2. 施肥**

草坪的施肥不同于花卉和农作物，其施肥主要是保证其正常生长发育，有健康的绿叶就达到了养护的目的。过多地施肥促成植株生长加快，反而增加草坪修建的工作量。冷季型草坪夏季施肥还会增加生病的几率。园林草坪施肥应掌握其特点、规律和目的进行养分管理。北京地区本地的冷季型草种羊胡子草在当地的耕作土壤中完全可以不进行施肥。另外应区别一般绿地草坪和特殊草坪，如高尔夫果岭、运动场草坪等的养分管理标准。因为特殊草坪的栽培基质多为沙性土，漏水漏肥，必须用化肥及时补充。外引的冷季型草对养分比较敏感。在播种量过大、植株过密，草坪土壤基质沙性过大、保肥性较差，草坪生长多年形成根层较厚、营养吸收困难等情况下，必须在生长旺盛期进行合理追肥。

（1）施肥时机　冷季型草坪应在3～4月和9～10月等冷凉季节施肥。夏季是冷季型草的休眠期，施肥后根系不吸收，反而造成富养环境，致使真菌繁衍引发病害。进入养护期的草坪可根据生长旺盛期草坪营养色泽及时追肥以保持翠绿色，包括给不同营养色泽地块区别施肥，使草坪景观色泽一致。

（2）施肥量和施肥次数　其由多种因素决定，如草坪的质量水平、生长规律、年生长量、土壤质地（保肥能力）、提供的灌溉量（包括雨水）等。更重要的是栽植土壤本身能提供养分的水平，如果坪床土很肥沃就没必要过分地追加养分。应该明确的是，施肥是补充土壤每年供给植物生长不足的那部分养分，施肥量就是指不足的那部分量。原则上应测土施肥，国内现有管理水平很难办到，但应明白这个道理。

我们可以根据国外通过试验提供的各种草坪草种年生物量（一年生长季）所推算出的所需氮素的数量作为施肥量的基本依据。最常用的氮素施用量是4.8g/m$^2$，见表5-7。

表5-7　草坪的年需要氮（N）素量

| 草　种 | 年所需氮（N）素量/（g/m$^2$） | 草　种 | 年所需氮（N）素量/（g/m$^2$） |
|---|---|---|---|
| 匍匐剪股颖 | 2.5～6.3 | 普通狗牙根 | 2.5～4.8 |
| 早熟禾 | 2.5～4.8 | 改良狗牙根 | 3.4～6.9 |
| 高羊茅 | 1.9～4.8 | 假俭草 | 0.5～1.5 |
| 多年生黑麦草 | 1.9～4.8 | 钝叶草 | 2.5～4.8 |
| 野牛草 | 0.5～1.9 | 地毯草 | 0.5～1.9 |
| 结缕草类 | 2.5～3.9 | 美洲雀稗 | 0.5～1.9 |

（3）施肥方法

1）撒施。注意单位面积适量，撒施均匀，否则局部施肥量过大，一是刺激猛烈生长造成坪面景观不一致，二是造成肥害灼伤草坪、形成斑秃。撒施常用撒播机，有滴式和旋转式（离心式）两种，各有所长应选择使用。

2）随水施肥。有条件的可以通过喷灌系统随水施肥。还可以用喷雾器等工具进行叶面施肥，注意喷洒浓度为0.1%～0.5%，不可过浓。

3）随土施。结合草坪复壮、疏草、打孔，给草坪覆沙，覆肥土时加入腐熟打碎均匀的有机肥或化肥。

4）施肥和其他养护作业的衔接。为使各项养护作业安排合理，相互促进而不产生矛盾，常用做法是；先进行修剪，然后进行施肥作业，施肥后浇水冲肥入土，需要防病的情况下进行喷洒农药，形成药膜不被破坏，起到杀菌防护作用。

（4）补肥　草坪中某些局部长势明显弱于周边时应及时增施肥料（称为补肥）。补肥种类以氮肥和复合化肥为主，补肥量依“草情”而定，通过补肥，使衰弱的局部与整体的生长势达到一致。

**3. 修剪**

修剪是建植高质量草坪的一个重要管理措施，修剪的主要目的是创造一个美丽的景观。通过修剪结束其繁殖生长进程，不让其抽穗、扬花、结籽。结籽会严重影响其营养生长，不利于草坪分蘖、更新和越夏。修剪还可以促进植株分蘖，增加草坪的密集度、平整度和弹性，增强草坪的耐磨性，延长草坪的使用寿命。及时的修剪还可以改善草坪密度和通气性，减少病虫害发生。修剪草坪杂草应避免其开花结籽，使其失去繁衍后代的机会，从而在草坪中逐渐消失。在冬季草坪休眠、枯黄期之前的修剪是冬季绿地防火的必要措施。

（1）修剪时机、次数　总原则是控制高生长，修剪整形以提高景观效果。草种不同，环境条件不同，生长季节不同，长势不同，一般不宜提出修剪次数的量化指标。冷季型草坪修剪频率会高些，暖季型草相对要少些。高尔夫球场、运动场草坪修剪有其特殊要求。

暖季型草坪修剪，北京地区“五一”前后返青，进入六月下旬以后如果生长旺盛，影响景观，可进行第一次修剪。七八月份生长旺盛期视草的高生长定修剪频率。立秋后生长进入缓慢期，为了“十一”国庆节景观效果，八月底九月初进行一次修剪，结合水肥管理延长绿色期。十月中下旬草叶枯黄前修剪一次，减少枯叶带来的火患。用于护坡、环保的暖季型草坪生长季可不修剪，秋季枯黄前必须为防火修剪一次。

冷季型草坪三月中上旬返青开始旺盛生长，四月中旬结合整理返青后草坪长势不均情况和“五一”美化节日景观进行一次修剪。五月上旬开始进入早熟禾抽穗期，掌握时机控制抽穗扬花，进行实时修剪。进入夏季六月下旬进行一次修剪，为越夏做好准备。盛夏休眠期视长势掌握修剪时机，因高温、高湿气候，加上修剪造成伤口容易染病，最好减少修剪次数。立秋过后，冷季型草坪开始旺盛生长，直至冬季休眠前，可酌情控制高度，掌握修剪频率。

（2）修剪高度　草坪禾草根茎生长点靠近土壤表面，是重要的分生组织。保护根茎生长点极为重要。只要根茎生长点保持活力，即使禾草的叶子和根系受到损害也会很快恢复生长。另一个是禾草的叶片生长点即“中间层分生组织”，其存在于叶子基部与叶鞘结合部。叶子被修剪后，切去的是老化的叶子，下边的新叶部分仍在存活并有更新的部分长出来。明白了禾草的生长特点，在修剪时就应注意保护根茎生长点和中间层生长点，根据不同草种的生长点高低决定修剪高度，千万不要伤害生长点，并适量保留叶片为植株提供营养。每次只能修剪草高的1/3的原则就是根据这个道理规定的。草种不同，“中间层分生组织”高度不同，要求修剪的适宜高度也不同。不同草坪植物剪留高度见表5-8。

表 5-8 不同草坪植物剪留高度

| 草 种 | 修剪高度范围/cm | 草 种 | 修剪高度范围/cm |
|---|---|---|---|
| 匍匐剪股颖 | 0.5~1.3 | 狗牙根 | 1.3~3.8 |
| 细弱剪股颖 | 1.3~2.5 | 杂交狗牙根 | 0.6~2.5 |
| 早熟禾 | 3.8~6.4 | 地毯草 | 2.5~5.0 |
| 高羊茅 | 3.8~7.6 | 假俭草 | 2.5~5.0 |
| 多年生黑麦草 | 3.8~6.4 | 钝叶草 | 3.8~7.6 |
| 野牛草 | 1.8~5.0 | 美洲雀稗 | 5.0~10.2 |
| 结缕草 | 1.3~5.0 | | |

（3）修剪作业的程序及技术要求

1）修剪应在晴天草坪干燥时进行，严禁在雨天或有露水时修剪草坪，安排在施肥、灌水作业之前。

2）修剪机具必须运行完好，刀片锋利。

3）进场前进行场地清理，清除垃圾异物。

4）剪草方式应经常变换，一是不要总朝一个方向，二是不要重复同一车辙。

5）修剪作业完毕后应清理现场，修剪废弃物等全部清出。

6）遇病害区作业，应对机具进行药物消毒，清理出的带病草末集中销毁。

7）冷季型草坪夏季管理。修剪作业后应按顺序安排施肥、灌水、打药防病。

（4）剪草机具安全使用规定　剪草机操作员安全操作要求如下。

1）剪草机分为后推步行式剪草机和坐式剪草机，操作员必须熟悉指导手册，熟练掌握驾驭技术。

2）旋转型剪草机必须总是向前推进，不许往后拉。

3）草坪斜面作业时，步行式剪草机应横向作业，坐式机应纵向作业。

4）操作员离机，必须关闭发动机，即使离开 1 分钟。

5）检修、清理刀片时必须关闭发动机，严禁待机操作。

6）剪草机转动时，不要移动集草袋。

剪草机具应设专人管理使用，旁人严禁操作。发动机冷却后加油，不允许在草坪作业面加油。剪草作业时注意周围人员的安全，注意对相邻树木、花卉的保护。

（5）草坪杂草的防治　建植所选用的草坪草种成为目的草。目的草之外生长的草统称为杂草。杂草的存在影响草坪外观的均匀一致性，有碍景观，还会导致目的草的生存、生长受到危害，造成死亡，形成斑秃。

1）选择草坪的建植时机。冷季型草春播赶早进行，不能迟于 4 月下旬。随着地温升高，当地的暖季型野草会大量萌生，给除草造成困难。最好时机是在秋后 8~9 月份，地温下降，野草不再萌生，冷季型草坪能很快郁闭。

暖季型草播种在 5~6 月份，这时野草也随之而来，为解决这个矛盾应采取种植预先处理的措施，抢先提前出苗，可以抑制一部分杂草滋生，如结缕草、狗牙根等可用此工艺。

2）选择草坪建植工艺。采用草坪卷建植草坪可有效地控制原有野草种子，将其压在草皮卷下面，不得萌发。

3）新建植草坪以人工为主。新建草坪尤其是冷季型草坪赶在野草大量萌生前完成郁闭，对少量的野草应按“除早、除小、除了”的原则进行人工清除，不留后患。比较难解决的是暖季型草坪中的野草，因为是同时萌生，所以在建植初期尚未郁闭前应全力以赴除杂草。

4）养护阶段以机械除草为主。养护阶段的冷季型草坪除个别大草利用人工拔除外，主要利用机械修剪，坚持剪到立秋以后，野草花序被清除，避免了种子生成。

5）慎用化学除草。北京市园林绿地草坪为避免伤害其他园林植物，原则生应禁用化学除草，为减少环境污染，纯大面积专用草坪应控制少用化学除草。使用化学除草要针对防除杂草的生长特点、发生规律确定适当的除草剂和使用剂量。生长中的绿化草坪多采用芽后除草剂，一般选用选择性强、对草坪草及目标植物影响不大的除草剂，如草坪阔叶净、2，4-D类除草剂等。除草剂在杂草 2～3 叶期使用效果最佳，用量为 0.225～0.3mL/$m^2$，稀释500～600 倍喷洒。喷施除草剂必须在无风天气进行。喷除草剂时喷枪要压低，以免飘到周围灌木、花卉及农作物上造成药害。靠近花草、灌木、小苗的草坪除草，应采取人工除草方法，严禁使用除草剂。

（6）草坪病虫害防治　草坪发生的病害大多数是真菌病害，很少是病毒或细菌引发的。线虫不直接危害草坪，是被线虫危害的伤口引发真菌病害。病害有的危害叶，形成叶斑；有的危害茎和根，造成其枯萎。草种及对应的主要菌种危害见表 5-9。

表 5-9　草种及对应的主要菌种危害

| 病　原　体 | 主要危害草种 |
| --- | --- |
| 棉桃腐烂病 | 多年生黑麦草、狗牙根、草地早熟禾、剪股颖、假俭草 |
| 褐斑病 | 多年生黑麦草、剪股颖、钝叶草 |
| 银元斑病 | 多年生黑麦草、剪股颖、钝叶草 |
| 镰孢霉枯萎病 | 早熟禾、假俭草 |
| 灰叶斑病 | 钝叶草 |
| 长蠕孢属病 | 冷季型草、狗牙根、结缕草 |
| 蛇孢壳菌属斑病 | 剪股颖 |
| 粉状霉病 | 草地早熟禾、细羊茅、狗牙根 |
| 腐霉枯萎病 | 多年生黑麦草、剪股颖、狗牙根 |
| 锈病 | 冷季型草、结缕草、狗牙根 |

以上是常见的真菌病害的发生条件及所危害的主要草种情况。通过病害表现去鉴定病害菌种，有时很难，甚至要请植保专家在实验室条件下进行。我们要做的是，通过致病条件分析，找到解决问题的办法。城市绿地条件下，按照养护规范一般不会缺肥、缺水，所以很少会发生缺肥、缺水引发的病害。从气候条件看，引发病害的高温和高湿是养护中难以操控

的，需要通过养护管理努力化解，最好的防线是药物防治。其中高氮引发病害要通过养分管理解决，厚的枯草层要通过复壮去处理。

预防为主、综合防治的技术措施有以下几点。

1）选择抗病草种及品种。华北地区，选择抗病性较强的暖季型草，如野牛草、结缕草和当地乡土草种，冷季型的羊胡子草，在北方地区很少生病。冷季型草的抗病表现顺序为：羊胡子草 > 高羊茅 > 多年生黑麦草 > 草地早熟禾 > 剪股颖。

2）改善草坪营养环境。健壮的草坪可以抵御任何草坪病害，合理的养护措施是病害防治的关键：①规范播种量、控制草坪密度；②规范修剪、通风透光；③注意夏季水肥管理。

3）控制致病环境。高温和高湿两者结合是真菌繁衍的必要条件，在高温难以控制的条件下，严格控制环境湿度是防病的技术关键。对于冷季型草，进入夏季，在夜间气温超过20℃情况下，严格控制环境湿度。严禁在阴天和傍晚进行草坪灌水作业，尤其是喷灌，叶子、茎干及地面水湿是真菌蔓延的最佳途径。

4）药物防治。

① 以预防性施药为主。药物防治应从草坪建植开始。草籽经常会携带病原，播种前应进行种子消毒。种子消毒常用0.01%～0.03%纯粉锈宁拌种。土壤和肥料消毒常用50%多菌灵、70%敌克松、50%五氯硝基苯。

每亩1.5～2.5kg幼苗的保护：小苗出土后10天左右施药一次，遇高温、高湿季节5～7天开始打药，成苗后恢复常规养护。按草坪病害发生的规律，提前施药，进行主动预防。注意观察疫情发生，在病害初期进行防治，控制疫情蔓延，把损失减到最小。

② 农药剂型选择：按防治目的选择内吸型或触杀型。不能确定病原时，应选择适用范围广的杀菌剂或使用两种杀菌剂。

③ 按药剂使用说明实施，药液浓度、施用量要规范。喷洒雾化好，喷布均匀，叶正反面尽可能都要喷到。施药应遵循先低浓度后高浓度的原则。

④ 当夜间温度超过20℃时，为控制真菌蔓延，开始保护性施药。用作保护剂的触杀型杀菌剂一般在干燥天气10～15天施药一次，中到大雨后立即施药，连续大雾4天施药一次。

⑤ 内吸型杀菌剂多数是经过根进入植株的，施药后需灌水，有助于根对药剂的吸收。对已经生病的草坪进行抢救，4～5天施一次内吸型农药。药物防治和其他作业合理安排，先修剪，清除病叶后，进行施药作业。叶面喷药后不能紧跟着浇水，尤其不能用喷灌。在开放草坪喷洒农药时，要注意做好有效的安全措施，防止游人发生中毒事故。

另外草坪植物的虫害，相对于草坪的病害来讲，对于草坪的危害较轻，也比较容易防治，但如果防治不及时，亦会对草坪造成大面积的危害。草坪害虫可分为危害草坪根部及根茎部的地下害虫和危害草坪草茎的地上害虫两大类。叶部害虫通过修剪结合喷洒杀虫剂进行处理，防治相对简单。比较难的是地下害虫如蛴螬、线虫、蝼蛄的防治，需要参考植物保护的相关知识进行防治。华北地区常见的草坪虫害有蛴螬、象鼻虫、蝼蛄、地老虎、黏虫等。

**4. 栽植工程质量检测与验收**

草坪建植与验收质量要求和检验方法见表5-10。

表 5-10　草坪建植与验收质量要求和检验方法

| 项　次 | 项　目 | 等　级 | 质 量 要 求 | 检 验 方 法 |
|---|---|---|---|---|
| 1 | 边缘处理 | 合格 | 草坪与树木、花卉、地被植物的边缘设置边埂或切边，边埂的大小高矮基本一致；切边的边缘与草坪边坡角度宜为45℃，深度应为10～15cm，线条应平顺自然 | 观察、量测 |
| 2 | 籽播 | 合格 | 表层种植土要求土壤粒径不得＞1.5cm，浇足底水、压实，出苗基本均匀，草坪覆盖度≥90%，一处裸露面积不应超过400$cm^2$，生长势较好，修剪较得当 | |
| 3 | 草块满铺 | 合格 | 草块大小厚度较均匀，铺植草块留缝间隙应严密，草块与土壤结合较密，滚压后根与土壤紧密结合，草坪覆盖度≥90%，一处裸露面积不应超过400$cm^2$，草坪基本平整，生长势较好，修剪较得当 | |
| 4 | 分栽散铺 | 合格 | 表层栽植土要求土壤粒径不得＞2cm，分株草坪行距要求15cm×15cm，每束5～7株；铺草坪疏密基本恰当，滚压后草茎与土壤结合密实；草坪覆盖度≥90%，一处裸露面积不应超过400$cm^2$，草坪基本平整，生长势较好，修剪较得当 | |

**5. 草坪工程补植**

草坪修补也称为局部更新。由于自然条件伤害（水涝）及人为损坏、病虫的伤害、建植方法不当或养护管理不善，均会使草坪的完整性景观遭到破坏，如平整度不够、均匀度不好、局部死亡出现斑秃等，给草坪的日常管理带来很大困难，因此必须对其进行整理补植。

在华北地区，冷季型草补植的最简单办法是用铲草皮机（小型）将破损范围清除，清理坪床，更新铺植健壮的草皮卷。每年天安门广场摆完花坛后，对损坏的草坪都要例行修补，夏季病害严重的冷季型草坪，进入九月后，把受损的草坪全部清除，进行彻底的土壤消毒后，铺植健壮草坪卷，恢复景观。用草皮卷更新草坪成本高，但见效快。

# 项目六　园林水池喷泉工程

## 项目目标

1. 正确识读提供的园林水池工程施工图并完成水池工程施工放线图。

2. 根据施工合同组织完成本项目的水池工程施工，同时达到甲方的验收标准和要求。

3. 掌握园林水池工程施工的技术规程和施工要点。

## 项目提出

本项目为一小游园的绿化工程，小游园北、南、东侧紧邻城市道路，西南角有一幼儿园。它属于城市绿地建设项目，项目的土方工程已经完成，目前正在进行水池的混凝土浇筑工程，工程施工计划在正常的施工季节进行。喷泉水池景观施工图如图 6-1 所示。

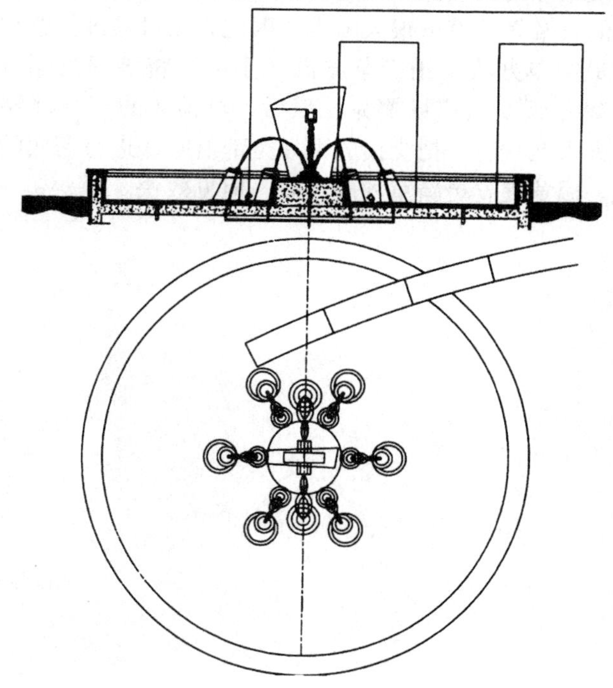

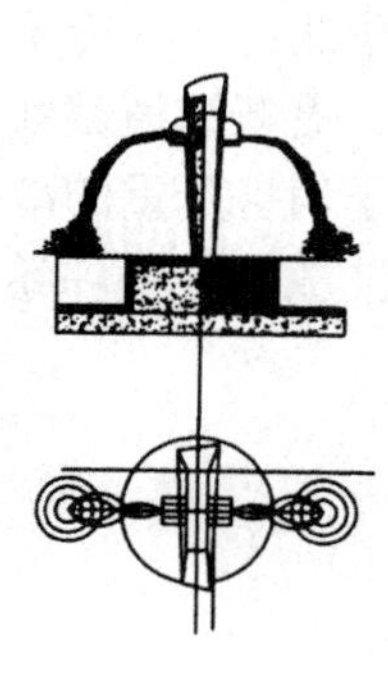

图 6-1　喷泉水池景观施工图

### （一）阅读工程施工承包合同，中标后的水池和花坛工程施工组织设计以及水池和花坛工程预算书

### （二）识图（图 6-1）

阅读水池施工图用以了解工程设计意图、施工目的及其所达效果，明确工程要求，以便组织施工和作出工程预算，阅读步骤如下。

1）看标题栏、比例、风玫瑰图或方位标，明确工程名称、所处方位和当地主导风向。

2）看图中索引编号和施工详图。根据图示编号，对照图样及技术说明，了解水池的浇筑材料、水池的装饰方法、水池的施工工序。本工程水池采用钢筋混凝土浇筑，池底和池壁采用饰面砖。

3）看水池定位尺寸，明确水池位置及定点放线的基准。

### （三）施工项目内容分析

1）水池的施工图设计。

2）确定水池钢筋混凝土的构成。

3）熟悉水池浇筑的施工程序与操作步骤。

4）确定水池的装饰方法。

### （四）园林水池喷泉实施流程

园林水池喷泉实施流程如图 6-2 所示。

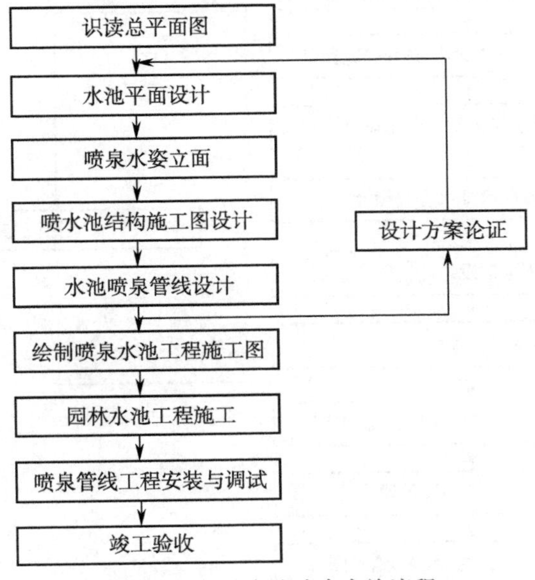


图 6-2　园林水池喷泉实施流程

项目准备

1）园林设计总平面图、水景扩充设计图，设计资料收集，绘图工具和软件准备。

2）项目设计说明书、施工组织设计、水景施工方案、水景工程设计概算。

# 任务一　园林水池喷泉工程设计

水池在园林中的用途很广，常与广场、小品建筑相结合，作为局部的构图中心。水池为水生动物、植物提供了合适的生存环境，使园林增添了生动活泼的景观。常见的有喷水池、观鱼池、水生植物种植池、海兽池、水禽池等。

## （一）水池喷泉工程设计准备

2#图板、2#图纸、绘图工具以及计算机制图工具软件；相关工程设计案例资料和标准图集资料。

## （二）水池喷泉工程设计的程序

水池喷泉工程设计流程如图 6-3 所示。

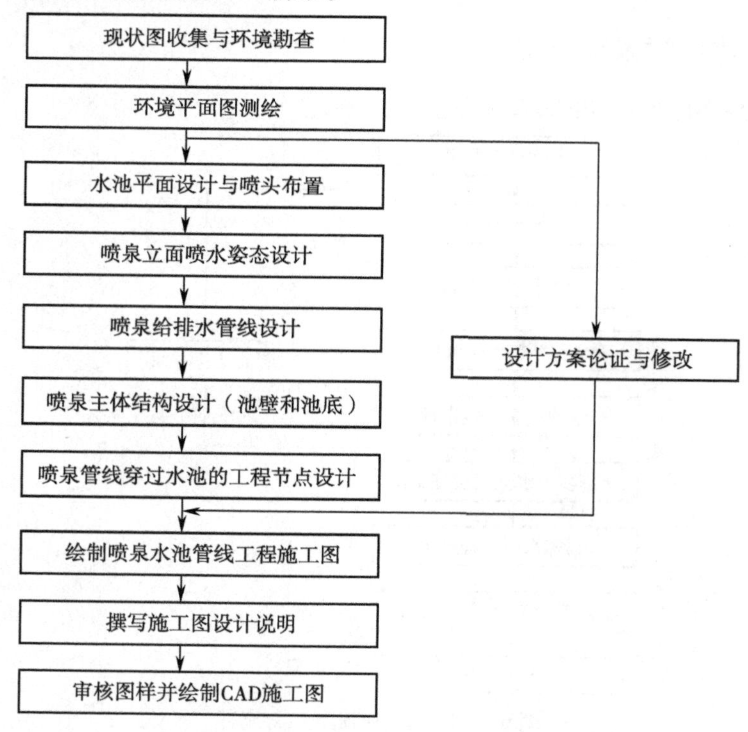


图 6-3　水池喷泉工程设计流程

## （三）水池设计的内容

水池设计内容包括平面设计、立面设计、剖面结构设计、管线安装等。

## （四）园林水池设计的要点

### 1. 分析水池喷泉所在项目的总体布局

根据园林总体设计，该项目工程水池是圆形水池，根据总图的比例可以量取水池的直径。

### 2. 园林水池设计的要求

园林喷泉及水池的类型很多，在选择喷泉位置和布置喷水池周围的环境时，首先要考虑喷泉的主题、形式，要与环境相协调，把喷泉和环境统一考虑，用环境渲染和烘托喷泉，以达到装饰环境的目的，或借助喷泉的艺术联想，创造意境。一般情况下，喷泉的位置多设于建筑、广场的轴线焦点或端点处，也可以根据环境特点，做一些喷泉小景，自由地装饰室内外的空间。喷泉宜安置在避风的环境中以保持水型。

喷水池的形式有自然式和整形式。喷水的位置可以居于水池中心，组成图案，也可以偏于一侧或自由地布置；其次要根据喷泉所在地的空间尺度来确定喷水的形式、规模及喷水池的大小比例。环境条件与喷泉规划的关系见表6-1。

表6-1　环境条件与喷泉规划的关系

| 环境条件 | 适宜的喷水规划 |
|---|---|
| 开阔的场地，如公园入口、街道中心岛 | 水池多选用整形式，水池要大，喷水要高，照明不要太华丽 |
| 狭窄的场地，如街道转角、建筑物前 | 水池多为长方形或它的变形 |
| 现代建筑，如旅馆、饭店、展览会会场 | 水池多为圆形、长形等，水量要大，水感要强烈，照明要华丽 |
| 中国传统式园林 | 水池形状多为自然式喷水，可做成跌水、滚水、涌泉等，以表现天然水姿形态为主 |
| 热闹的场所，如旅游宾馆、游乐中心 | 喷水水姿要富于变化，色彩华丽，如使用各种音乐喷泉等 |
| 寂静的场所，如公园内的一些小局部 | 喷泉的形式自由，可与雕塑等各种装饰性小品结合，一般变化不宜过多，色彩也较朴素 |

### 3. 喷泉水池设计要点

（1）平面设计要点（图6-4）　水池平面设计主要是与所在环境的气氛、建筑和道路的线型特征及视线关系相协调统一。水池的平面轮廓要“随曲合方”，即体量与环境相称，轮廓与广场走向、建筑外轮廓取得呼应与联系。要考虑前景、框景和背景的因素。不论规则式、自然式、综合式的水池都要力求造型简洁大方而又具有个性的特点。水池平面设计主要显示其平面位置和尺度。标注池底、池壁顶、进水口、溢水口和泄水口、种植池的高程和所取剖面的位置。设循环水处理的水池要注明循环线路及设施要求。

平面设计首先要确定其位置、开头的大小。位于广场中心的水池体量必须和广场的体量相协调，一般为广场面积的1/3～1/5。其外形轮廓与广场的轮廓相统一，并要符合广场的功能要求。水池也常与花架、廊子相结合，其外形轮廓可随建筑而变化。

（2）立面设计要点（图6-4）　水池的立面要反映出主立面的高度及变化。水池的池壁不宜太高，应与附近地面相近似。坐凳式的池边高可在35～45cm，而且顶面要平整。不是坐凳式的顶面除平顶外，也可用折拱或曲拱及向水一面倾斜的形式，水池与地面相接部分可以作凹进的线条变化。池边允许游人接触则应考虑坐池边观赏水池的需要。如果是喷水池，立面上还应反映出喷水的形式。

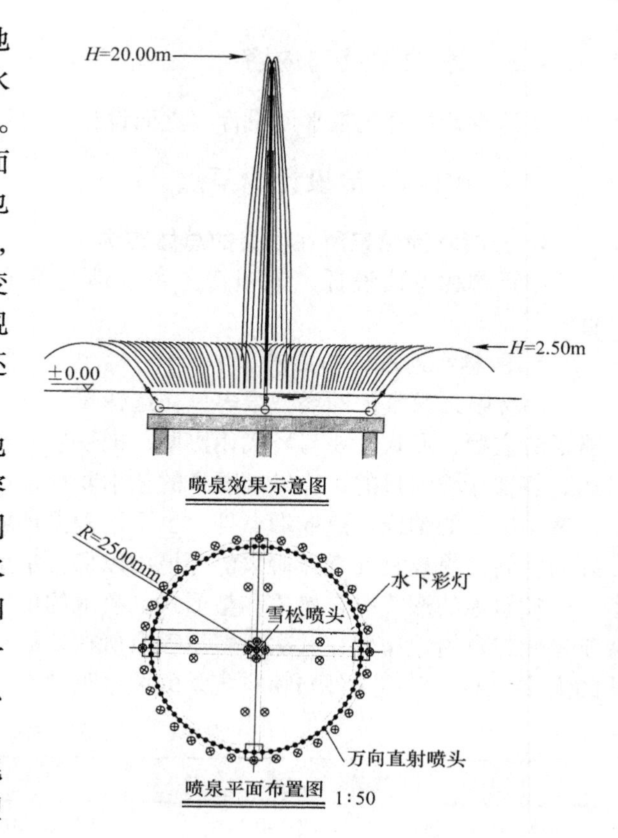


图6-4　喷泉水池平立面图

（3）水池的断面结构设计要点　水池的结构设计应有足够的代表性，主要内容包括水池池底和池壁各结构层的做法，同时还要交代水池的进水口、溢流口、集水坑、泄水口、补给水口与池壁和池底的细部做法。刚性水池在园林中最为常见，一般由池底、池壁、池顶、进水口、泄水口、溢水口构成。

1）池底。为保证不漏水，采用防水混凝土；为防止裂缝，适当配置钢筋。大型水池还考虑适当设置伸缩缝、沉降缝，这些构造缝设止水带，用柔性材料堵塞，如图6-5所示。

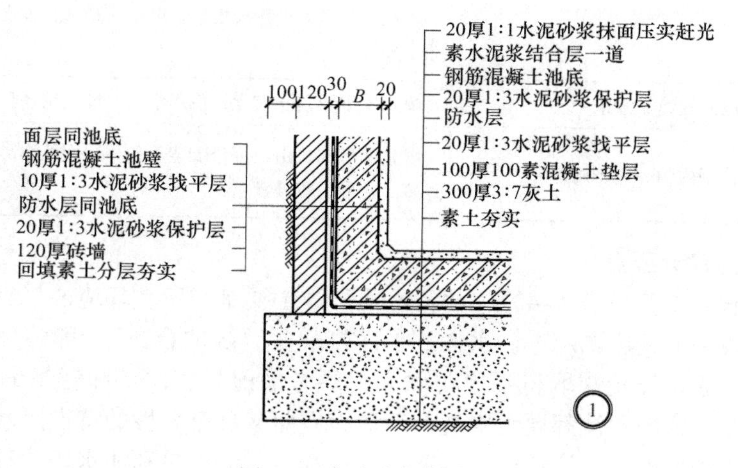


图6-5　水池池底做法

2）池壁。分内壁与外壁，起围护作用，要求防漏水。内壁要同池底浇筑为一体，外壁做法与池底一致，如图6-5和图6-6所示。

3）池顶。强化水池边界线条，使水池结构更稳定。用石材压顶，其挑出长度受限，与

墙体连接性差；用钢筋混凝土作压顶，整体性好。

4）进水口。为给水池注水或补充水，设置进水口，一般设置在隐蔽处或结合山石布置，如图6-7所示。

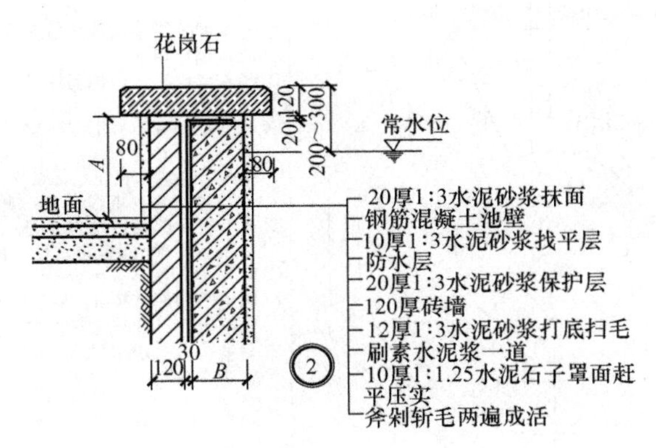


图6-6　水池池壁、池底做法

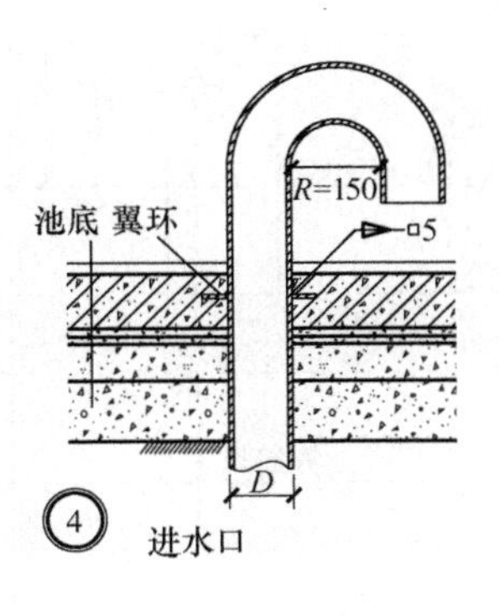


图6-7　进水口

5）泄水口。为方便清扫、检修和防止停用时水质腐败或结冰，设置泄水口。水池尽量采用重力方式泄水，也可利用水泵的吸水口兼作泄水口，利用水泵泄水。泄水口设隔栅或格网，其栅条间隙和网格直径以不大于管道直径的1/4为好，如图6-8所示。

6）溢水口。为防止水满从池顶溢出到地面，同时控制池中水位，设置溢水口。大型水池若设一个溢水口不能满足需要，可在水池内均匀布置多个。溢水口要便于清除积污和疏通管道，而且不影响美观。溢水口设隔栅或格网，其栅条间隙和网格直径以不大于管道直径的1/4为好，以防止较大漂浮物堵塞管道，如图6-9所示。

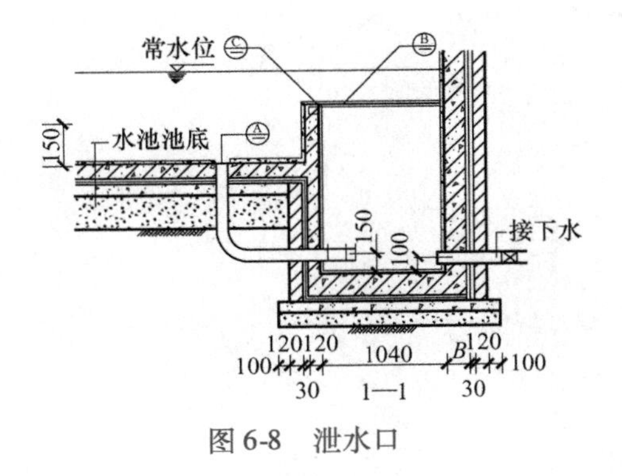


图6-8　泄水口

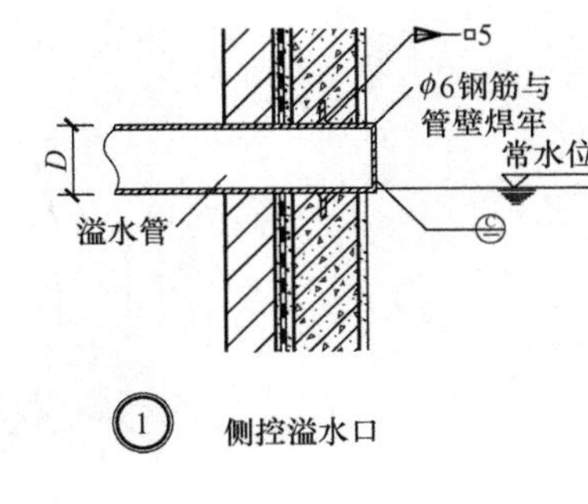


图6-9　溢水口

（4）喷泉水池管线设计要点

喷泉管网主要由输水管、配水管、补给水管、溢流管和泄水管等组成。喷泉管线工程施工图，如图6-10所示。

1）在小型喷泉中，管道可直接埋在土中。在大型喷泉中，当管道多且复杂时，应将主要管道敷设在能通行人的渠道中，在喷泉的底座下设检查井。

2）为了使喷泉获得等高的射流，喷泉配水管网多采用环形十字供水，如图6-11所示。

3）由于喷泉池内水的蒸发及在喷射过程中一部分水被风吹走等造成喷水池内水量的损失，所以，在水池中应设补给水管。补水管和城市给水管连接，并在管上设浮球阀或液位继

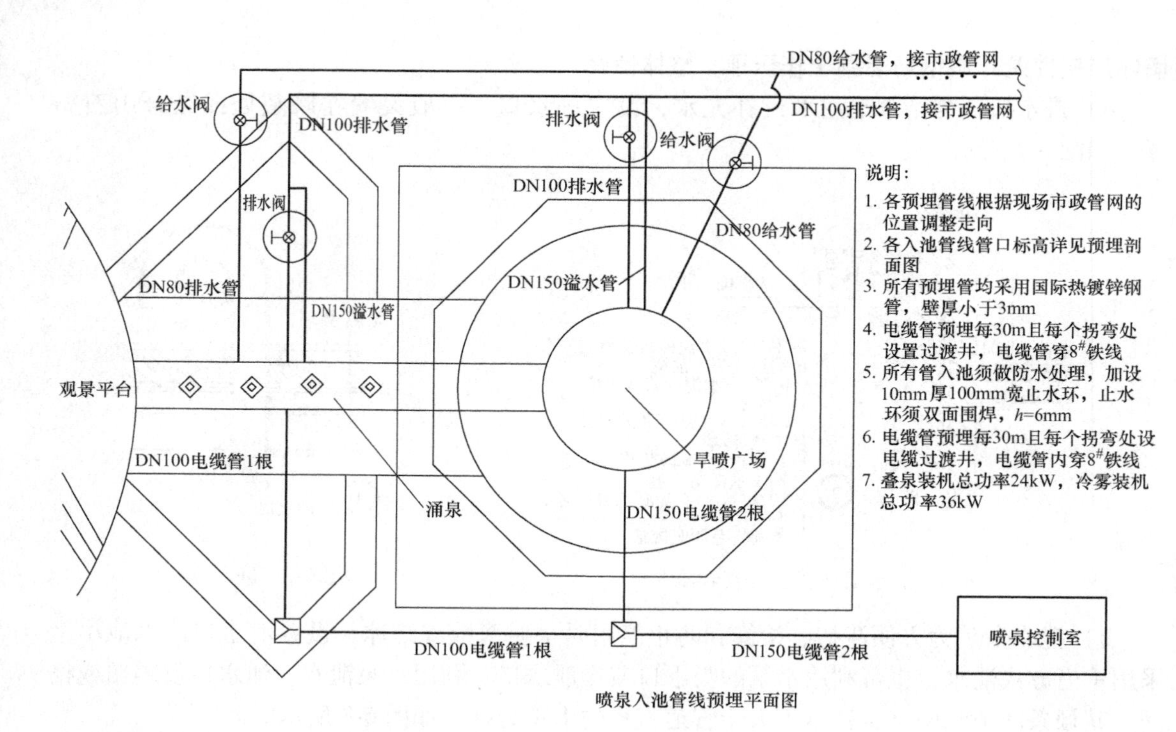


图 6-10　喷泉管线工程施工图

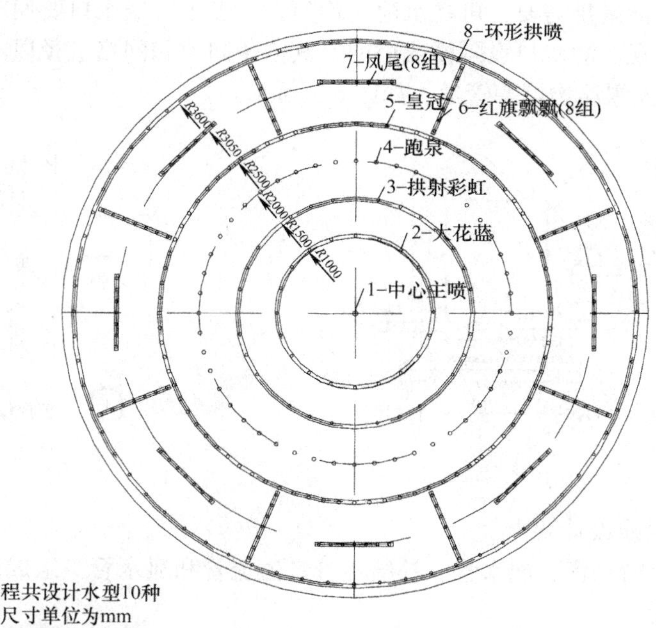


说明：
1. 本工程共设计水型10种
2. 图中尺寸单位为mm
3. 旱喷泉池净深须保证1.2m，水深1.0m
4. 涌泉池深0.8m，水深0.6m
5. 旱喷泉预埋管线：给水DN80一根，排水DN100一根，溢水DN150一根，电缆管DN150两根
6. 涌泉池预埋管线：给水DN80一根，排水DN100一根，溢水DN150一根，电缆管DN150一根
7. 喷泉总装机容量102.5kW

图 6-11　喷泉环形管布置平面图

电器，随时补充池内水量的损失，以保持水位稳定。

4）为了防止因降雨使池水上涨造成溢流，在池内应设溢水管，直通城市雨水井。并应有≥0.03 的坡度，在溢水口处应设拦污栅。

5）为了便于清洗和在不使用的季节把池水全部放完，水池底部应设泄水管，直通城市雨水井，亦可结合绿地喷灌或地面洒水，另行设计。

6）在寒冷地区，为防止冬季冻害，所有管道均应有一定的坡度，一般不小于 0.02，以便冬季将管内的水全部排出。

7）连接喷头的水管不能有急剧的变化。如有变化，必须使水管管径逐渐由大变小，并且在喷头前必须有一段适当长度的直管。一般不小于喷头直径的 20 倍，以保持射流的稳定。

8）对每个或每一组具有相同高度的射流，应有自己的调节设备。通常用阀门或整流圈来调节流量和水头。

（5）绘制喷泉水池工程施工图

1）喷泉水池平面图。一般比例为 1:20～1:50；在总平面图中标明喷头的类型、数量、连接主管的位置，同时标明喷水池的外部尺寸，以及池壁、池底结构剖切的位置和索引符号。

2）喷泉喷水姿态立面图。一般比例为 1:20～1:50；标明水池与喷水的高程关系和喷水的水型姿态。

3）剖断面图。一般比例为 1:20～1:50；标明喷泉水池池底和池壁的结构做法，标明输水管、配水管、补给水管、溢流管和泄水管与水池主体结构节点的做法。

4）喷泉水池管线设计图：一般比例为 1:20～1:50；标明喷泉水泵的型号、管线连接方式、控制阀门的位置、整个喷泉水池给水排水管线与水源和城市泄水管的连接走向等。

（6）绘制喷泉水池电子版施工图　将喷泉水池工程施工图用 AutoCAD 软件绘成电子版全套施工图样。

## 任务二　园林水池土建工程施工

### （一）施工准备

#### 1. 施工材料准备

碎石、钢筋、商品混凝土、木模板、止水带、铁丝、螺栓、焊条、止水环、装饰瓷砖、大理石压顶石、膨润土防水毯。

#### 2. 施工机具准备

插入式振动器、电焊机、斧头、双轮车、平尖锹、喷灯。

#### 3. 作业条件

主要包括清理场地和定点放线，以便为后续土方施工工作提供必要的场地条件和施工依据等。准备工作做得好坏，直接影响着功效和工程质量。

### （二）工艺顺序

喷泉水池施工工艺流程如图 6-12 所示。

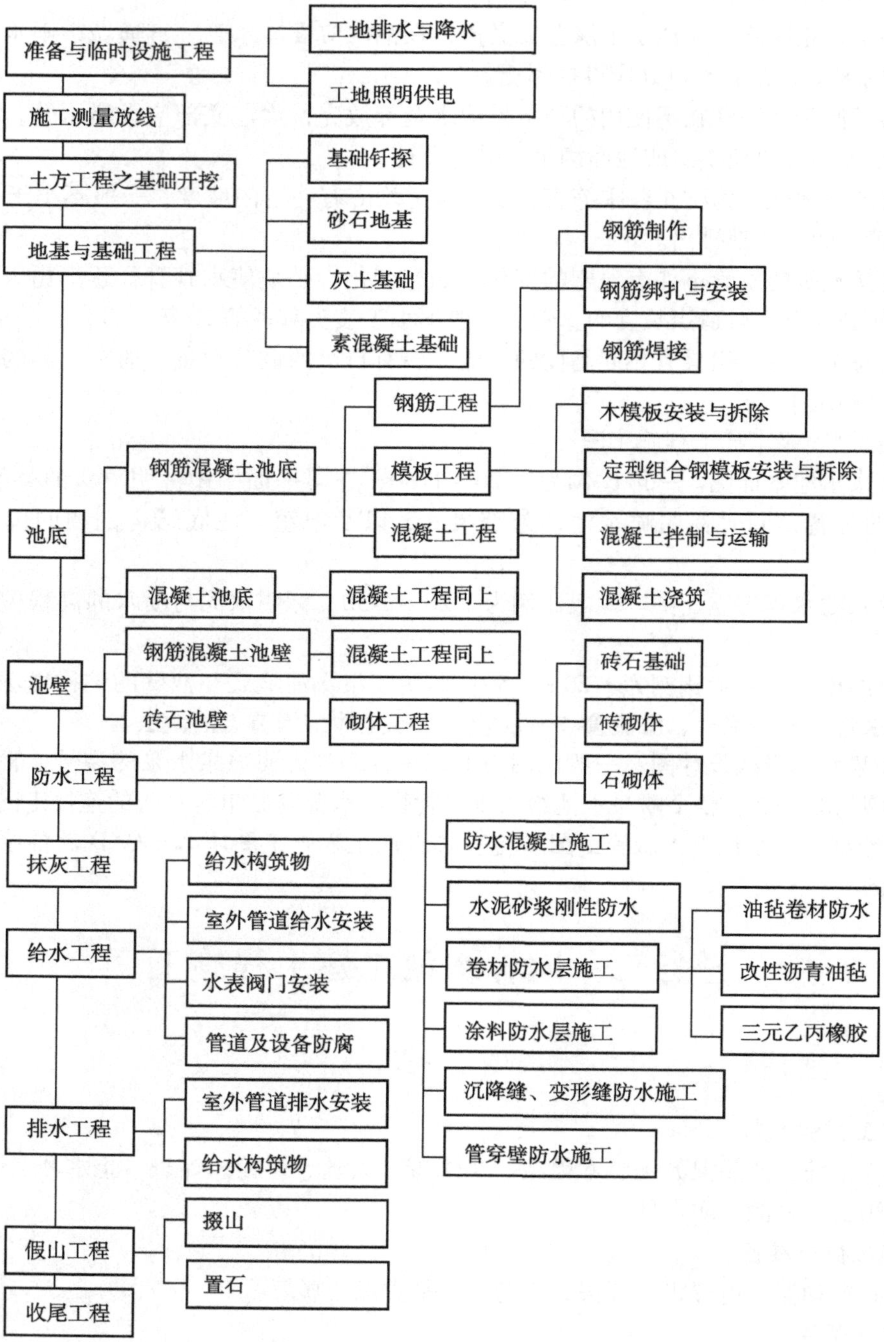

- 准备与临时设施工程
  - 工地排水与降水
  - 工地照明供电
- 施工测量放线
- 土方工程之基础开挖
- 地基与基础工程
  - 基础钎探
  - 砂石地基
  - 灰土基础
  - 素混凝土基础
- 池底
  - 钢筋混凝土池底
    - 钢筋工程
      - 钢筋制作
      - 钢筋绑扎与安装
      - 钢筋焊接
    - 模板工程
      - 木模板安装与拆除
      - 定型组合钢模板安装与拆除
    - 混凝土工程
      - 混凝土拌制与运输
      - 混凝土浇筑
  - 混凝土池底
    - 混凝土工程同上
- 池壁
  - 钢筋混凝土池壁
    - 混凝土工程同上
  - 砖石池壁
    - 砌体工程
      - 砖石基础
      - 砖砌体
      - 石砌体
- 防水工程
  - 防水混凝土施工
  - 水泥砂浆刚性防水
  - 卷材防水层施工
    - 油毡卷材防水
    - 改性沥青油毡
    - 三元乙丙橡胶
  - 涂料防水层施工
  - 沉降缝、变形缝防水施工
  - 管穿壁防水施工
- 抹灰工程
- 给水工程
  - 给水构筑物
  - 室外管道给水安装
  - 水表阀门安装
  - 管道及设备防腐
- 排水工程
  - 室外管道排水安装
  - 给水构筑物
- 假山工程
  - 掇山
  - 置石
- 收尾工程

图 6-12　喷泉水池施工工艺流程

## （三）钢筋混凝土工程施工技术要点

**1. 施工放线**

根据园林设计图样，用测量仪器将水池的位置测放到施工现场并划分出挖方区域。

**2. 钢筋混凝土水池底板施工**

1）钢混凝土水池的底板坐落在坚实的地基土上，如果是松土、淤泥土、回填土，则应进行夯实处理，并且铺筑一层10~15cm的碎石，再夯实，然后浇灌混凝土垫层。

2）混凝土垫层浇完隔1~2天（应视施工时的温度而定），在垫层面测量确定底板中心，然后根据设计尺寸进行放线，定出底板的边线，划出钢筋布线，依线绑扎钢筋，接着安装底板外围的模板。

3）在绑扎钢筋时，应详细检查钢筋的直径、间距、位置、搭接长度、上下层钢筋的间距、保护层及预埋件的位置和数量，看其是否符合设计要求，上下层钢筋均应用铁撑（铁马凳）加以固定，使之在浇捣过程中不发生变化。

4）底板应一次连续浇完，不留施工缝。施工间歇时间不得超过混凝土的初凝时间。如混凝土在运输过程中产生初凝或离析现象，应在现场拌板上进行二次搅拌后方可入模浇捣。底板厚度在20cm以内，可采用平板振动器，20cm以上则采用插入式振动器。

5）池壁为现浇混凝土时，底板与池壁连接处的施工缝可留在基础上口20cm处。施工缝可留成台阶形、凹槽形，加金属水片或橡胶止水带。

**3. 钢筋混凝土水池池壁的施工**

1）做钢混凝土水池池壁时，应先立模板以固定之，池壁较厚时，内外模可在钢筋绑扎完毕后一次立好。浇捣混凝土时操作人员可站在模板外侧进行振捣，并应用串筒将混凝土灌入，分层浇捣。池壁拆模后，应将外露的止水螺栓头割去。

2）浇捣钢混凝土水池底板和池壁的混凝土均应采用抗渗混凝土，控制好坍落度，采用插入式振动器振捣，使混凝土密实。

3）固定模板用的铁丝和螺栓不宜直接穿过池壁。当螺栓或套管必须穿过池壁时，应采用止水措施。常见的止水措施有：

① 螺栓上加焊止水环。止水环应满焊，环数应根据池壁厚度确定。

② 套管上加焊止水环。在混凝土中预埋套管时，管外侧应加焊止水环，管中穿螺栓，拆模后将螺栓取出，套管内用膨胀水泥砂浆封堵。

③ 螺栓加堵头。支模时，在螺栓两边加堵头，拆模板后，将螺栓沿平凹坑底割去，用膨胀水泥砂浆封塞严密。

4）在池壁混凝土浇筑前，应先将施工缝处的混凝土表面凿毛，清除浮粒和杂物，用水冲洗干净，保持湿润。再铺上一层厚20~25cm的水泥砂浆。水泥砂浆所用材料的灰砂比为1:1较好。

5）浇筑池壁混凝土时，应连续施工，一次浇筑完毕，不留施工缝。

6）池壁有密集管群穿过，预埋件或钢筋稠密处浇筑混凝土有困难时，可采用相同抗渗等级的细石混凝土浇筑。

7）池壁混凝土浇筑后，应立即进行养护，并充分保持湿润，养护时间不得少于14个昼夜。拆模时池壁表面温度与周围气温的温差不得超过15℃。

**4. 水池的装饰施工**

水池的装饰主要是池底、池壁和池顶的装饰。池底、池顶装饰前还应进行抹灰，然后再铺贴面层，通常铺贴陶瓷锦砖或彩色鹅卵石；也有的水池是在钢筋混凝土池壁上铺贴花岗石。

（1）基层处理　首先将凸出墙面的混凝土剔平，对大钢模施工的混凝土墙面应凿毛，并用钢丝刷满刷一遍，再浇水湿润。如果基层混凝土表面很光滑，也可采取“毛化处理”办法，即先将表面尘土、污垢清扫干净，用10%火碱水将板面的油污刷掉，随之用净水将碱液冲净、晾干，然后采用1:1水泥细砂浆内掺水重20%的107胶，喷或用笤帚将砂浆甩到墙上，其甩点要均匀，终凝后浇水养护，直至水泥砂浆疙瘩全部粘到混凝土光面上，并有较高的强度（用手掰不动）为止。

（2）吊垂直、套方、找规矩、贴灰饼　若建筑物为高层，应在四大角和门窗口边用经纬仪打垂直线找直；如果建筑物为多层，可从顶层开始用特制的大线坠绷铁丝吊垂直，然后根据面砖的规格尺寸分层设点、做灰饼。横线则以楼层为水平基准线交圈控制，竖向线则以四周大角和通天柱或垛子为基准线控制，应全部是整砖。每层打底时则以次灰饼作为基准点进行冲筋，使其底层灰做到横平竖直。同时要注意找好突出檐口、腰线、窗台、雨篷等饰面的流水坡度和滴水线（槽）。

（3）抹底层砂浆　先刷一道掺水重10%的107胶水泥素浆，紧跟着分层分遍抹底层砂浆（常温时采用配合比为1:3水泥砂浆），第一遍厚度宜为5mm，抹后用木抹子搓平，隔天浇水养护；待第一遍六至七成干时，即可刷第二遍，厚度为8～12mm，随即用木杠刮平、木抹子搓毛，隔天浇水养护，当需要抹第三遍时，其操作方法同第二遍，直至把底层砂浆抹平为止。

（4）弹线分格　待基层灰六至七成干时，即可按图样要求进行分段分格弹线，同时也可进行面层贴标准点的工作，以控制面层出墙尺寸及垂直、平整。

（5）排砖　根据大样图及墙面尺寸进行横竖向排砖，以保证面砖缝隙均匀，符合设计图样要求，注意大墙面、通天柱子和垛子要排整砖以及在同一墙面上的横竖排列，均不得有一行以上的非整砖。非整砖行应排在次要部位如窗间墙或阴角处等，但亦要注意一致和对称。如遇有凸出的卡件，应用整砖套割吻合，不得用非整砖随意拼凑镶贴。

（6）浸砖　釉面砖和外墙面砖镶贴前，首先要将面砖清扫干净，放入净水中浸泡2小时以上，取出待表面晾干或擦干净后方可使用。

（7）镶贴面砖　镶贴应自上而下进行。高层建筑采取措施后，可分段进行。在每一分段或分块内的面砖，均为自下而上镶贴。在最下一层砖下皮的位置线先稳好靠尺，以此托住第一皮面砖。在棉砖外皮上口拉水平通线，作为镶贴的标准。

在面砖背面宜采用1:2水泥砂浆或水泥:白灰膏:砂＝1:0.2:2的混合砂浆镶贴，砂浆厚度为6～10mm，贴上后用灰铲柄轻轻敲打，使之附线，再用钢片开导调整竖缝，并用小杠通过标准点调整平面和垂直度。

另外一种做法是，用1:1水泥砂浆加水重20%的107胶，在砖背面抹3～4mm后粘贴即可。但此种做法其基层灰必须得平整，而且砂子必须用窗纱筛后方可使用。

另外也可用胶粉来粘贴面砖，其厚度为2～3mm，用此种做法其基层灰必须更平整。

当要求釉面砖拉缝镶贴时，面砖之间的水平缝宽度用厘米条控制，厘米条用贴砖用砂浆与中层灰临时镶贴，厘米条贴在已镶贴好的面砖上口，为保证其平整，可临时加垫小木楔。

（8）面砖勾缝与擦缝　面砖铺贴拉缝时，用1:1水泥砂浆勾缝，先勾水平缝再勾竖缝，勾好后要求凹进面砖外表面2～3mm。若横竖缝为干挤缝，或小于3mm，应用白水泥配颜料

进行擦缝处理。面砖缝子勾完后，用布或棉丝蘸稀盐酸擦洗干净。

**5. 水池的防水施工**

水池工程的防水做法有：水泥砂浆防水、沥青油毡卷材防水、膨润土防水毯施工。

（1）水泥砂浆防水

1）基层处理。混凝土池壁如有蜂窝及松散的混凝土，要剔掉，用水冲刷干净，然后用1:3水泥砂浆抹平或用1:2干硬性水泥砂浆捻实。表面油污应用10%火碱水溶液洗干净，混凝土表面应凿毛。

2）混凝土墙抹水泥砂浆防水层。

① 刷水泥素浆。配合比为水泥:水:防水油＝1:0.8:0.025（质量比），先将水泥与水拌和，然后再加防水油搅拌均匀，再用软毛刷在基层表面涂刷均匀，随即抹底层防水砂浆。

② 抹底层砂浆。用1:2.5水泥砂浆，加水泥重3%～5%的防水粉，水灰比为0.6～0.65，稠度为7～8cm。先将防水粉和水泥、砂子拌匀后，再加水拌和。搅拌均匀后进行抹灰操作，底层抹灰厚度为5～10mm，在灰未凝固之前用扫帚扫毛。砂浆要随拌随用。拌和及使用砂浆时间不宜超过60分钟，严禁使用过夜砂浆。

③ 再刷水泥素浆。在底灰抹完后，常温时隔1天，再刷水泥素浆，配合比及做法与第一遍相同。

④ 抹面灰砂浆。刷过素浆后，紧接着抹面层，配合比同底层砂浆，抹灰厚度为5～10mm，凝固前要用木抹子搓平，用软抹子压光。

⑤ 刷水泥素浆。面层抹完后1天刷水泥素浆一道，配合比为水泥:水:防水油＝1:1:0.03（质量比），做法和第一遍相同。

（2）沥青油毡卷材防水层施工

1）平面铺贴卷材工艺流程。保护墙放线→砌筑保护墙→抹保护墙找平层→抹垫层找平层→养护→清理→喷涂冷底子油→铺贴附加油毡层→铺第一层立墙油毡→铺第一层平面油毡→（分层先立面后平面）抹保护层。

2）立面铺贴卷材工艺流程。拆除根部临时保护墙→结构面抹找平层→养护→喷涂冷底子油→接铺阴阳角处附加层→铺第一层油毡→铺第二层油毡（按设计分层铺设）→砌筑保护墙（保护层）。

① 保护墙放线。建筑物基础底板垫层施工后，按施工图测放保护墙位置线。

② 砌筑保护墙。按设计要求砌筑保护墙至基础底板上平标高以上200mm。为使墙体面防水卷材接茬，加砌四皮砖临时保护墙，该四皮砖砌筑时用石灰砂浆，待做外墙体防水时拆除以满足底板防水卷材与墙体防水卷材的搭接宽度，如图6-13所示。

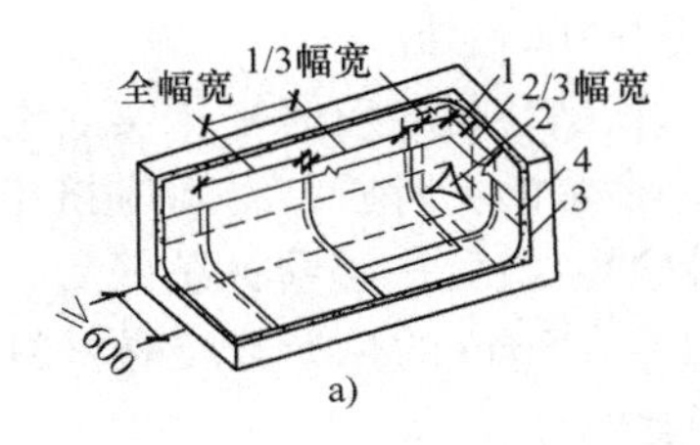

a)

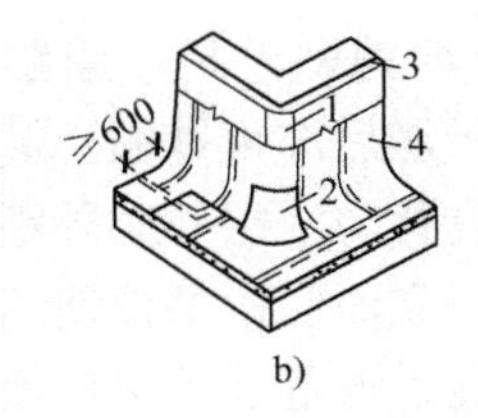

b)

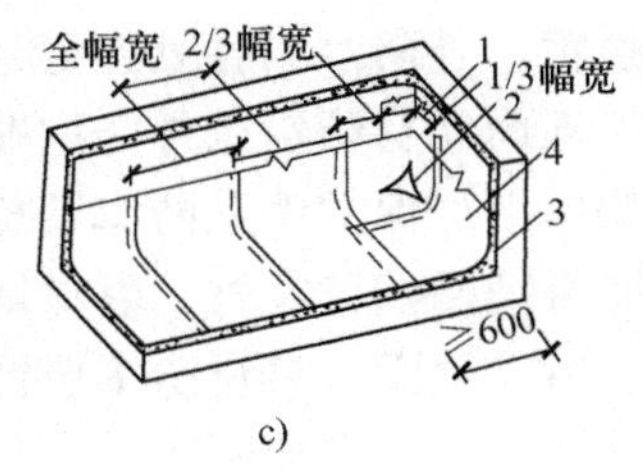

c)

图6-13　三面角油毡铺贴法

a）阴角的第一层油毡铺贴法

b）阳角的第一层油毡铺贴法

c）阴角的第二层油毡铺贴法

1—转折处油毡加固层

2—角部加固层　3—找平层　4—油毡

③ 结构防水面基层抹找平层。为使卷材粘贴牢固，在底板垫层、保护墙、结构基体做防水面，抹找平层，使防水卷材铺贴在一个平顺的基面上。要求阴阳角抹成圆角。

④ 找平层养护。找平层抹完后应浇水养护，使其强度上升后，经干燥方可做防水层。

⑤ 喷涂冷底子油。为使铺贴防水卷材沥青玛蹄脂与基层结合，在铺卷材前，应在铺贴面上，喷涂冷底子油两道。冷底子油配制比例和方法如下。

比例：质量比 30% 的沥青，70% 的汽油。

配制方法：将沥青加热至不起泡沫，使其脱水，冷却至 90℃，将汽油缓缓注入沥青中，随注入随搅拌至沥青全部溶解为止。

⑥ 铺贴卷材防水层。

a）平面铺贴卷材。铺贴卷材前，宜使基层表面干燥，先喷冷底子油结合层两道，然后根据卷材规格及搭接要求弹线，按线分层铺设，铺贴卷材应符合下列要求。

粘贴卷材的沥青胶结材料的厚度一般为 1.5 ~ 2.5mm。

卷材搭接长度：长边不应小于 100mm，短边不应小于 150mm。上下两层和相邻两幅卷材的接缝应错开，上下层卷材不得相互垂直铺贴。如图 6-14 所示。

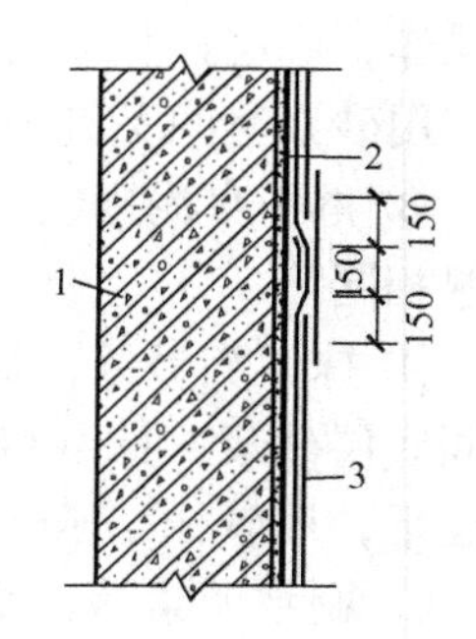


图 6-14 防水错茬接缝

1—需防水结构

2—油毡防水层 3—找平层

在平面与立面的转角处，卷材的接缝应留在平面上距立面不小于 600mm 处。

粘贴卷材时应展平压实。卷材与基层和各层卷间必须粘接紧密，多余的沥青胶结材料应挤出，搭接缝必须用沥青胶凝材料仔细封严。最后一层卷材贴好后，应在表面上均匀地喷刷一层厚度为 1 ~ 1.5mm 的热沥青胶凝材料。同时撒拍粗砂以形成防水保护层的结合层。

b）立面铺贴卷材。铺贴前宜使基层表面干燥，满喷冷底子油两道，干燥后即可铺贴。铺贴立面卷材，有两道铺贴方法，其做法要求如下。

立面卷材防水层外防外贴法：应先铺平面，后铺贴立面，平立面交接处应加铺附加层。一般施工将立面底根部根据结构施工缝高度改为外防内贴卷材层，接茬部位先做的卷材应留出搭接长度，该范围的保护墙应用石灰砂浆砌筑，待结构墙体做外防外贴卷材防水层时，分层接茬，外防水错茬处接缝经验收后砌筑保护墙。

立面卷材防水层外防内贴法：在结构施工前，应将永久性保护墙砌筑在与需防水结构统一垫层上。保护墙贴防水卷材面应先抹 13mm 水泥砂浆找平层，干燥后喷涂冷底子油，干燥后即可铺贴油毡卷材。卷材铺贴必须分层，先铺贴立面，后铺贴平面，铺贴立面时应先铺转角，后铺大面；卷材防水层铺完后，应按规范或设计要求做水泥砂浆或混凝土保护层，一般在立面上，应在涂刷防水层最后一层沥青胶凝材料时，粘上干净的粗砂，待冷却后，抹一层 10 ~ 20mm 厚的 1:3 水泥砂浆保护层；在平面上可铺设一层 30 ~ 50mm 厚的细石混凝土保护层。外防内贴法保护墙铺设转折处卷材的方法，如图 6-15 所示。

防水卷材与管根埋设件连接处的做法：采用埋入式橡胶或塑料止水带的变形缝做法，如图 6-16 所示。

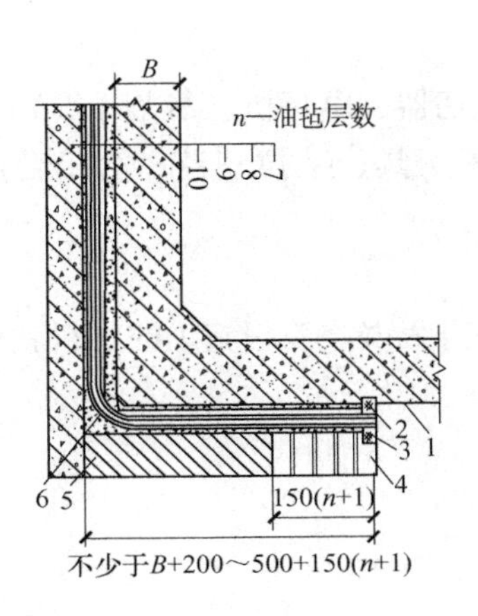


图 6-15　保护墙铺设转折处油毡的方法

1—需防水结构　2—永久性木条　3—临时性木条
4—临时保护墙　5—永久性保护墙　6—附加油毡层
7—保护层　8—油毡防水层　9—找平层
10—钢筋混凝土垫层

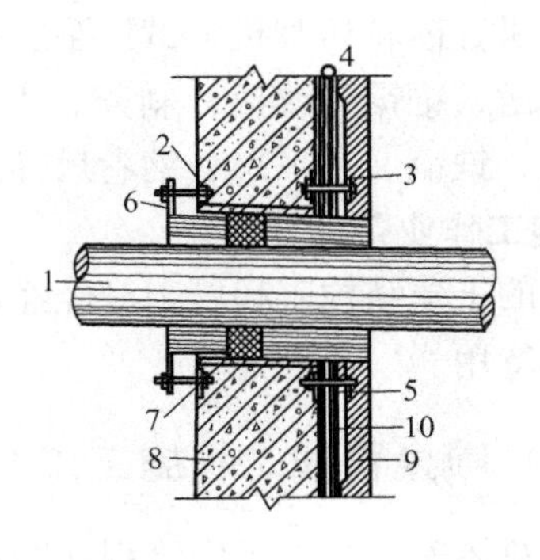


图 6-16　油毡防水层与管道埋设件连接处的做法示意

1—管子　2—预埋件（带法兰盘的套管）　3—夹板
4—油毡防水层　5—压紧螺栓　6—填缝材料的压紧环
7—填缝材料　8—需防水结构　9—保护墙　10—附加油毡层

**6. 水池的质量要求与验收**

（1）水池的质量要求　水池的基本质量要求是不渗水，一般在水池施工完成后，就应进行试水实验。

试水工作应在水池全部施工完成后方可进行。试水的主要目的是检验结构安全度，检查施工质量。

试水时应先封闭管道孔。由池顶放水入池，一般分几次进水，根据具体情况，控制每次进水高度。从四周上下进行外观检查，做好记录，如无特殊情况，可继续灌水到储水设计标高。同时要做好沉降观察。

灌水到设计标高后，停一天，进行外观检查，并做好水面高度标记，连续观察 7 天，外表面无渗漏及水位无明显降落方为合格。

为了保证水池的最终质量，应在水池的各个施工阶段（包括基坑开挖、垫层、底板及池壁浇筑、表面装饰等各阶段）做好施工质量的控制和验收。

（2）水池的验收　水池的试水试验符合要求后，就可以进行其他项目的验收，比如：钢筋混凝土水池的面砖装饰、池顶的块石压顶等，按国家有关验收标准进行验收。

钢筋混凝土池底和池壁参照《混凝土结构工程施工质量验收规范》（GB 50204—2002）进行验收，池底和池壁的陶瓷锦砖和花岗石铺贴参照《建筑装饰装修工程质量验收规范》（GB 50210—2001）进行验收。

# 任务三　园林喷泉管线安装施工

## （一）喷泉管线施工前的准备

**1. 施工材料准备**

管线、喷头、阀门、水泵等。

**2. 施工机具准备**

套丝机、砂轮切割机、试压泵、手动液压铸铁管剪切器、电焊机、氧割（焊）设备、手锤、捻口凿、钢锯、铰扳、剁斧、大锤、撬杠、电气焊工具、手拉葫芦、管子台虎钳、大绳、铁锹、铁镐、水平尺、钢卷尺等。

**3. 施工作业条件准备**

水池的土建结构工程施工已经经过验收，预留孔检查无误。工程施工的材料就位、施工机具完好待用。

## （二）喷泉管线工程施工工艺流程

喷泉总体安装施工工序流程如图 6-17 所示。

## （三）喷泉管线工程施工技术要点

**1. 熟读图样、踏勘现场**

阅读图样首先要理解设计师的设计意图，想要表现的意境和突出的主题。其次要明确构成喷泉系统各设备、管道、配件等要素的数量、规格、安装标高及相互关系。喷泉管线安装详图及主喷管路详图如图 6-18 和图 6-19 所示。

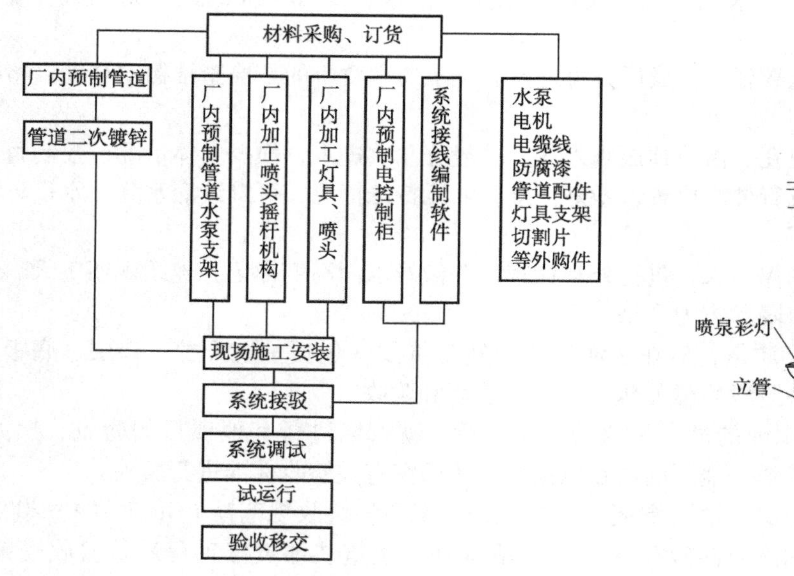


图 6-17　喷泉总体安装施工工序流程

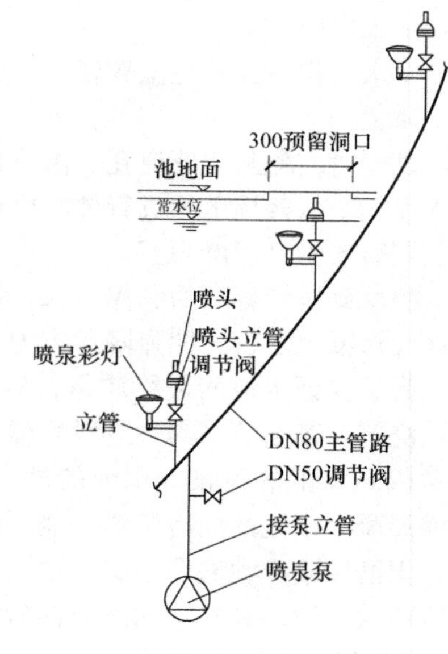


图 6-18　喷泉管线安装详图

勘察现场及要求：对照现场情况进一步消化图样技术要求，了解给水排水接触点位置、管径、标高及该地区水文情况。必要时还需提出设计疑问，请求设计修改或变更。

**2. 确定施工方案，组织施工协调，安排施工进度**

喷泉施工往往与土建、铺装、系统给水排水施工同步或交叉进行，而且往往受到相关工种进度的制约。所以拟定施工方案时，必须了解相关工种的进度并跟踪观察，主动协调、紧密配合，尤其在预埋管道敷设阶段尤为重要。

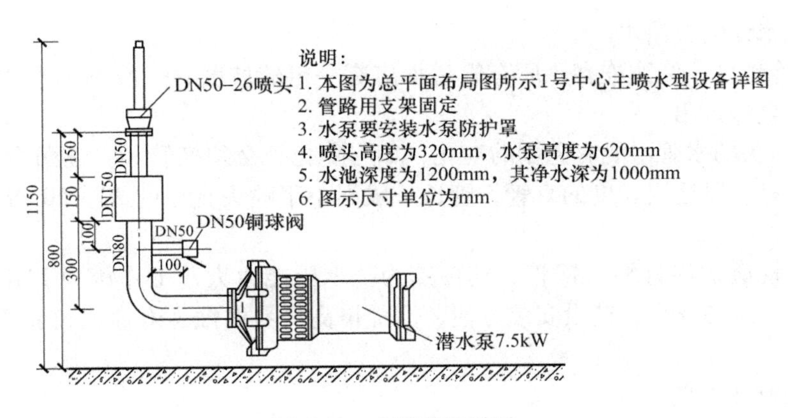


图 6-19　主喷管路详图

**3. 采购设备、材料和验收保管**

1）招投标阶段，需向建设方递送产品样本、技术参数、产地和生产厂家等资料供审核确认。

2）中标后小型管材、配件还需制作样板送审封样。主要设备和管道配件需提供合格证、质保书，重要设备需提供技术参数测试报告，进口设备还需提供报关单等有关质量证明文件。

3）材料进场会同监理开箱、清点、确认验收。必要时还需组织权威机构会同监理、生产商进行技术参数复测。

4）材料验收后，更需采取有效保管措施，防止缺损、变形、积尘和污染。

**4. 管道安装**

喷泉系统一般由喷水循环系统，溢、排水系统，补给水系统，供电及电气控制系统，安全接地系统五大部分组成。其施工方法应符合建筑给水排水管道和低压电气专业施工技术标准和规范的要求，有特殊性能要求时，要有所区别。

园林喷泉给水管线安装的施工程序是：场内搬运→检查清理管材→打、堵洞眼→切管→套丝→调直→煨弯（或制作弯头）→连接→防腐→水压试验。

（1）水池给水钢管安装前的准备工序　检查运到现场的管子是否与合格证上的记录和设计规定相符。若管子表面状态不好（在热处理后管子表面未用特殊介质清洗），则需将管子内、外进行酸洗钝化处理或喷砂处理。若管子表面状态好，则耐腐蚀性能也就好。喷砂处理后用压缩空气吹净，将管子两端加工成符合焊接要求的坡口，涂上安装地点（按单位工程划分）和钢号的标记（当一个工程有两种以上的不同钢号的管子时尤为重要）。按照尺寸和钢号，将管子分类堆放好。

（2）喷泉及水池给水排水管网　喷泉及水池给水排水管网主要由输水管、配水管、补给水管、溢水管和泄水管等组成。其布置要点如下。

1）由于喷水池中水的蒸发及在喷射过程中有部分被风吹走，造成喷水池内水量的损失，因此，在水池中应设补给水管。

2）为了防止因降雨而使水面上涨而设的溢水管，应直接接通园林内的雨水井，并应有不小于3%的坡度，在溢水口外应设拦污栅。

3）泄水管直通园林雨水管道系统，或与园林湖池、沟渠连接起来，使喷泉水泄出后，作为园林其他水体的补给水。

4）在寒冷地区，为防冻害，所有管道均应有一定的坡度，一般不小于2%，以便冬季将管道内的水全部排出。

5）连接喷头的水管不能有急剧的变化，如有变化，必须换管径，逐渐由大变小，并且在喷头前必须有一段适当长度的直管，管长一般不小于喷头直径的20～50倍，以保持直射流稳定。

园林给水管道常用材料为钢管。其特点为：承压能力大，工作压力1MPa以上，韧性好、不易断裂、品种齐全、铺设安装方便，但价格高、易腐蚀、寿命比铸铁管短，约20年左右。

（3）管架制作安装

1）放样。在正式施工或制造之前，制作成所需要的管架模型，作为样品。

2）画线。检查核对材料，在材料上划出切割、刨、钻孔等加工位置，打孔，标出零件编号。

3）截料（切管）。管子安装之前，根据所要求的长度将管子切断。常用切断方法有锯断、刀割、气割等。施工时可根据管材、管径和现场条件选用适当的切断方法。切断的管口应平整，无毛刺、无变形，以免影响接口的质量。

4）平直。利用矫正机将钢材的弯曲部分调平。

5）钻孔。将经过画线的材料利用钻机在作有标记的位置制孔。有冲击制孔和旋转制孔两种方式。

6）套丝。管道安装工程中，要加工管端使之产生螺纹以便连接。管螺纹加工过程叫套丝。一般可分为手工加工和机械加工两种方法，即采用手工纹板和电动套丝机。这两种套丝结构基本相同，即纹板上装有四块板牙，用以切削管壁产生螺纹。套出的螺纹应端正，光滑无毛刺，无断丝缺口，螺纹松紧度适宜，以保证螺纹接口的严密性。

7）煨弯。利用给管加热的方法，将管材弯成所需要的角度。

8）拼装。把制备完成的半成品和零件按图样的规定，装成构件或部件，然后经过焊接或铆接等工序成为整体。

9）焊接。将金属熔融后对接为一个整体的构件。

10）成品矫正。不符合质量要求的成品经过加工后达到标准，即为成品矫正。一般有冷矫正、热矫正和混合矫正三种。

（4）管道的安装　管道的安装分为管道安装和管道埋设，管道的安装有以下几种方法。

1）孔洞的预留与套管的安装。在喷泉或水池设施工程中，地层上安装管道应在钢筋绑扎完毕时进行。工程施工到预留孔部位时，参照模板标高或正在施工的毛石、砖砌体的轴线标高确定孔洞模具的位置，并加以固定。遇到较大的孔洞，模具与多根钢筋相碰时，需经土建技术人员校核，采取技术措施后进行安装固定。对临时性模具应便于拆除，永久性模具应进行防腐处理。预留孔洞不能适应工程需要时，要进行机械或人工打孔洞，尺寸一般比管径大两倍左右。钢管套管应在管道安装时及时套入，放入指定位置，调整完毕后固定。铁皮套管在管道安装时套入。

管道穿基础或孔洞、地下室外墙的套管要预留好，并校验是否符合设计要求。安装前对管材、管件进行质量检查并清除污物，按照各管段排列顺序、长度，将地下管道试安装，然

后动工，同时按设计的平面位置和与墙面间的距离分出立管接口。

2）立管的安装应在土建主体的基础上完成。沟槽按设计位置和尺寸留好。检验沟槽，然后进行立管安装，栽立管卡，最后封沟槽。

① 横支管安装。在立管安装完毕就位后可进行横支管安装。

② 埋设。根据水池的性质和水池水位要求，管道的敷设有明设和暗设两种。

a）明设：将管道在沿地面等处暴露敷设。

b）暗设：管道敷设在地下或在管井、管槽、管沟中隐蔽敷设。

③ 镀锌钢管安装。工程内容有钢管、管架制作安装，水压试验，消毒冲洗和刷漆。

④ 钢管。钢管是管道安装中最重要最常用的一种管道。其制作工艺包括放样、画线、截料、平直、钻孔、拼装、焊接、成品矫正、除锈、刷防锈漆、成品堆放。

钢管分为焊接钢管和无缝钢管两种。焊接钢管中又分直缝钢管和螺旋卷焊钢管。钢管的优点是强度高、耐振动、重量轻、长度大、接头少和加工接口方便等；缺点是易生锈、不耐腐蚀、内外防腐处理费用大、价格高等。所以钢管通常只在管径过大、水压过高以及穿越铁路、河谷和地震地区使用。普通钢管的工作压力不超过1MPa；加强钢管的工作压力可达到1.5MPa；高压管可用无缝钢管。室外给水用的钢管管径为100～2200mm或更大，长4～10m。钢管一般采用焊接或法兰接口，小管径可用螺纹连接。

3）管道埋设。无论是地上管道还是地下管道，施工埋设的首要问题是坐标、标高要准确。因而，在测量标高时要将原始基准点查清，并对已有的建筑物进行校核。

① 埋地敷设。埋地敷设不占用有效空间，不需要设管道支架，建造成本低、施工简单。

埋地管道主要适用于室外给水排水管道。室外管道的埋设深度由土壤的冰冻深度及地面荷载情况决定。通常以管顶在冰冻线以下20～30cm为宜，覆土深度不小于0.7m。当局部管道必须埋设在冰冻线以上时，要采取保温措施。

埋地管道应按设计要求做好防腐处理。在运输、下管时应采取相应的措施保护防腐层。

埋地管道相互交叉或管道与电缆交叉时，应有25cm以上的垂直距离。在平行敷设时，不允许上下重叠排列。

易燃、易爆和剧毒管道穿过地下构筑物时，应设置套管，同时套管两端要伸到地下构筑物以外。

② 地沟敷设。当管道不适于埋地敷设或根数较多时，可采取地沟敷设，如热力管道。管沟（地沟）的形式一般有以下三种。

a）通行地沟。一般来说管道在6根以上应采用通行地沟。通行地沟的过人通道一般高为1.8m，即人可站在沟中进行安装、检验。为使维修人员进出方便，在装有套管伸缩及其他需要维修的管道配件处应设置入孔。入孔间距在有蒸汽管时不超过10m，无蒸汽管时不超过200m。

b）半通行地沟。管道数量不多，维修量小的情况下可采用半通行地沟。半通行地沟内的管道可沿地沟一侧或两侧敷设。其通道的宽度不应小于0.6m，如果管道较长应在其中间设置入孔或小室，以便维修人员出入。

c）不通行地沟。这种方式耗资少，对管道配件少、维修量小的管道采用这种形式较为经济、合理。不通行地沟的管道宜采用水平单层排列，以便利于安装和维修。地沟中的管道在交叉换位、标高相同而相交时，应遵循：液体介质管道应从下面绕行，气体介质管道应从上面绕行的原则，以免影响管道的正常运行。

4）架空敷设。室外架空敷设是将管道敷设于地面上的独立支架或带横梁的桁架上，也可以敷设于栽入墙体的支架上。架空敷设支架可采用砖砌、钢筋混凝土预制或现浇，以及钢制。园林水池喷泉的管线架空敷设多属于低支架敷设，为防止地面水浸泡管道，这种支架底部与地面间距通常为0.5～1.0m。这种形式由于管道高度较低，受推力而形成的力矩较小，所以柱基和柱断面比较小，可节省材料。

**5. 水压试验**

管道安装后应做水压试验，它是检验管道安装质量和进行管道验收的主要内容之一。水压试验按其目的分为强度试验和严密性试验两种。管道应分段进行水压试验，每个试验管段的长度不宜大于1km，非金属管道应短一些。试验管段的两端均应以管堵封住，并架支撑承牢，以免接头膛开发生意外。埋设在地下的管道必须在管道基础检查合格且回填土不小于0.5m后进行水压试验。架空、明装及安装在地沟内的管道，应在外观检查合格后进行试验。管道在测压前，应先向试验管段充水，并排除管内空气。管内充水时间满足规定后，即可进行强度试验。埋设在地下的管道在进行水压试验时，用试压泵将试验管断开压到试验压力，恒定时间至少10min，检查管道、附件和接口，如未发现管道、附件和接口破坏以及较严重的渗漏现象，则认为强度合格，即可进行渗水量试验——严密性试验。用试验泵将水压升到试验压力，并闭试压泵的1号阀。记录压力下降98kPa所需的时间 $t_1$（min），打开1号阀再将管道压力提高到试验压力，迅速关闭1号阀，立即打开4号阀向量水槽放水，记录压力下降98kPa所需的时间 $t_2$（min），同时测量在此段时间内放出的水量 $V$（L），则试验管段的渗水量 $q$ 可按下式计算：$q=V/(t_2-t_1)$。若在试验时管道未发生破坏，且渗水量不超过规定的数值，则认为试验合格。管径不大于400mm的埋地压力管道在进行强度试验时，按规范规定，先升压到试验压力，观测10min，如压力降不大于49kPa，且管道未发生破坏，即可将压力将至工作压力，再进行外观检查，如无渗漏现象即为试验合格。

**6. 管道冲洗**

给水管道试压合格后，应分段接通，进行冲洗、消毒，用以排除管内污物和消灭有害细菌，经检验合格后，方可交付使用。

（1）冲洗要求　管道冲洗。一般以上游管道的自来水为冲洗水源，冲洗后的水可通过临时放水口排至附近河道或排水管道。安装放水口时，其冲洗管道口应严密，并设有闸阀、排气管和放水截门等，弯头处应进行临时加固。冲洗水管可比被冲洗的水管管经小，但断面不宜小于被冲洗管直径的1/2。冲洗水的流速不小于1.0m/s。冲洗时尽量避开用水高峰时间，不能影响周围的正常用水。冲洗应连续进行，直至检验合格后停止冲洗。

（2）冲洗步骤及注意事项

1）准备工作。同自来水管理部门商定冲洗方案，如冲洗水量、冲洗时间、排水路线和安全措施等。

2）开闸冲洗。放水冲洗时应开出水闸阀，注意排水，并派专人监护放水路线和安全措施。

3）检查放水口水质。观察放水口水质的外观，至水质外观澄清，化验合格为止。

4）关闭闸阀。冲洗后，尽量使来水闸阀、出水闸阀同时关闭，如做不到，可先关闭出水闸阀，但暂不关死，等来水闸阀关闭后，再将出水闸阀关闭。

5）化验。冲洗完毕后，管内应存水24h以上，再取水化验，色度、浊度合格后进行管道消毒。

**7. 阀门安装环节**

（1）场内搬运　包括从机器制造厂把机器搬运到施工现场的过程。在搬运中注意人身和设备安全，严格遵守操作规范，防止意外事故发生及机器损坏、缺失。

（2）外观检查　从外观上观察，看阀门有无损伤、油漆剥落、裂缝、松动及不固定的地方，有效预防才能使施工过程顺利进行，并及时更换、检修缺损之处。

（3）清除污锈　常见的清除污锈的处理方法有以下几种。

1）手工除锈。通常是用钢丝刷或砂布将管道的表面锈污刷掉。在手工除锈时应特别注意焊药皮和焊渣的处理，因为焊渣更具有腐蚀性。在施工过程中，施焊完毕不清理就刷油的做法是不负责任的，必须克服和纠正。

2）机械除锈。当除锈工作量较大时，需采用机械除锈，此方法宜广泛采用。目前工地所用的除锈机多为自行设计，且样式繁多，有外圆除锈及软轴内圆除锈机，以清除管内外壁的铁锈。

3）喷砂除锈。它不但能去掉金属表面的铁锈、污物，还能去掉旧的漆层。金属表面经过喷砂处理后变得粗糙，能增强油漆层对金属表面的附着力，效果较好。

阀门是控制水流、调节管道内的水量和水压的重要设备。阀门通常放在分支管处、穿越障碍物和过长的管线上。配水干管上装设阀门的距离一般为400～1000m，并不应超过三条配水支管。阀门一般应设在配水支管的下游，以便关阀门时不影响支管的供水。在支管上也设阀门。配水支管上的阀门不应隔断5个以上的消防栓。阀门的口径一般和水管的直径相同。给水用的阀门包括闸阀和蝶阀。

**8. 调试**

调试前必须先清洗水池和注水，新建水池一般碱性偏高，对水池寿命有影响，应先采取除碱措施，运行初期也应缩短换水周期。

测定各路电气设备的绝缘性和接地电阻，全部合格后调试人员方可下水调试。

一般调试方法是通过调节阀门和控制系统按各喷水循环系统分段调试。注意防止水柱相互撞击。

一般最大喷水高度应小于或等于喷头至就近水池壁的距离，个别短时喷水的水柱高可小于或等于该距离的2倍。

### （四）验收移交

调试合格后可办理验收移交。

一般需递交以下文件，并负责免费培训和质量三包。文件可参照《建设工程文件归档整理规范》（GB/T 50328—2001）。

1）竣工图。

2）使用保养说明书。

3）设备和主要材料清单及质保文件。

4）隐蔽工程测试合格报告。

# 项目七 园林项目假山工程

## 项目目标

1. 正确识读提供的园林项目工程的布局规划图。
2. 理解园林工程项目对假山的要求，并完成园林工程项目的假山设计。
3. 根据园林工程项目假山设计完成假山工程施工方案的编写。

## 项目提出

本项目为一街心游园工程，游园北、南、东侧紧邻城市道路，西南角有一幼儿园。它属于城市公共绿地建设项目，游园已经完成布局规划，现开始对游园进行单位工程设计，内容包括游园东南角假山的施工图设计和假山工程的施工方案编制。

## 项目分析

### （一）识图（图 7-1）

1）看图名、比例尺、指北针和图例说明。假山位于小游园东北角，是一个长 24m、宽 14m 的扇面型区域。图样比例尺为 1:300，主视点位于道路与广场的交点处和扇面圆心点以外。

2）看图中的图例符号，了解游园的建设内容。

游园的东北角需要设计一座假山，主要起障景作用，防止园内景观一览无余、进而加大景观深度。

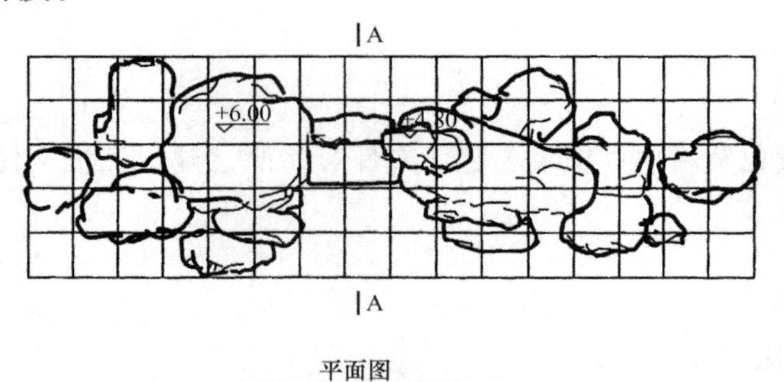




图 7-1 假山项目工程施工图

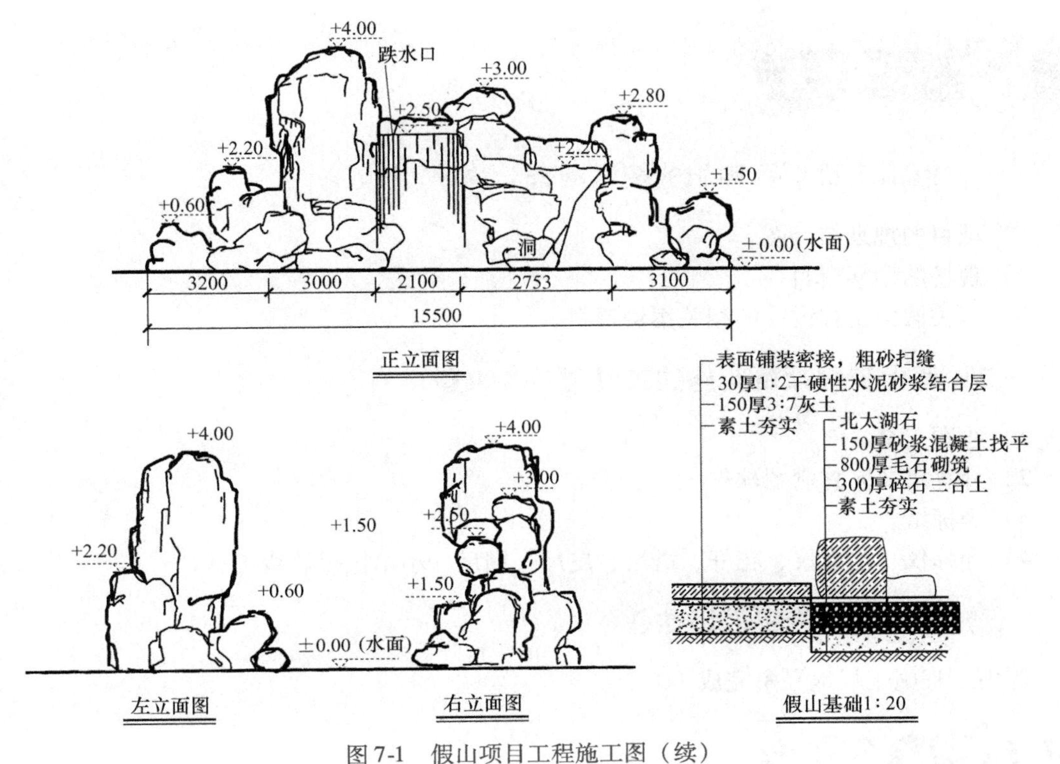


图 7-1　假山项目工程施工图（续）

## （二）设计施工任务分析

假山施工内容如图 7-2 所示。

## （三）项目工程实施的程序

项目实施程序如图 7-3 所示。

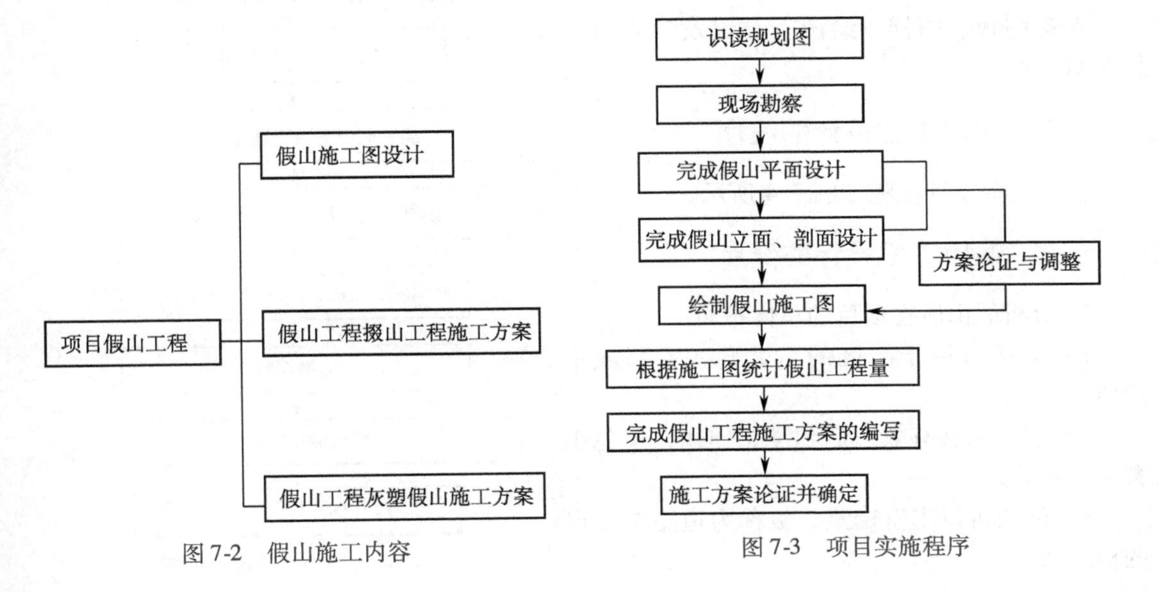


图 7-2　假山施工内容

图 7-3　项目实施程序

### （一）假山工程项目实施的技术准备

1）项目的规划布局图。
2）现场的勘察资料。
3）有关假山工程设计的相关案例资料。

### （二）假山工程项目实施的工具材料的准备

1）绘图工具。
2）计算机及园林制图软件。
3）坐标纸。
4）经纬仪、水准仪、花杆、塔尺、皮尺、钢尺、小木桩等放线工具。

### （三）假山工程施工现场准备

假山工程施工场地平整完成。

## 任务一　假山工程施工图设计

### （一）假山工程设计准备

准备图板、图样、绘图工具以及计算机制图工具软件。

### （二）假山工程设计的程序

假山工程设计流程如图7-4所示。

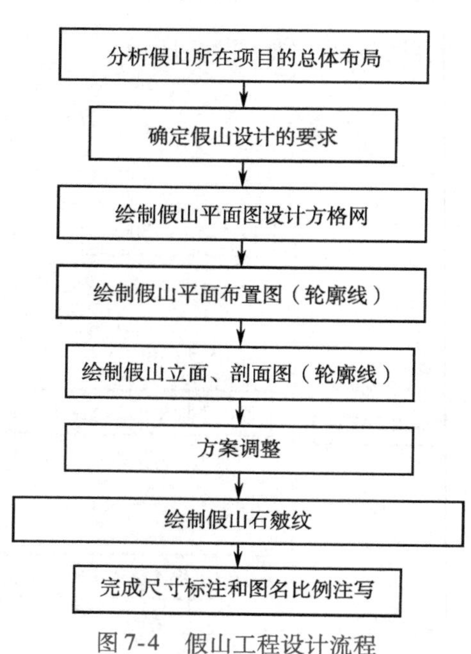


图7-4　假山工程设计流程

### （三）假山工程设计的要点

**1. 分析假山所在项目的总体布局**

1）本项目位于园区的东北角，紧邻城市道路。

2）假山能够有效地起到障景作用，避免小游园一览无余。

3）假山可以丰富街景，被称为道路交叉点的标志物。

4）保证假山从园内主要视点观看的舒适性。

**2. 假山施工图平面设计要求**

（1）平面布局与环境处理　根据假山所处的位置和假山的功能，考虑假山的视景效果。保证清晰的水平和垂直视角。经过测算，假山的尺度为12m×6.8m。

（2）绘制方格网　绘制1.0m×1.0m平面方格网。

（3）布脚　布脚即山脚轮廓线设计　就是对山脚线的线形、位置、方向的设计。假山在布脚时应按下述方法进行。

1）山脚线应当设计为回转自如的曲线形状，尽量避免成为直线。曲线向外凸，假山的山脚也随之向外凸出，向外凸出达到比较远的时候，就可形成山的一条余脉，曲线若是向里凹进，就可能形成一个回弯或山坳。

2）山脚曲线凸出或凹进的程度大小，根据山脚的材料而定。

3）山脚设计过程中要注意随弯就势宽窄变化，如同自然。

4）保持山体结构稳定。

（4）假山平面的变化手法

1）转折。假山的山脚线、山体余脉，甚至整个假山的平面形状，都可以采取转折的方法造成山势的回转、凹凸和深浅变化。

2）错落。山脚凸出点、山体余脉部分的位置，采取相互间不规则地错开处理，使山脚的凸凹变化显得很自由，破除了整齐的因素。

3）断续。假山的平面形状还可采用断续的方式来加强变化。

4）延伸。在山脚向外延伸和山沟向山内延伸的处理中，延伸距离的长短、延伸部分的宽窄和形状曲直以及相对两山以山脚相互穿插的情况等，都有许多变化。

5）环抱。将假山山脚线向山内凹进，或者使两条假山余脉向前伸出，都可以形成环抱之势。

6）平衡。假山平面的变化，最终应归结到山体各部分相对平衡的状态上。

**3. 假山立面造型设计**

（1）假山立面造型设计要点

1）变与顺，多样统一。假山用石有大有小，有宽有窄，有轻有重，应随机应变地运用多种拼叠技法，使假山造型既有自然之态，又有艺术之神，还有山石景观的丰富性和多样性。山石形态千变万化，表面纹理、线条要平顺统一，石材种类、颜色、质地要保持一致。

2）深与浅，层次分明。叠石造山要做到凹深凸浅，有进有退。

3）高与低，看山看脚。叠石造山，不但要注意山头、山体的造型，而且要注意山脚的造型。山脚起始开合、回弯折转布局。

4）态与势，动静相济。将山石的形态姿势处理成有明显方向性和奔趋性的倾斜状，将重心布置在较高处，使山石形体向外悬出。

5）藏与漏，虚实相生。以前山掩藏部分后山，使山后神秘莫测，而不知山路有多长；以灌木丛半掩山洞，以怪石、草丛掩藏山脚，以不规则山石分隔、掩藏山内空间。

（2）假山立面设计方法

1）确定意图。在设计开始之前，要确定假山的控制高度、宽度以及大致的工程量，确定假山所用的石材和假山的基本造型方向。

2）先构轮廓。根据假山设计平面图绘制轮廓，或者直接在纸上进行构思和绘草图。

3）反复修改。初步构成立面轮廓不一定能令人满意，还要不断推敲研究并反复修改，直至获得令人比较满意的轮廓图形为止。

4）确定构图。经过反复修改，立面轮廓图就可以确定下来了。

5）再构皴纹。在立面的各处轮廓都确定之后，要添绘皴纹线表明山石表面的凹凸、皱折、纹理形状。皴纹线的线形要根据山石材料的天然皱折纹理的特征绘出，也可参考国画、山水画的皴纹绘制。

6）增添配景。在假山立面适当部分添画植物。

7）画侧立面。主立面确定之后，应根据主立面各处的对应关系和平面图所示的前后位置关系，并参照上述方法步骤，对假山的一个重要侧立面进行设计，并完成侧立面图的绘制。

8）完成设计。以上步骤完成后，假山立面设计就基本成形了。这时，还要将立面图与平面图相互对照，检查其形状上的对应关系。如有不能对应的，要修改假山平面图，但也可根据平面图而修改立面图。平立面图能够对应后，即可以定稿了。最后，按照修改、添画定稿的图形，进行正式描图，并标注控制尺寸和特征点的高程，假山设计也就完成了。

**4. 假山工程结构设计**

假山的基本结构可以分为基础、山体和山顶三大部分。在局部假山区域中，还有山洞、悬崖等结构部分。

（1）假山基础设计　假山的基础设计要根据假山的类型和假山工程规模而定。人造土山和低矮的山石一般不需要基础，山体直接在地面上堆砌。高度在3m以上的山石，就要考虑设置适宜的基础，一般来说，高大、沉重的大型山石，需要选用混凝土基础或块石浆砌基础；高度和重量适中的山石，可用灰土基础或桩基础。几种基础的设计要点如下所述。

1）混凝土基础设计。混凝土基础从下至上的构造层次及其材料做法是这样的：最底下是素土地基，应夯实；素土夯实层之上，可做一个砂石垫层，厚30～70mm；垫层上面即为混凝土基础层。混凝土层的厚度及强度，在陆地上可设计为100～200mm；用C15混凝土，或按1:2:4～1:2:6的比例，用水泥、砂和卵石配成混凝土。在水下，混凝土层的厚度则应设计为500mm左右，强度等级应采用C20。在施工中，如遇到坚实的地基，则可挖素土槽浇注混凝土基础。

2）浆砌块石基础设计。设计这种假山基础，可用1:2.5或1:3水泥砂浆砌一层块石，厚度为300～500mm；水下砌筑所用水泥砂浆的比例则应为1:2。块石基础层下可铺30mm厚粗砂做找平层，地基应做夯实处理。

3）灰土基础设计。这种基础的材料主要是用石灰和素土按3:7的比例混合而成。灰土每铺一层厚度为30cm，夯实到15cm厚时，称为一步灰土。设计灰土基础时，要根据假山高度和体量大小来确定采用几步灰土。一般高度在2m以上的假山，其灰土基础可设计为一步素土加两步灰土。2m以下的假山，则可按一步素土加一步灰土设计。

4）桩基设计。现代假山的基础基本采用混凝土桩基础。做混凝土桩基，先要设计并预制混凝土桩，其下端仍应为尖头状。直径可比木桩基大一些，长度可与木桩基相似。

除了上述四种假山基础设计之外，在假山不太高、山体重量不大的情况下，还可以将基础设计为简易的灰桩基础或石钉夯土基础。

（2）山体结构设计　从外部能够看到假山的山体结构，是在假山立面造型设计中就已经解决了的。这里讲的山体结构，是指假山山体的内部结构。

1）环透式结构。采用环透结构的假山，其山体孔洞密布，穿眼嵌空，显得玲珑剔透。在叠山手法上，为了突出太湖石类的环透特征，一般多采用拱、斗、卡、搭、连、飘、扭曲、做眼等手法。

2）层叠式结构。假山结构若采用层叠式，则假山立面的形象就具有丰富的层次感，一层层山石叠砌为山体，山形朝横向伸展，或是敦实厚重，或是轻盈飞动，容易获得多种生动的艺术效果。主要方式有水平层叠和斜面层叠。

3）竖立式结构。这种结构形式可以造成假山挺拔、雄伟、高大的艺术形象。山石全部都采用立式堆叠，山体内外的沟槽及山体表面的主导皴纹线，都是从下至上竖立着的，因此整个山势呈向上伸展的状态。

（3）假山山顶的造型设计　山顶是假山立面上最突出、最能集中视线的部位。山顶的设计与施工直接关系到整个假山的艺术形象，因此，对山顶部分进行精心设计是很必要的。根据假山山顶造型中常见的形象特征，可将假山顶部的基本造型分为峰顶、峦顶、崖顶和平山顶四个类型。

1）峰顶设计。常见的假山山峰收顶形式有分峰式、合峰式、剑立式、斧立式、流云式和斜立式。

2）峦顶设计。常见的假山峦顶式有圆丘式峦顶、梯台式峦顶、玲珑式峦顶和灌丛式峦顶。

3）崖顶设计。山崖是山体陡峭的边缘部分，其形象与山的其他部分都不相同。山崖可作为重要的山景部分又可作为登高远望的观景点。常见的形式有平坡式崖顶、斜坡式崖顶、悬垂式崖顶和悬挑式崖顶。

4）平山顶设计。平山顶形式有平台式山顶、亭台式山顶和草坪式山顶。

**5. 假山工程施工图的绘制**

（1）图样比例　根据假山规模大小可选用1:200、1:100、1:50、1:20的图样比例。

（2）图样内容　假山工程施工图主要包括平面图、立面图、剖（断）面图、基础平面图等，对于要求较高的细部，还应绘制详图和书写设计说明。

1）平面图表示假山的平面布置、各部的平面形状、周围地形和假山所在总平面图中的位置。

2）立面图表现山体的立面造型及主要部位高度，与平面图配合，可反映出峰、峦、洞、壑的相互位置。为了完整地表现山体各面形态，便于施工，一般应绘出前、后、左、右四个方向的立面图。

3）剖面图表示假山某处内部构造及结构形式、断面形状、材料、做法和施工要求。

4）基础平面图表示基础的平面位置及形状。基础剖面图表示基础的构造和做法，当基础结构简单时，可同假山剖面图绘制在一起或用文字说明。

（3）尺寸标注　假山施工图中，由于山石素材形态奇特，施工中难以符合设计尺寸要求。因此，没有必要也不可能将各部尺寸一一标注，一般采用坐标方格网法控制。方格网的绘制，平面图以长度为横坐标，宽度为纵坐标；立面图以长度为横坐标，高度为纵坐标；剖面图以宽度为横坐标，高度为纵坐标。网格的大小根据所需精度而定，对要求精细的局部，可以用较小的网格示出。坐标网格的比例应与图中比例一致。

（4）假山平面图绘制的要点

1）绘制假山区的基本地形。

2）绘制假山的平面轮廓线，山洞、悬崖、巨石、石峰等的可见轮廓及配置的假山植物。

3）线型要求。假山山体平面轮廓线（即山脚线）用粗实线。平面图形内，悬崖、山石、山洞等可见轮廓的绘制则用标准实线。平面图中的其他轮廓线也用标准实线绘制。

4）尺寸标注。假山的形状是不规则的形状，因此在设计与施工的尺寸上就允许有一定的误差。在绘制平面图时，许多地方都不好标注或者为了施工方便而不能标注详尽、准确的尺寸。所以，假山平面图上主要是标注一些特征点的控制性尺寸，如假山平面的凸出点、凹点、转折点的尺寸和假山总宽度、总厚度，主要局部的宽度和厚度等。

（5）假山立面图绘制的要点

1）图样比例。应与统一设计的假山平面图比例一致。

2）图样内容。要绘制出假山立面所有可见部分的轮廓形状、表面皴纹，并绘制出植物等配景的立面图形。

3）线型要求。绘制假山立面图形一般可用白描画法。假山外轮廓线用粗实线绘制，山内轮廓以中粗实线绘出，皴纹线的绘制则用细实线。为了表达假山石的材料质感或阴影效果，也可在阴影处用点描或线描方法绘制，将假山立面图绘制成素描图，则立体感更强。但采用点描或线描的地方不能影响尺寸标注或施工说明的注写。

4）尺寸标注。假山立面图的方案图，可只标注横向的控制尺寸，如主要山体部分的宽度和假山总宽度等，在竖向方面，则用标高箭头来标注主要山头、峰顶、谷底、洞底、洞顶的相对高程。如果绘制假山立面施工图，则横向的控制尺寸应标注更详细一些，竖向也要对立面的各种特征点进行尺寸标注。

## 任务二　园林山石掇叠假山工程施工

由于其应用的广泛性，使得假山在很多建设项目中都得以应用，其施工技术也显得更为重要。假山设计的理论依据很多，尤其是一些古代山水画家的画论里有许多精辟的论述。假山的施工也是一个艺术再创造的过程，施工质量的好坏不仅是从受力分析上能满足山体的稳定，更重要的是假山置石的艺术效果。

施工单位应根据规程制定假山叠石工程的施工现场操作工艺流程，加强假山技工培训和技术考核，努力提高职工施工技术素质。施工人员应具有假山叠石等级证书，无证书的施工人员不得主持假山叠石工程。

凡列为假山叠石工程的施工应向有关部门办理项目施工许可证和工程质量监督等各项手续。综合工程中的假山叠石工程，应在主体工程、地下管线等完成后，方可进行施工。

假山叠石工程中的基础部分，应与土建相关的施工规程相符合。

### （一）施工准备

#### 1. 石料准备

建设单位应向施工单位提供设计单位设计的假山叠石工程主要设计工程图，严禁无图施工。假山叠石工程应根据设计施工图现场核对其平面位置及标高，如有不符，应由设计单位

作变更设计。在以上手续齐全后，由施工人员或假山师傅着手准备工作。

（1）石料的选购

1）选石遵循“是石堪堆”的原则。

2）尽量采用工程当地的石料，这样方便运输，以减少假山堆叠的费用。

3）石料的选购根据设计图样要求，充分理解设计意图并熟悉各种石料的产地和石料的特点后现场（山石产地、石料批发站等）选择。

4）假山叠石工程常用的自然山石，如太湖石、黄石、英石、斧劈石、石笋石及其他各类山石的块面、大小、色泽应符合设计要求。

5）根据假山工程的不同部位需要选择山石，如孤赏石、峰石的造型和姿态，必须达到设计构思和艺术要求。选用的假山石必须坚实、无损伤、无裂痕，表面无剥落。

（2）石料的运输　假山石在装运过程中，应轻装、轻卸。特殊用途的假山石，如孤赏石、峰石、斧劈石、石笋等，要轻吊、轻卸；在运输时，应用草包、草绳绑扎，防止损坏。假山石运到施工现场后，应进行检查，凡有损伤或裂缝的假山石不得作面掌石使用。

（3）石料的放置　石料运到工地后应分块平放在地面上以供“相石”之需。同时，还必须将石料分门别类，有秩序地排列放置。

**2. 施工机具准备**

拥有并能正确地、熟练地运用一整套适用于各种规模和类型的叠石造山的施工工具和机械设备，是保证叠石造山工程的施工安全、施工进度和施工质量的极其重要的前提。

（1）手工工具　铁铲、箩筐、镐、钯、灰桶、瓦刀、水管、锤、杠、绳、竹刷、脚手架、撬棍、小抹子、毛竹片、钢筋夹、木撑、三角铁架、手拉葫芦等。

（2）机械工具　假山堆叠需要的机械包括混凝土机械、运输机械和起吊机械。小型堆山和叠石用手拉葫芦就可完成大部分工程。

**3. 作业条件**

现场做到“四通一清”即可。

## （二）工艺顺序

叠筑山石工艺流程如图 7-5 所示。

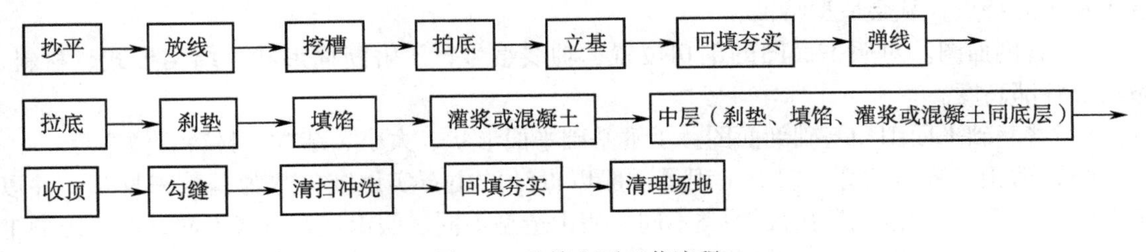


图 7-5　叠筑山石工艺流程

## （三）叠筑山石施工技术要点

**1. 叠筑山石施工前准备**

在假山施工开始之前，需要做好一系列的准备工作，才能保证工程施工的顺利进行。施工准备主要有备料、场地准备、人员准备和其他工作。

（1）施工材料的准备

1）山石备料。根据假山设计意图，确定所选用的山石种类。

2）辅助材料准备。水泥、石灰、砂石、铅丝等材料，也要在施工前全部运进施工现场堆放好。

3）工具与施工机械准备。首先应根据工程量的大小，确定施工中所用的起重机械。准备好杉木干和手拉葫芦，或者杉木干与滑轮、绞磨机等，如图 7-6 和图 7-7 所示。

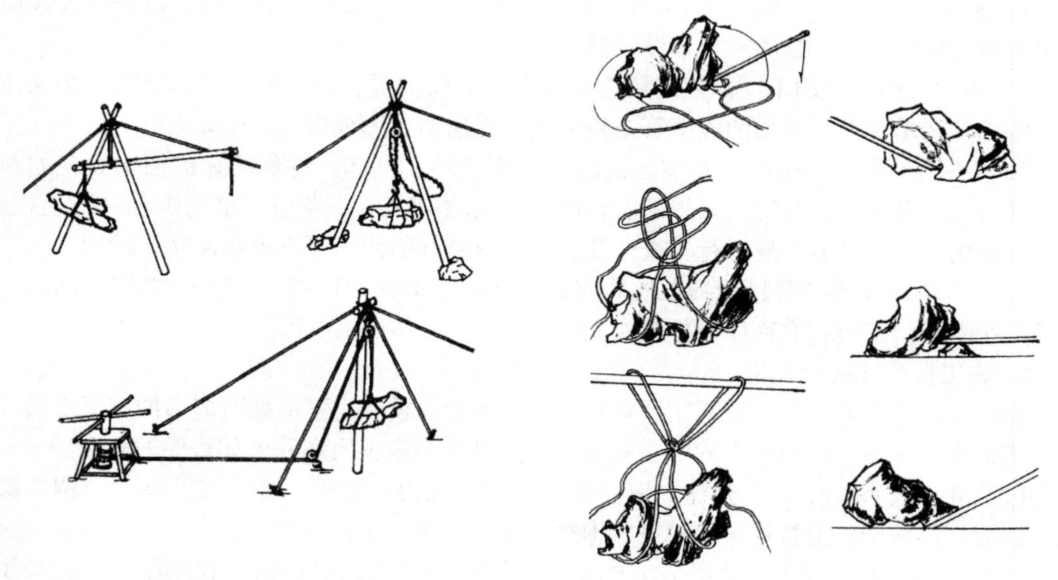

图 7-6　假山堆叠过程中的起重方法　　图 7-7　假山堆叠过程中的搬运方法

（2）施工图阅读　假山工程施工图的阅读，一般按以下步骤进行：

1）看标题栏及说明。从标题栏及说明中了解工程名称、材料和技术要求。

2）看平面图。从平面图中了解比例、方位、轴线编号，明确假山在总平面图中的位置、平面形状和大小及其周围地形等。

3）看立面图。从立面图中了解山体各部的立面形状及其高度，结合平面图辨析其前后层次及布局特点，领会造型特征。

4）看剖面图。对照平面图的剖切位置、轴线编号，了解断面形状、结构形式、材料、做法及各部高度。

5）看基础平面图和基础剖面图。了解基础平面形状、大小、结构、材料、做法等。

（3）假山工程量估算　假山工程量一般以设计的山石实用吨位数为基数来推算，并以工日数来表示。假山采用的山石种类不同、假山造型不同、假山堆筑方式不同，都要影响工程量。假山工程工日定额包括放样、选石、配置水泥砂浆及混凝土、吊装山石、堆砌、刹垫、搭拆脚手架、抹缝、清理、养护等全部施工工作在内的山石施工平均工日定额。

（4）施工人员配备　假山工程需要的施工人员主要分三类：施工主持人员、假山技工和普通工。

**2. 叠筑假山工程施工技术要点**

（1）假山定位与放线　首先在假山平面设计图中按 5m × 5m 或 10m × 10m（小型假山也

可用 2m×2m）的尺寸绘出方格网，在假山周围环境中找到可以作为定位依据的建筑边线、围墙边线或园路中心线，并标出方格网的定位尺寸。

按照设计图方格网及其定位关系，将方格网放大到施工场地的地面。在假山占地面积不大的情况下，方格网可以直接用白灰画到地面；在占地面积较大的大型假山工程中，也可以用测量仪器将各方格交叉点测放到地面，并在点上钉下坐标桩。放线时，用几条细绳拉直连上各坐标桩，就可表示地面的方格网。为了方便在基础工程完工后进行第二次放线，应在纵横两个方向上设置龙门桩。

以方格网放大法，用白灰设计图中的山脚线在地面方格网中放大绘出，把假山基底的平面形状（也就是山石的堆砌范围）绘在地面上。假山内有山洞的，也要按相同的方法在地面上绘出山洞洞壁的边线。最后，依据地面的山脚线，向外取 50cm 宽度绘出一条与山脚线相平行的闭合曲线，这条闭合曲线就是基础的施工边线。

（2）基础的施工　假山基础施工可以不用开挖地面而直接将地基夯实后做基础层，这样既可以减少土方工程量，又可以节约山石材料。当然，如果假山设计中要求开挖基槽，就应先挖基槽再做基础。

1）浆砌块石基础施工。砌块石基础的基槽宽度也和灰土基础一样，要比假山底面宽 50cm 左右，基槽底面夯实后，可用碎石、3:7 灰土或 1:3 水泥干砂铺在底面做一个垫层。垫层上再做基础层。做基础用的块石应为棱角分明、质地坚实、有大有小的石材，一般用水泥砂浆砌筑。用水泥砂浆砌筑块石可采用浆砌和灌浆两种方法。浆砌就是用水泥砂浆挨个地拼砌，灌浆则是先将块石嵌紧铺好后，再用稀释的水泥砂浆倒在块石层面上面，并促使其流动灌入块石的每条缝隙中。

2）混凝土基础的施工也比较简便。首先挖掘基础的槽坑，挖掘范围按地面的基础施工边线，挖槽深度一般可按设计的基础层厚度，但在水下做假山基础时，基槽的顶面应低于水底 10cm 左右。基槽挖成后夯实底面，再按设计做好垫层，然后，按照基础设计所规定的配合比，将水泥、砂和卵石搅拌配制成混凝土，浇注于基槽中并捣实铺平。待混凝土充分凝固硬化后，即可进行假山山脚的施工。

基础施工完成后，要进行第二次定位放线。第二次放线因根据布置在场地边缘的龙门桩进行，要在基础层的顶面重新绘出假山的山脚线。同时，还要在绘出的山脚平面图形中找到主峰、客山和其他陪衬山的中心点，并在地面作出标示。如果山内有山洞，还要将山洞的每个洞柱的中心位置找到并打下小木桩标出，以便于山脚和洞柱柱脚的施工。

（3）假山山脚施工　假山山脚直接落在基础之上，是山体的起始部分。俗话说："树有根、山有脚。"山脚是假山造型的根本，山脚的造型对山体部分有很大的影响。山脚施工的主要工作内容是拉底、起脚和做脚。这三个方面的工作是紧密联系在一起的。

1）拉底。所谓拉底，就是在山脚线范围内砌筑第一层山石，即做出垫底的山石层。拉底的方式和拉底山脚线的处理方法如下。

① 拉底的方式。假山拉底的方式有满拉底和周边拉底两种。

a）满拉底。满拉底就是在山脚线的范围内用山石满铺一层。这种拉底的做法适宜规模较小、山底面积也较小的假山，或在北方冬季有冻胀破坏的地方的假山。

b）周边拉底。周边拉底则是先用山石在假山山脚沿线砌成一圈垫底石，再用乱石碎砖或泥土将石圈内全部填起来，压实后即成为垫底的假山底层。这一方式适合基底面积较大的大型假山。

② 山脚线的处理。拉底形成的山脚边线也有两种处理方式：其一是露脚方式，其二是埋脚方式。

a）露脚。露脚即在地面上直接做起山底边线的垫脚石圈，使整个假山就像是放在地上似的。这种方式可以减少一点山石用量和用工量，但假山的山脚效果稍差一些。

b）埋脚。埋脚是将山底周边垫底山石埋入土下约20cm深，可使整座假山仿佛像是从地下长出来的。在石边土中栽植花草后，假山与地面的结合就更加紧密，更加自然了。

③ 拉底的技术要求。在拉底施工中，第一，要注意选择适合的山石来做山底，不得用风化过度的松散的山石。第二，拉底的山石底部一定要垫平垫稳，保证不能摇动，以便于向上砌筑山体。第三，拉底的石与石之间要紧连互咬，紧密地扣合在一起。第四，山石之间还是要不规则地断续相间，有断有连。第五，拉底的边缘部分要错落变化，使山脚线弯曲时有不同的半径，凹进时有不同的凹深和凹陷宽度，要避免山脚的平直和浑圆形状。

2）起脚。在垫底的山石层上开始砌筑假山，称为“起脚”。起脚石直接作用于山体底部的垫脚石，它和垫脚石一样，都要选择质地坚硬、形状安稳实在、少有空穴的山石材料，以保证能够承受山体的重压。

除了土山和带石土山之外，假山的起脚安排是宜小不宜大，宜收不宜放。起脚一定要控制在地面山脚线的范围内，宁可向内收一点，也不要向山脚线外突出。这就是说山体的起脚要小，不能大于上边准备拼叠造型的山体。即使因起脚太小而导致砌筑山体时的结构不稳，还有可能通过补脚来加以弥补；如果起脚太大，以后砌筑山体时造成臃肿的山形，就极易将山体结构震动松散，造成整座假山的倒塌隐患。起脚时，定点、摆线要准确。先选到山脚突出点的山石，并将其沿着山脚线先砌筑上，待多数主要的凸出点山石都砌筑好了，再选择和砌筑平直线、凹进线处所用的山石。这样，既保证了山脚线按照设计而成弯曲转折状，避免山脚平直的毛病，又使山脚凸出部位具有最佳的形状和最好的皴纹，增加了山脚部分的景观效果。

3）做脚。做脚就是用山石砌筑成山脚，它是在假山的上半部分山形山势大体施工完成以后，于紧贴起脚石外缘部分拼叠山脚，以弥补起脚造型的不足的一种操作技法。所做的山脚石虽然无需承担山体的重压，但却必须根据主山的上部造型来造型，既要表现出山体如同土中自然生长出来的效果，又要特别增强主山的气势和山形的完美。假山山脚的造型与做脚方法如下所述。

① 山脚的造型。假山山脚的造型应与山体造型结合起来考虑，在做山脚的时候就要根据山体的造型而采取相适应的造型处理，这样才能使整个假山的造型形象浑然一体，完整且丰满。在施工中，山脚可以做成以下几种形式。

凹进脚：山脚向山内凹进，随着凹进的深浅宽窄不同，脚坡做成直立、陡坡或缓坡都可以。

凸出脚：向外凸出的山脚，其脚坡可做成直立状或坡度较大的陡坡状。

断连脚：山脚向外凸出，凸出的端部与山脚本体部分似断似连。

承上脚：山脚向外凸出，凸出部分对着其上方的山体悬垂部分，起着均衡上下重力和承托山顶下垂之势的作用。

悬底脚：局部地方的山脚底部做成低矮的悬空状，与其他非悬底山脚构成虚实对比，可

增强山脚的变化。这种山脚最适于用在水边。

平板脚：片状、板状山石连续地平放山脚，做成如同山边小路一般的造型，突出了假山上下的横竖对比，使景观更为生动。

应当指出，假山山脚不论采用哪一种造型形式，其在外观和结构上都应当是山体向下的延续部分，与山体是不可分割的整体。即使采用断连脚、承上脚的造型，也还要“形断迹连，势断气连”，要在气势上也连成一体。

② 做脚的方法。在具体做山脚时，可以采用点脚法、连脚法或块面脚法三种做法。

a）点脚法。点脚法主要运用于具有空透型山体的山脚造型。所谓点脚，就是先在山脚线处用山石做成相隔一定距离的点，点与点之上再用片状石或条状石盖上，这样，就可在山脚的一些局部制造出小的洞穴，加强了假山的深厚感和灵秀感。在做脚过程中，要注意点脚的相互错开和点与点间距离的变化，不要造成整齐的山脚形状。同时，也要考虑到脚与脚之间的距离与今后山体造型用石时的架、跨、圈等造型相吻合、相适宜。点脚法除了直接作用于起脚空透的山体造型外，还常用于如桥、廊、亭、峰石等的起脚垫脚。

b）连脚法。连脚法就是做山脚的山石依据山脚的外轮廓变化，成曲线状起伏连接，使山脚具有连续、弯曲的线形。一般的假山都常用这种连续做脚方法处理山脚。采用这种山脚做法，主要应注意使做脚的山石以前错后移的方式呈现不规则的错落变化。

c）块面脚法。这种山脚也是连续的，但与连脚法不同的是，坡面脚要使做出的山脚线呈现大进大退的形象，山脚凸出部分与凹陷部分各自的整体感都要很强，而不是连脚法那样小幅度的曲折变化。块面脚法一般用于起脚厚实、造型雄伟的大型山体。

山脚施工质量的好坏，对山体部分的造型有直接影响。山体的堆叠施工除了要受山脚质量的影响外，还要受山体结构形式和叠石手法等因素的影响。

（4）山体堆叠施工　假山山体的施工，主要是通过吊装、堆叠、砌筑操作，完成假山的造型。由于假山可以采用不同的结构形式，因此在山体施工中也就相应要采用不同的堆叠方法。而在基本的叠山技术方法上，不同结构形式的假山也有一些共同的地方。下面就这些相同的和不同的施工方法作一些介绍。

1）山石的固定与衔接。在叠山施工中，不论采用哪一种结构形式，都要解决山石之间的固定与衔接问题，而这方面的技术方法在任何结构形式的假山中都是通用的，如图 7-8 所示。

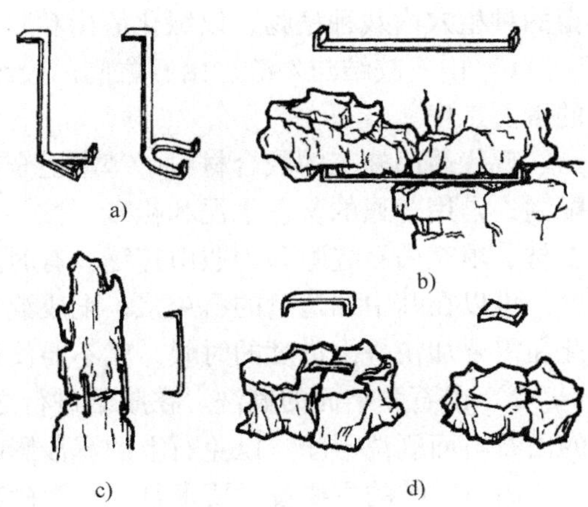


图 7-8　假山堆叠过程中的加固措施

a）铁吊架　b）铁扁担　c）铁爬钉　d）银锭扣

2）支撑。山石吊装到山体一定位点上，经过位置、姿态的调整后，就要将山石固定在一定的状态上，这时就要先进行支撑，使山石临时固定下来。支撑材料应以木棒为主，以木棒的上端顶着山石的某一凹处，木棒的下端则斜着落在地面，并用一块石头将棒脚压住。一般每块山石都要用 2 ~ 4 根木棒支撑，因此，工地上最好能多准备一些长短不同的木棒。此外，使用铁棍或长形山石，也可以作为支撑材料。支撑固定方法主要是针对大且重的山石，这种方法对后续施工操作将会有一些障碍。

3）捆扎。为了将调整好位置和姿态的山石固定下来，还可采用捆扎的方法。捆扎方法比支撑方法简便，而且对后续施工基本没有阻碍影响。这种方法最适宜体量较小山石的固定，对体量特大的山石则还应该辅之以支撑方法。山石捆扎固定一般采用 8 号 或 10 号铅丝。用单根或双根铅丝做成圈，套上山石，并在山石的接触面垫上或抹上水泥砂浆后再进行捆扎。捆扎时铅丝圈先不必收紧，应适当松一点；然后再用小钢钎将其绞紧，使山石无法松动。

对质地比较松软的山石，可以用铁爬钉打入两相连接的山石上，将两块山石紧紧地抓在一起，每一处连接部位都应打入 23 个铁爬钉。对质地坚硬的山石相连，要先在地面用银锭扣连接好后，再作为一整块山石用在山体上。或者，在山崖边安置坚硬山石时，使用铁吊架，也能达到固定山石的目的。

4）刹垫。山石固定方法中，刹垫是最重要的方法之一。刹垫是指用平稳小石片将山石底部垫起来，使山石保持平稳的状态。操作时，先将山石的位置、朝向、姿态调整好，再把水泥砂浆塞入石底。然后将小石片轻轻打入不平稳的石缝中，直到石片卡紧为止。一般在石底周围要打进 3 ~5 个石片，才能固定好山石。刹片（石片）打好后，要用水泥砂浆把石缝完全塞满，使两块山石连成一个整体。

5）填肚。山石接口部位有时会有凹缺，使石块的连接面积缩小，也使连接的两块山石之间成断裂状，没有整体感觉。这时就需要“填肚”。所谓填肚，就是用水泥砂浆把山石接口处的缺口填补起来，一直要填得与石面平齐。

（5）山石胶结与植物配置　除了山洞之外，在假山内部叠石时只要使石间缝隙填充饱满，胶结牢固即可，一般不需要进行缝口表面处理。但在假山表面或山洞的内壁砌筑山石时，却要一面砌石一面勾缝，并对缝口表面进行处理。在假山施工完成时，还要在假山上预留的种植穴内栽种植物，以绿化假山和陪衬山景。

1）山石胶结与勾缝。山石之间的胶结，是保证假山牢固和能够维持假山一定造型状态的重要工序。

现代假山施工的胶合材料，基本上全部用水泥砂浆或混合砂浆来胶合山石。水泥砂浆的配制，是用普通的灰色水泥和粗砂，按 1:1. 5 或 1:2. 5 的比例加水调制而成，主要用来黏合石材、填充山石缝隙和为假山抹缝。有时，为了增加水泥砂浆的和易性和对山石缝隙的充满度，可以在其中加适量的石灰浆，配成混合砂浆。但混合砂浆的凝固速度不如水泥砂浆，因此在需要加快叠山进度的时候，就不要使用混合砂浆。

2）山石胶结面的刷洗。在胶结进行之前，应当用竹刷刷洗并且用水管冲水，将待胶合的山石石面刷洗干净，以免石上的泥沙影响胶结质量。

山石胶结的主要技术要求是：水泥砂浆要在现场配制现场使用，不要用隔夜后已有硬化现象的水泥砂浆砌筑山石。最好在待胶结的两块山石的胶结面上都涂上水泥砂浆后，再相互贴合与胶结。两块山石相互贴合并支撑、捆扎固定好后，还要再用水泥砂浆把胶和缝填满，不留空隙。

山石胶结完成后，自然就在山石结合部位构成了胶合缝。胶合缝必须经过处理才能对假山的艺术效果具有最小的影响。

3）假山抹缝处理。用水泥砂浆砌好后，对于留在山体表面的胶合缝要给予抹缝处理。抹缝一般采用柳叶形的小铁抹，即以“柳叶抹”作工具，再配合手持灰板和盛水泥砂浆的

灰桶，就可以进行抹缝操作。

抹缝时应使缝口的宽度尽量窄些，不要使水泥浆污染缝口周围的石面，尽量减少人工胶合痕迹。对于缝口太宽处，要用小石片塞进填平，并用水泥砂浆抹光。在假山胶合抹缝施工中，抹缝的缝口形式一般采用平缝和阴缝两种，还有一种缝口抹成凸棱状的阳缝，因露出水泥砂浆太多，人工胶合痕迹明显，一般不在假山抹缝中采用。

平缝是指缝口水泥砂浆表面与两旁石面相互平齐的形式。由于表面平齐，能够很好地将被黏合的两块山石连成整体，而且不增加缝口宽度，所露出的水泥砂浆比较少，有利于减少人工胶合痕迹。

应当采用平缝的抹缝情况有：两块山石采用“连”、“接”或数块山石采用“拼”的叠石手法时、需要强化被胶合山石之间的整体性时、结构形式为层叠式的假山竖向缝口抹缝时、结构为竖立式的假山横向缝口抹缝时，都要采用平缝形式。

阴缝则是缝口水泥砂浆表面低于两旁石面的凹缝形式。阴缝能够最少地显露缝口中的水泥砂浆，而且有时还能够被当做石面的皴纹或皱褶使用。

在抹缝操作中一定要注意，缝口内部一定要用水泥砂浆填实，填到距缝口石面5～12mm处即可将凹缝表面抹平抹光。缝口内部若不填实在，则山石有可能胶结不牢，严重时也可能倒塌。

可以采用阴缝抹缝的情况有：需要增加山体表面的皴纹线条时、结构为层叠式的假山横向抹缝时、结构为竖立式的假山竖向抹缝时、需要在假山表面特意留下裂纹时。

4）胶和缝表面处理。假山所用的石材如果是灰色、青灰色山石，则在抹缝完成后直接用扫帚将缝口表面扫干净，同时也使水泥缝口的抹光表面不再光滑，从而更加接近石面的质地。对于假山采用灰白色湖石砌筑的，要用灰白色石灰砂浆抹缝，以使色泽近似。采用灰黑色山石砌筑的假山，可在抹缝的水泥砂浆中加入炭黑，调制成灰黑色浆体后再抹缝。对于土黄色山石的抹缝，则应在水泥砂浆中加进柠檬铬黄。如果是用紫色、红色的山石砌筑假山，可以采用铁红把水泥砂浆调制成紫红色浆体再用来抹缝。

除了采用与山石同色的胶凝材料抹缝处理可以掩饰胶合缝之外，还可以采用沙子和石粉来掩盖胶合缝。通常的做法是：抹缝之后，在水泥砂浆凝固硬化之前，马上用与山石同色的沙子或石粉洒在水泥砂浆缝口面上，并稍稍摁实，水泥砂浆表面就可粘满沙子。待水泥完全凝固硬化之后，用扫帚扫去浮沙，即可得到与山石色泽、质地基本相似的胶合缝缝口，而这种缝口很不容易引起人们的注意，这就达到了掩饰人工胶结痕迹的目的。采用沙子掩盖缝口时，灰色、青色的山石要用青沙；灰黄色的山石，要用黄沙；灰白色的山石，则应用灰白色的河沙。采用石粉掩饰缝口时，则要用同种假山石的碎石来锤成石粉使用。这样虽然要多费一些工时，但由于石质、颜色完全一致，掩饰的效果良好。

假山抹缝以及缝口表面处理完成之后，假山的造型、施工工作也就基本完成了。这时一般还应在山上配置一些植物，以使假山获得生气勃勃的景观表现。

5）假山上的植物配置。在假山上，许多地方都需要栽种植物，要用植物来美化假山、营造山林环境和掩饰假山上的某些缺陷。在假山上栽种植物，应在假山山体设计中将种植穴的位置考虑在内，并在施工中预留下来。

种植穴是在假山上预留的一些孔洞，专用来填土栽种假山植物，或者作为盆栽植物的放置点。假山上的种植穴形式很多，常见的有盆状、坑状、筒状、槽状、袋状等，可根据具体的假山局部环境和山石状况灵活地确定种植穴的设计形式。穴坑面积不用太大，只要能够栽种中小型灌木即可。

假山上栽植的植物不应是树体高大、叶片宽阔的树种，应该选用植株高矮适中、叶片狭小的植物，以便能够在对比中有助于小中见大效果的形成。假山植物应以灌木为主。一部分假山植物要具有一定的耐旱能力，因为在假山的上部种植穴中能填进的土壤很有限，很容易变得干燥。在山脚下可以配置麦冬草、沿阶草等草丛，用茂密的草丛遮掩一部分山脚，可以增加山脚景观的表现力。在崖顶配置一些下垂的灌木如迎春花、金钟花、蔷薇、五叶地锦等，可以丰富崖顶的景观。在山洞洞口的一侧，配置一些金丝桃、棣棠、金银木等半掩洞口，能够使山洞显得深不可测。在假山背面，可多栽种一些枝叶浓密的大灌木，以掩饰假山上一些缺陷之处，同时还能为假山提供背景的依托。

### （四）假山工程质量检测与验收

假山工程验收应遵照绿化工程施工规程的各项规定办理。每批运到工地的假山石料，应在施工前由施工人员现场验收。部分工序应进行中间验收，并做好验收记录，如假山、立峰、水池、石笋、花坛、溪流等的定点、放样，假山、水池、溪流的基槽及基础等。

工程竣工验收时，施工单位应提供中间验收各类资料、施工图及修改补充说明、大中型假山的施工组织设计。工程竣工验收应请建设单位、设计人员、质监部门等参加，不合格的工程应返工。竣工验收后，必须填制竣工验收单。假山叠石工程所有文件，包括设计、施工验收的各类资料，应整理归案。

**1. 基础及土方工程质量检查**

1）基础开挖土方深度必须清除浮土、挖至老土。

2）假山叠石工程基础必须符合设计要求。

3）单块高度大于1.2m的山石与地坪，墙基黏结处必须用混凝土窝脚。

4）基础、柱桩、土方尺寸的允许偏差及检验方法见表7-1。

表7-1 基础、柱桩、土方尺寸的允许偏差及检验方法

| 项次 | 项目 | | 允许偏差/mm | | 检验方法 |
|---|---|---|---|---|---|
| | | | 基础 | 柱桩 | |
| 1 | 基础 | 标高 | 0 | -50 | 用仪器检查 |
| | | 长度、宽度 | +100 | 0 | 用线拉和尺量检查 |
| 2 | 柱桩 | 长 | 0 | +100 | 用尺量检查 |
| | | 粗 | 0 | +20 | |
| | | 间距 | +20 | 0 | |
| 3 | 土方表面平整度 | | 0 | -50 | 用2m靠尺和楔形塞尺检查 |

**2. 主体工程质量检查**

1）检查假山主体工程形体必须符合设计要求，截面必须符合结构要求，无安全隐患。

2）检查假山石种是否统一，成色纹路有无显著差异。

3）检查山石堆叠是否符合要求：堆叠搭接处应冲洗清洁；石料设置稳固、刹石（垫片）位置准确得法，每层“填肚”及时凝固后形成整体。

4）检查叠石堆置走向，嵌缝应符合下列规定。

① 假山石料应坚实，不得有明显的裂痕、损伤、剥落现象。

② 叠石堆置纹理基本一致。

③ 搭接嵌缝应使用高强度等级水泥砂浆勾嵌缝，砂浆竖向设计嵌暗缝，水平可嵌明缝，嵌缝砂浆宽度应为3～4cm，基本平直光滑，色泽应与假山石基本相似。

# 任务三　灰塑假山施工

塑山是近年来新发展起来的一种造山技术，它是充分利用混凝土、玻璃钢、有机树脂等现代材料，以雕塑艺术的手法仿造自然山石的总称。塑山工艺是在继承发扬岭南庭园的山石景艺术和灰塑传统工艺的基础上发展起来的，具有与真石掇山、置石同样的功能，因而在现代园林中得到广泛使用。

塑山的特点为：

1）可以根据人们的意愿塑造出比较理想的艺术形象——雄伟、磅礴、富有力感的山石景，特别是塑造难以采运和堆叠的巨型奇石。

2）塑山造型能与现代建筑相协调，随地势、建筑塑山。

3）用塑石可表现黄蜡石、英石、太湖石等不同石材所具有的风格；可以在非产石地区布置山景；可利用价格较低的材料，如砖、沙、水泥等获得较高的山景艺术效果。

4）施工灵活方便，不受地形、地物限制，在重量很大的巨型山石不宜进入的地方，如室内花园、屋顶花园等，仍可塑造出壳体结构的、自重较轻的巨型山石。利用这一特点可掩饰、伪装园林环境中有碍景观的建筑物、构筑物。

5）根据意愿预留位置栽植植物，进行绿化。

## （一）施工准备

**1. 施工材料准备**

镀锌钢材、碎砖、玻璃纤维、添加剂、脚手架、钢筋、钢丝网、焊条、水泥砂浆、颜料。

**2. 施工机具准备**

电焊机、抹子、水泥槽、切割喷射机、空气压缩机、挤压机、搅拌机。

**3. 作业条件**

场地做到“四通一清”，基础施工完成。

## （二）工艺顺序

**1. 砖骨架塑山**

砖骨架塑山的工艺顺序为：放样开线→挖土方→浇混凝土垫层→砖骨架→打底→造型→面层批荡及上色修饰→成形。

**2. 钢骨架塑山**

钢骨架塑山的工艺顺序为：放样开线→挖土方→浇混凝土垫层→焊接钢骨架→做分块钢

架铺调钢丝网→双面混凝土打底→造型→面层批荡及上色修饰→成形。

## （三）塑山工程施工技术要点

### 1. 基架设置

塑山的骨架结构有砖结构、钢架结构、混凝土结构或者三者结合的结构；也有的利用建筑垃圾、毛石作为骨架结构。砖结构简便节省，方便修整轮廓，对于山形变化较大的部位，可结合钢架、钢筋混凝土悬挑。山体的飞瀑、流泉和预留的绿化洞穴位置，要对骨架结构做好防水处理。

坐落在地面的塑山要有相应的地基处理，坐落在室内的塑山则需根据楼板的构造和荷载条件进行结构计算，包括地梁和钢材梁、柱和支撑设计等，施工中应在主基架的基础上加密支撑体系的框架密度，使框架的外形尽可能接近设计的山体形状。

（1）钢筋铁丝网塑石构造　要先按照设计的岩石或假山形体，用Φ12 左右的钢筋，编扎成山石的模胚形状，作为其结构骨架。钢筋的交叉点最好用电焊焊牢，然后再用铁丝网蒙在钢筋骨架外面，并用细铁丝紧紧地扎牢。接着，就用粗砂配制的 1:2 水泥砂浆，从石内石外两面进行抹面。一般要抹面 2 ~ 3 遍，使塑石的石面壳体总厚度达到 4 ~ 6cm。采用这种结构形式的塑石作品，石内一般是空的，不能受到猛烈撞击，否则山石容易遭到破坏。

（2）砖石填充物塑石构造　先按照设计的山石形体，用废旧的砖石材料砌筑起来，砌体的形状大致与设计的石形差不多，为了节省材料，可在砌体内砌出内空的石室，然后用钢筋混凝土板盖顶，留出门洞和通气口。当砌体胚形完全砌筑好后，就用 1:2 或 1:2. 5 的水泥砂浆，仿照自然山石石面进行抹面。以这种结构形式做成的人工塑石，石内有实心的，也有空心的。

### 2. 泥底塑型

用水泥、黄泥、河沙配置成可塑性较强的砂浆，在已砌好的骨架上塑形，反复加工，使造型、纹理、塑体和表面刻画基本上接近模型。在塑造过程中，水泥砂浆中可加纤维性的附加料以增加表面抗拉的力量，减少裂缝，常以 M7. 5 水泥砂浆作初步塑型，形成大的峰峦起伏的轮廓，如石纹、断层、洞穴、一线天等自然造型。若为钢骨架，则应先抹白水泥麻刀灰两遍，再堆抹 C20 豆石混凝土，然后于其上进行山石皴纹造型。

### 3. 塑面

在塑体表面进一步细致地刻划石的质感、色泽、纹理和表层特征。质感和色泽根据设计要求，用石粉、色粉按适当比例配白水泥或普通水泥调成砂浆，按粗糙、平滑、拉毛等塑面手法处理。纹理的塑造，一般来说，直纹为主、横纹为辅的山石，较能表现峻峭、挺拔的姿势；横纹为主、直纹为辅的山石较能表现潇洒、豪放的意象；综合纹样的山石则能表现深厚、壮丽的风貌。常用 M15 水泥砂浆罩面塑造山石的自然皴纹。

（1）人工塑石的构造　人工塑造的山石，其内部构造有两种形式，其一是钢筋铁丝网构造，其二是砖石填充物构造。

（2）塑石的抹面处理　人工塑石能不能够仿真，关键在于石面抹面层的材料、颜色和施工工艺水平。要仿真，就要尽可能地采用相同的颜色，并通过精心的抹面和石面裂纹、棱角的精心塑造，使石面具有逼真的质感，才能达到作假成真的效果。

用于抹面的水泥砂浆，应当根据所仿造山石种类的固有颜色，加进一些颜料调制成有色

的水泥砂浆。在配置彩色水泥砂浆时，水泥砂浆的颜色应比设计的颜色稍深一些，待塑成山石后其色度会稍稍变得浅淡。

石面不能用铁抹子抹成光滑的表面，而应该用木制的砂板作为抹面的工具，将山石抹成稍稍粗糙的磨砂表面，才能更加接近天然的石质。石面的皴纹、裂缝、棱角应按所仿造的岩石的固有棱缝来塑造。如模仿的是水平的砂岩岩层，那么石面的皴裂及棱纹中，在横的方向上就多为比较平行的横向线纹或水平层理；而在竖向上，则一般是方岩层自然纵裂形状，裂缝有垂直的也有倾斜的，变化就多一些。如果是模仿不规则的块状巨石，那么石面的水平或垂直皴纹裂缝就应比较少，而更多的是不太规则的斜线、曲线、交叉线形状。

总之，石面形状的仿造是一项需要精心施工的工作，它对施工操作者仿造水平的要求很高，对水泥砂浆材料及颜色的配制要求也是比较高的。

**4. 设色**

在塑面水分未干透时进行设色，基本色调用颜料粉和水泥加水拌匀，逐层洒染。在石缝孔洞或阴角部位略洒稍深的色调，待塑面九成干时，在凹陷处洒上少许绿、黑或白色等大小、疏密不同的斑点，以增强立体感和自然感。

彩色水泥混浆的配制方法主要有以下两种：

1）采用彩色水泥直接配制而成。如塑黄石假山时采用黄色水泥，塑红石假山则用红色水泥。此法简便易行，但色调过于呆板和生硬，且颜色种类有限。

2）白色水泥中掺加色料。此法可配制成各种石色，且色调较为自然逼真，但技术要求较高，操作亦较为烦琐。

以上两种配色方法，各地可因地制宜选用，色浆配合比要求见表7-2。

**表7-2　色浆配合比要求**　（单位：kg）

| 仿色＼用量＼材料 | 白水泥 | 普通水泥 | 氧化铁黄 | 氧化铁红 | 硫酸钡 | 107胶 | 黑墨汁 |
| --- | --- | --- | --- | --- | --- | --- | --- |
| 黄石 | 100 | — | 5 | 0.5 | — | 适量 | 适量 |
| 红色山石 | 100 | — | 1 | 5 | — | 适量 | 适量 |
| 通用石色 | 100 | 30 | — | — | — | 适量 | 适量 |
| 白色山石 | 100 | — | — | — | 5 | 适量 | 适量 |

## （四）塑石与塑山的质量控制

1）检查采用的基架形式是否符合设计要求，基架坐落的载体结构是否安全可靠；基架加密支撑体系的框架密度和外形是否与设计的山体形状相似或靠近。

2）检查铺设钢丝网的强度和网目密度是否满足挂浆要求；钢丝网与基架绑扎是否牢靠。

3）检查水泥砂浆表面抗拉力量和强度是否满足施工要求；砂浆照面塑造皴纹是否自然协调；塑形表面石色是否符合设计要求，着色是否稳定耐久。

4）检查保护剂质量和涂刷工艺质量是否符合规定要求，保护剂的涂刷附着良好，不得有脱皮、起泡和漏涂等缺陷。

>>> 知识链接

## 玻璃纤维强化水泥塑山(GRC 技术)

GRC 是玻璃纤维强化水泥(Glass Fiber Reinforced Cement)的简称,或称为 GFRC。其基本概念是一种含氧化锆的抗碱玻璃纤维与低碱水泥砂浆混合固化后形成的一种高强的复合物。GRC 于 1968 年由英国建筑研究院马客达博士研究成功并由英国皮金顿兄弟公司将其商品化,用于墙面装饰、建材、造园等领域。目前,在世界各地用于制作影视大型场景、假山、园林景点、背景衬托等室内外景观,取得了较好的艺术效果。

GRC 用于假山造景,是继灰塑、钢筋混凝土塑山、玻璃钢塑山后,人工创造山景的又一种新材料、新工艺。它具有可塑性好、造型逼真、质感好、易工厂化生产,材料质量轻、强度高、抗老化、耐腐蚀、耐磨、造价低、不燃烧、现场拼装施工简便的特点。可用于室内外工程,能较好地与水、植物等组合创造出美好的山水点景。玻璃纤维强化水泥(GRC)喷吹塑山工艺,克服钢砖骨架塑山的自重大、纹理处理难、褪色快、施工难度大等不足,突出了纹理逼真、施工简洁、造价低、自重轻、强度高、耐老化等优点。

GRC 塑山分为现场拼装和喷吹塑山两种类型。

**1. 拼装叠山**

GRC 人造岩石现场拼装叠山方式,施工快速简便,施工场地整洁有序,施工工艺简单,可塑性大,可满足特殊造型表现要求,可在工厂加工成各种复杂形体,与植物水景等配合,可使景观更富于变化和表现力。GRC 玻璃纤维强化水泥人造岩石,主要成分是由耐碱玻璃纤维、砂、水泥及添加剂组成。

在工厂采用先进的岩石复制技术及设备制成岩石板材,施工时,根据设计师的要求,板材可任意切割、拼装及上颜色完成。具有任意造型及可选择颜色等特点,颜色可改变,是天然岩石无法做到的,并可节省大量天然岩石,是一种环保新产品。根据山体大小和重量,计算基础砌筑的强度,一般比天然石头的要求低,简易基础即可,其他叠山手法通用。

**2. 喷吹塑山**

与钢骨架塑山的工艺相近,包括:放样开线→挖土方→浇混凝土垫层→焊接钢骨架→做分块钢架铺调钢丝网→假山胎膜制作→面层修饰→敷料混合→喷吹→养护→成型。具体流程如图 7-9 所示。

塑山的骨架采用镀锌型材,焊接口要作永久防锈处理。胎膜做好后要根据假山纹理表现,对面层做大纹理的处理,模拟天然石头的褶皱、凹凸、肌理,不能做得非常平整光滑,适当粗糙些利于粘覆敷料。喷涂浆料由低碱水泥、砂、外加剂、水及玻璃纤维按特定比例混拌均匀,用高压空气压缩机加压后喷出,一般分 2～3 次喷完,基层可用粗粒喷头,最后的喷头要细密。大面积喷之前,先试验小样,观察颗粒大小和喷头的孔径是否合适,需要把天然石中的斑点颗粒表现出来。喷涂前需要搭遮阳防雨篷,防止养护期间受暴雨冲刷。

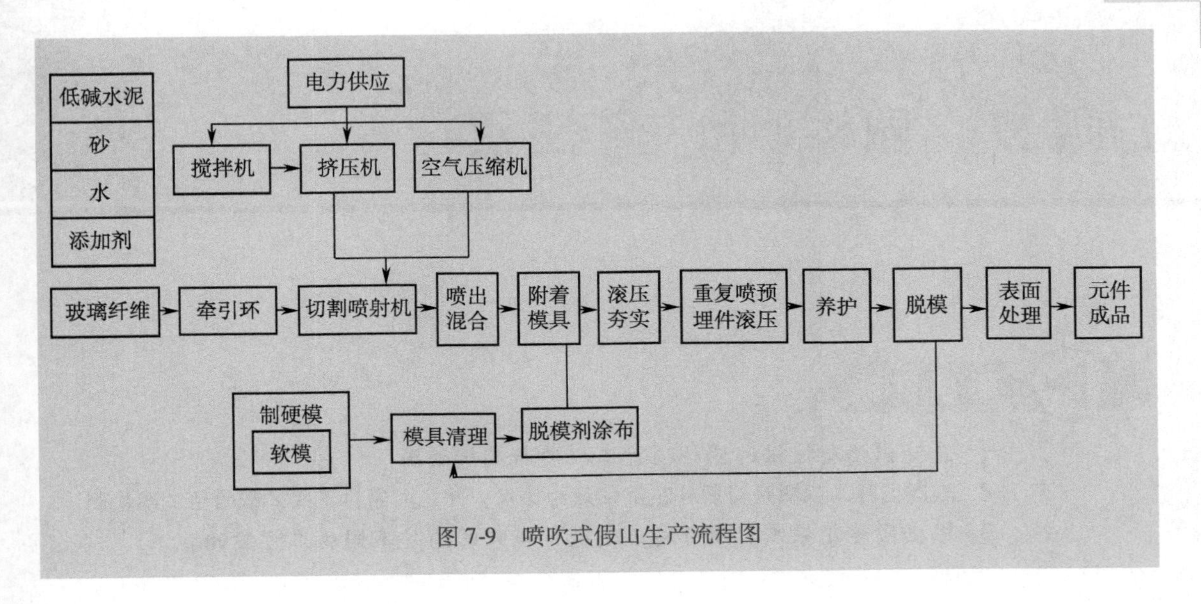


图 7-9　喷吹式假山生产流程图

# 项目八　园林项目花架工程

## 项目目标

1. 正确识读所提供的园林项目工程的布局规划图。
2. 理解园林工程项目对园林花架设计的要求，并完成园林花架工程的施工图绘制。
3. 根据园林花架工程项目施工图进行花架的两种不同施工方案的施工。

## 项目提出

花架工程位于小游园内，为一环形钢筋混凝土结构的花架，工程实施内容包括根据小游园的总体布局要求，绘制花架工程施工图并完成现场浇筑工程和装配施工两种不同施工方案的编制。花架施工图如图 8-1 所示。

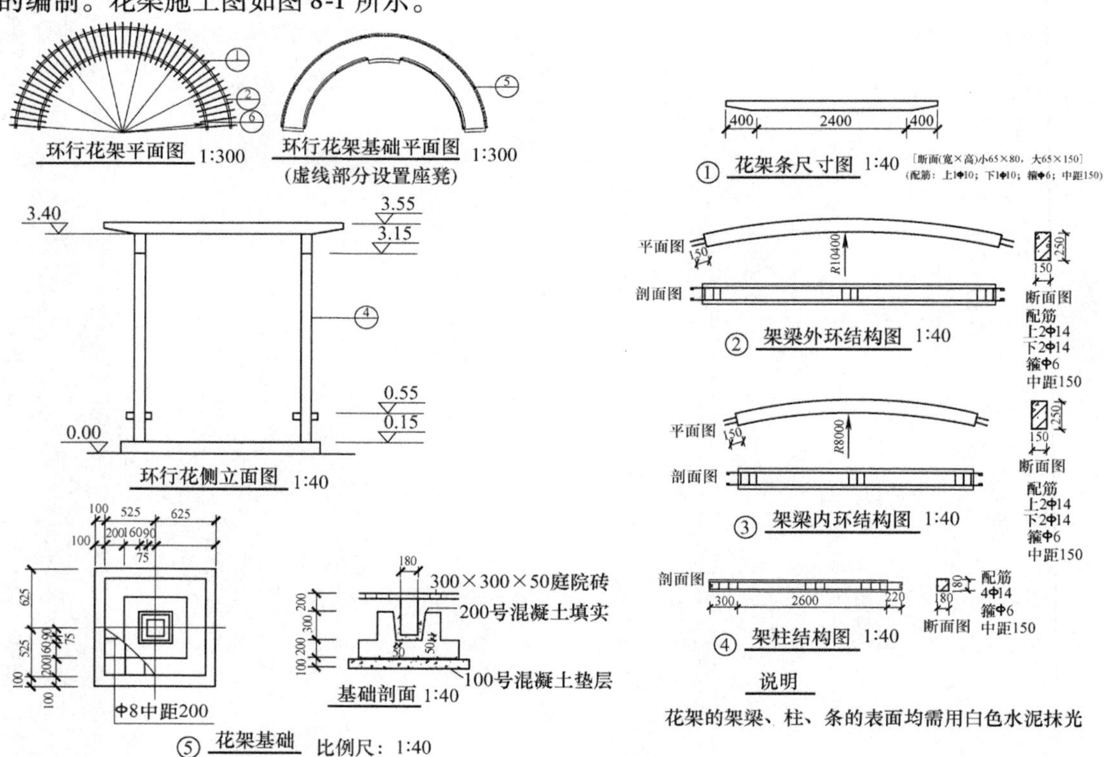


图 8-1　花架施工图

## 项目分析

### （一）识图并理解设计意图

1）看图名、比例尺、指北针和图例说明。该花架为一钢筋混凝土结构花架。

2）看图中的图例符号，了解项目建设的内容。

花架施工图包括：花架的平面图、立面图、构件详图和节点详图。

花架工程的分项工程包括：土方工程、模板工程、钢筋工程、混凝土工程、装饰工程等。

3）看图中的花架结构尺寸：包括定型尺寸、定位尺寸、构件的三维尺寸和高程尺寸。

### （二）项目任务分析

花架施工内容分解如图 8-2 所示。

### （三）项目工程实施的程序

园林花架工程施工程序如图 8-3 所示。

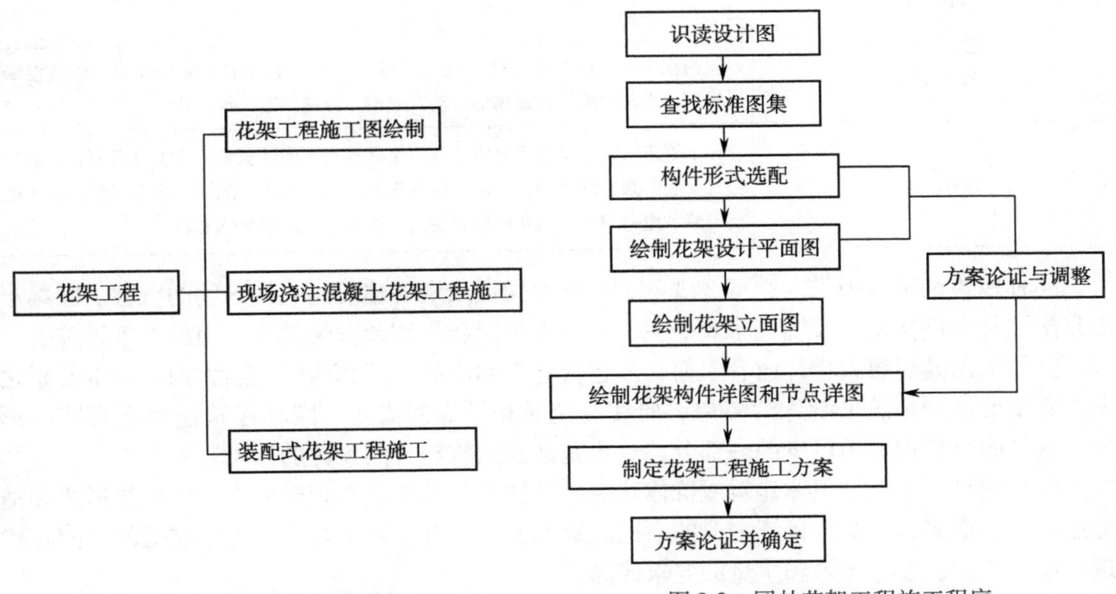


图 8-2　花架施工内容分解　　图 8-3　园林花架工程施工程序

## 项目准备

### （一）花架工程项目实施的技术准备

项目设计总平面图；项目立意分析；项目扩初设计图；项目设计资料收集与案例分析。

### （二）工具准备

准备图样、笔等相关绘图工具。

### （三）资料准备

项目设计说明；项目施工组织设计与施工方案；项目设计概算。

### （四）园林建筑与小品工程施工项目分解（见表8-1）

表8-1 园林建筑与小品工程施工项目分解

| 序 号 | 分部工程名称 | 分项工程名称 |
| --- | --- | --- |
| 1 | 地基与基础工程 | 土方、沙、砂石、灰土和三合土地基，防水混凝土结构，水泥砂浆防水层，卷材防水层，模板，钢筋，混凝土，砌砖，砌石，钢结构焊接、制作、安装、油漆 |
| 2 | 主体工程 | 模板，钢筋，混凝土，构件安装，砌砖，钢结构焊接、制作、安装、油漆，木结构 |
| 3 | 地面与楼面工程 | 基层，整体楼，地面，板块，木质楼板 |
| 4 | 门窗工程 | 木门窗制作，木、钢、铝、塑钢门窗的安装 |
| 5 | 装饰工程 | 抹灰、油漆、刷（喷）浆（塑），饰面，罩面板及钢木骨架，细木制品，花饰安装，木结构 |
| 6 | 屋面工程 | 屋面找平层、保温（隔热）层、卷材防水层，油膏嵌缝涂料屋面，细石混凝土屋面，平瓦屋面，筒瓦屋面，波瓦屋面，栽植屋面，水落管 |
| 7 | 水电工程 | 给水管道安装、给水管道附件及卫生器具给水配件安装、排水管道安装、卫生器具安装、架空线路和杆上电气设备安装、电缆线路、配管及管内穿线、低压电器安装、电器照明器具及配电箱安装、避雷针及接地装置安装 |

园林建筑是园林中供人游览、观赏、休憩并构成景观的建筑物或构筑物的统称。园林小品是指园林中供休息、装饰、景观照明、展示和为园林管理及方便游人之用的小型设施。

园林无论其规模大小，内容繁简，都包含建筑和小品，园林建筑是园林四种基本要素之一，其主要功能是满足游人的游憩、居住、交通和供应的需要，园林建筑还要具有特殊形象，这是园林景观必不可少的一部分，这也是区别园林与天然景区的标志。

园林建筑，无论是单体建筑或群体建筑，其体量与其他建筑相形见小；而建筑形式和结构形式却丰富多彩，既有传统古典的、民族地方的，还有中西结合的、古今交融的；园林建筑对设计艺术、建造技术和质量的要求较高。

一个好的建筑施工选择必须针对结构的类型，适应不同结构的施工特点，要符合国家计划或承包合同的要求，能体现一定的施工技术水平，并能满足“好、省、快、安全”的施工总要求。但这一切必须建立在符合实际施工条件（如经济情况、物资供应情况、技术力量情况等）的基础上，下面结合常见园林建筑工程的施工特点说明施工方案的主要内容，这里介绍多层混合结构园林建筑施工方案。

**1. 基础施工阶段**

混合结构园林建筑一般采用条形基础，基础宽度较小，埋置深度不大，土方量较少，所

以常采用单斗反铲挖土机或人工开挖。当房屋带有地下室时，土方开挖量较大，除使用反铲挖土机外，还可考虑采用正铲或拉铲挖土机施工，对基础埋置不深（如埋深小于2m）而面积较大的基坑大开挖，往往采用推土机进行施工效果较好。当然，如果土方开挖是在地下水位以下，应首先采用人工降低地下水位的方法，把地下水位降到坑底标高以下，或在施工中采用明沟排水的方法。采用哪种降水、排水方法要视基坑的形状、大小以及土质情况而定。无论采用哪种排水、降水措施，在施工中都应不停抽水，直到做完基础并在回填土开始施工时方可停止。

1）为减少工程费用，在场地允许的条件下，应通过计算把回填用的土方就近堆放，多余的土方一次运到弃土地点，并尽量避免土方的二次搬运。

2）在雨水多的地区，要注意挖基槽和做垫层的施工，安排要紧凑，时间不宜隔得太长，以防雨后基槽灌水或晾晒过度而影响地基的承载能力。

3）基槽回填土，一般在基础完工后一次分层夯填完成，这样既可避免基槽遇雨水浸泡，又为主体工程的施工创造了工作条件，室内回填土，最好与基槽回填土同时进行。

4）土方施工中，每天开挖前应检查基槽边坡的状况，做好放坡或加支撑，在施工中要有明确的安全技术措施及保证质量的措施。

**2. 主体施工阶段**

混合结构园林建筑一般是横墙承重，在砖墙圈梁上铺放预制空心楼板，砌筑和吊装是它的关键工作。所以，确定垂直起重运输机械就成为主体施工方案的关键。

在选择起重机械时，首先应考虑可能获得的机械类型，再根据构件的最大重量进行选择，如果选用了移动式塔式起重机，一般不同时竖立井架或龙门架，以便充分发挥机械的使用效能。在主体施工完成后可拆除起重机，立起井架做装修。但当装修与主体搭接施工时，可采用塔机与井架综合使用的方案。水平运输除可利用起重机外，在建筑物上可准备手推车分散起重机吊上来的砖和砂浆等；在建筑物下的现场，可准备机动翻斗车从搅拌站运输混凝土或砂浆到吊升地点。在确定了水平、垂直运输方案后，要结合工程特点确定主要工序的施工方法。一般多层混合结构建筑应选择立杆式钢管脚手架或桥式脚手架等做外架，内脚手架可采用内平台架等。模板工程应考虑现浇混凝土部位的特点，采用木模板、组合钢模板。如砖墙圈梁的支模常采用硬架支模，这时吊装预制板，板下应架好支撑，现浇卫生间楼盖的支模、绑扎钢筋可安排在墙体砌筑的最后一步插入，在浇筑圈梁混凝土的同时浇筑卫生间楼板。当采用现浇钢筋混凝土浇筑楼板时，楼梯支模应与砌筑同时进行，以便瓦工留槎，现浇楼梯应与楼层施工紧密配合，以免拖长工期。主体阶段各层楼梯段的安装必须与砌墙和安楼板紧密配合，它们应同时完成，阳台安装应在吊装楼板之后进行，并与圈梁钢筋锚固在一起。另外，拆除模板也是主体施工阶段应注意的一个问题，一定要保证混凝土的强度达到规定的拆模强度，这一强度应以和结构同条件养护的试块抗压强度试验为准。

在制定施工方法的同时，应提出相应的保证质量和安全的技术措施。如砌墙时，皮竖杆的竖立、排砖撂底的要求，留槎放拉结筋的要求，游丁走缝的控制等。支模时，如何保证模板严密不漏浆，构造柱如何保证质量，混凝土施工配合比的调整、蜂窝、麻面、烂根等质量问题的预防，混凝土的养护及拆模的要求等。另外还应注意脚手架的搭设和使用过程中的安全问题。

**3. 装修施工阶段**

混合结构装修施工阶段的特点是劳动强度大、湿作业多，尤其是抹灰、内墙粉刷、油漆等。由于装修施工一直是手工操作，所以造成装修施工工效低、工期较长。根据这些特点，在施工中应想方设法加快主导施工过程——抹灰和粉刷的施工速度，减轻劳动强度，提高工效，如采用机械喷涂、喷浆等。还要特别注意组织好准备工序间的相互搭接和配合，从而加快施工速度。

在屋面工程中应注意保温层及找平层的质量控制，以保证防水层的质量，油毡防水层应按要求铺贴附加层，以防止油毡防水层开裂及漏水。

在地面工程中应注意地面起砂、空鼓开裂等质量问题的预防，要明确地面的养护方法和技术措施。另外在卫生间、厨房等有地漏的房间在地面冲筋时，要找好泛水坡度，以避免地面积水。

在墙面施工中应注意抹灰的质量。内墙抹灰（白灰砂浆）应防止空鼓裂缝；外墙干黏石、水刷石应保证达到样板标准。

对于高级装修做法，饰面安装的要求，应详细说明施工工艺及技术要求，以确保施工质量。

# 任务一　花架工程施工图设计

## （一）花架设计准备

准备图板、图样、绘图工具以及计算机制图工具软件。

## （二）花架设计的程序

1）根据设计图测出花架所在环境的尺寸。
2）查找相关花架设计资料。
3）综合分析钢筋混凝土剪支花架的结构特征。
4）绘制花架总平面图和总横剖面图。
5）绘制花架立面设计图。
6）绘制花架构件详图。
7）绘制花架构件节点详图。

## （三）花架施工图设计的要点

**1. 根据设计图提供的场地环境**（场地尺寸和形状）**确定花架总体尺寸**

**2. 绘制花架的总平面图并进行尺寸标注**

1）环形花架采用中轴对称绘制，左侧为平面图，右侧为总横剖面图。
2）平面图交代花架架条的分布情况。

3）总横剖面图交代花架柱子、座凳、花架内的道路铺装情况。

4）花架总平面图的比例是1:50。

5）标注尺寸：尺寸标注包括定型、定位和总体尺寸，采用国际单位制（mm）。

**3. 绘制花架立面图**

1）选择某一投影方向绘制立面图。

2）立面图要求与平面图体现长宽对等关系。

3）尺寸标注显示花架与周围地势的高程关系，单位用米，精确到小数点后两位。

4）花架立面图的比例为1:50。

**4. 绘制花架的构件详图**

1）花架的构件包括杯型基础（图8-4）、柱（图8-5）、梁（图8-6）和架条（图8-7）。

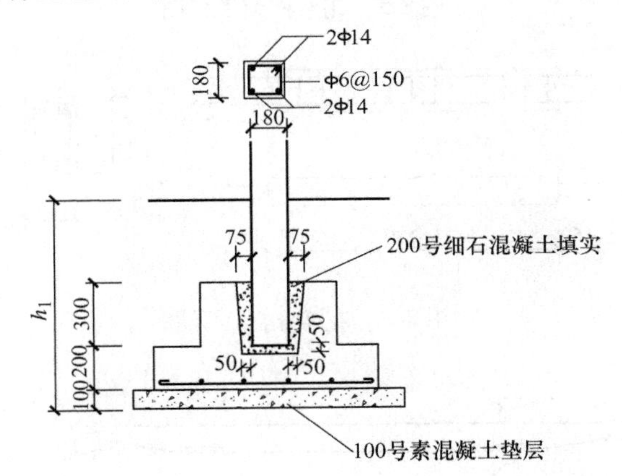


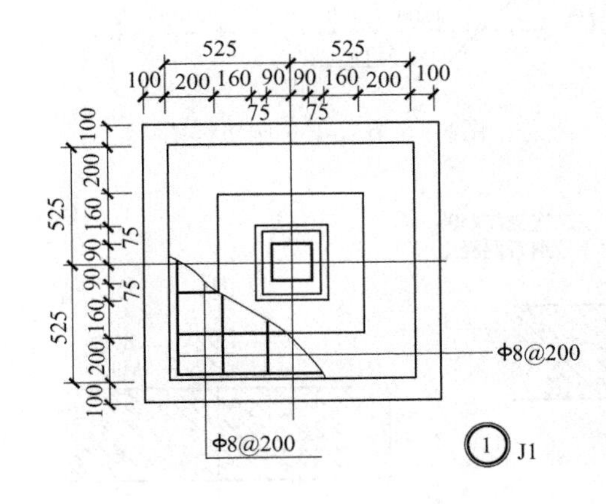


图8-4　花架杯型基础

2）构件施工图包括构件的三维尺寸，包括平面、立面、侧立面图，尺寸标注采用国际单位制。注意尺寸线、尺寸界线和尺寸起止符号的绘制。

3）绘制构件配筋图，并进行配筋图的标注。

4）构件详图的比例为1:20～1:10。

**5. 绘制花架构件节点详图**

1）花架的节点包括柱与基础、梁与柱（图8-8）、架条与梁（图8-9）的图样。

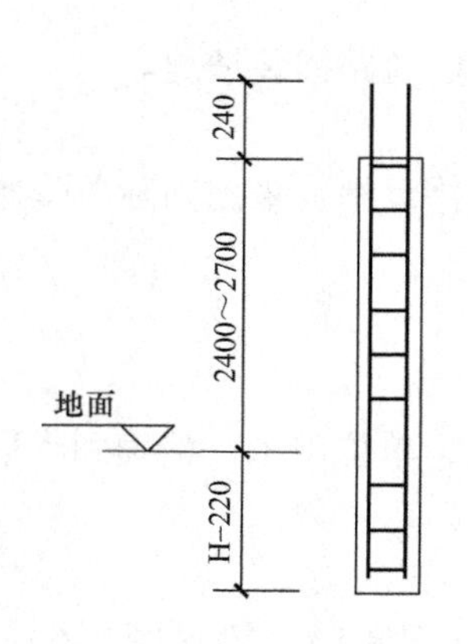


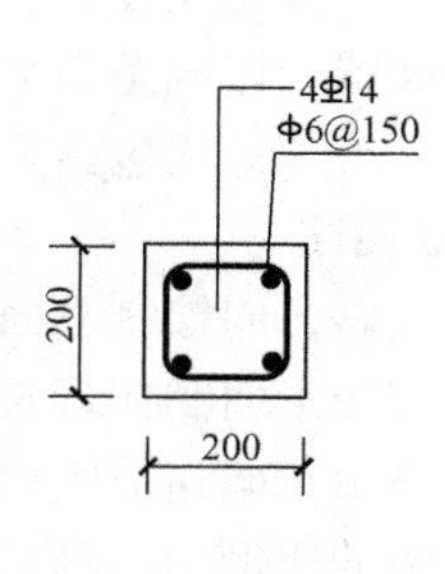


图 8-5　花架柱施工详图

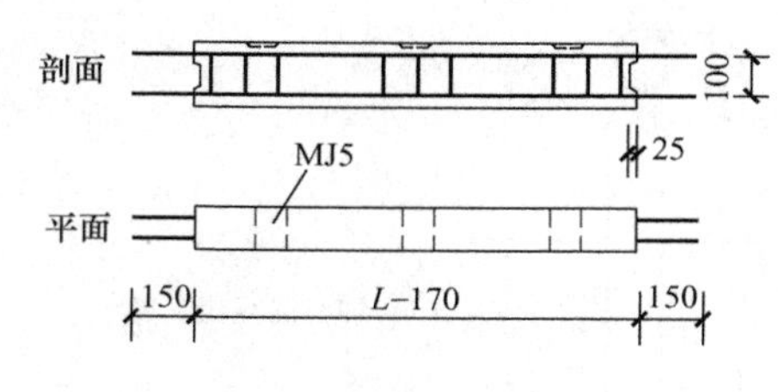


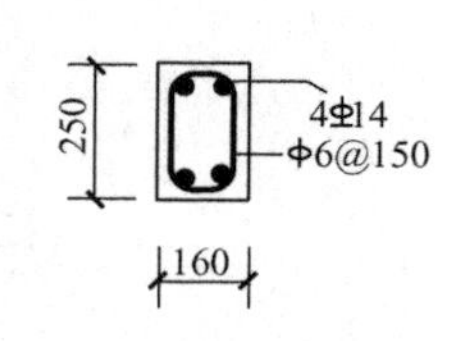


图 8-6　花架梁施工详图

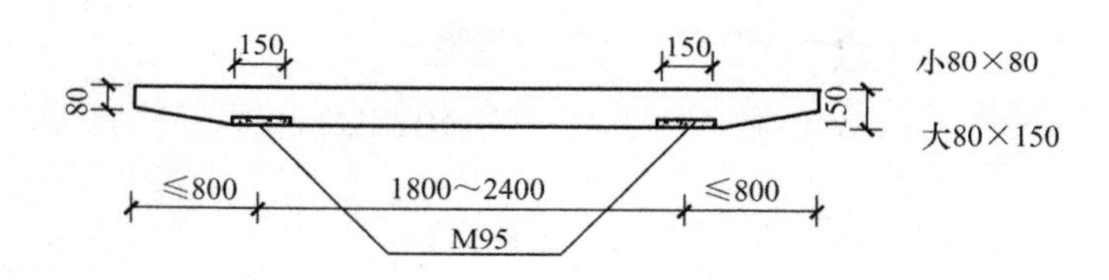


图 8-7　花架架条施工详图

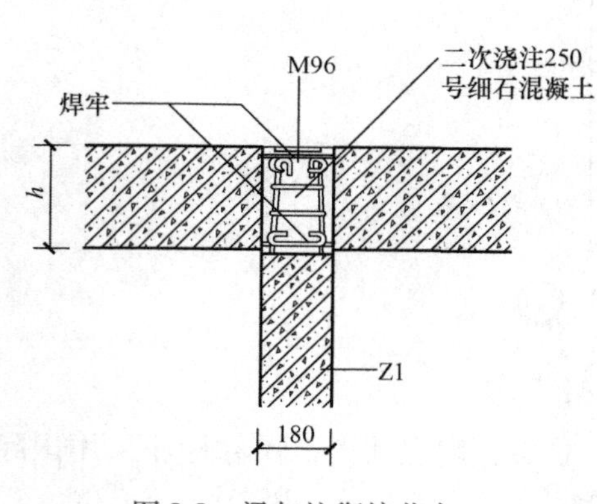


图 8-8　梁与柱衔接节点

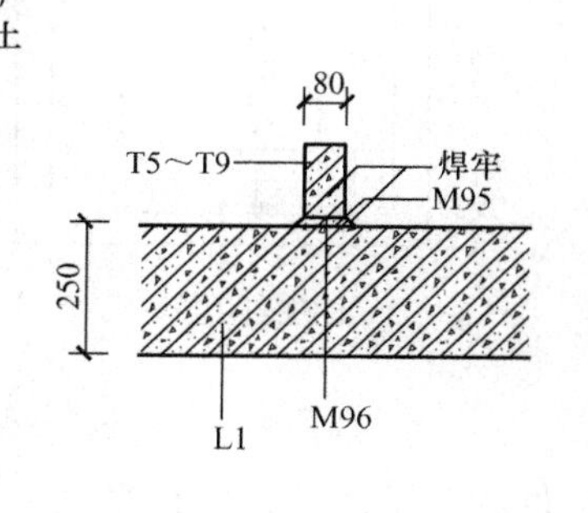


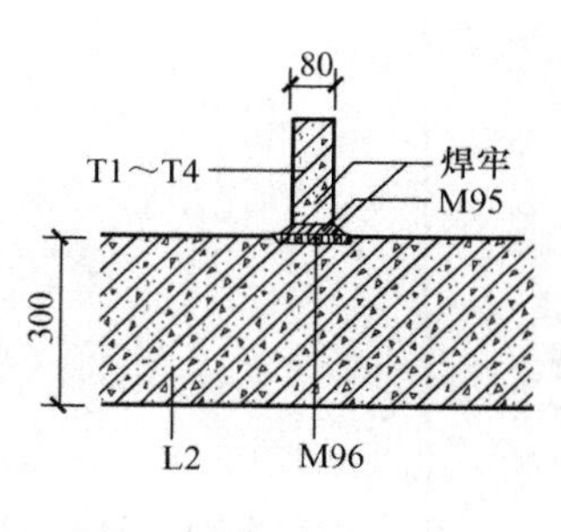


图 8-9　架条与梁的衔接节点

2）节点详图的比例为 1:5。

**6. 用针管笔、硫酸纸对所设计的花架图样进行布局并上墨线**

1）将设计图汇总到 2# 图样上。

2）对所绘图样进行平面布局。要求先平、立面图；后构件详图；最后绘制节点详图。

3）绘制过程中注意线形变化。

**7. 整理后绘制电子版施工图**

# 任务二　钢筋混凝土花架工程现场浇筑施工

花架是刚性材料构成的一定形状的格架，供攀缘植物攀附的园林设施。花架造型灵活、轻巧，本身也是观赏对象，有直线式、曲线式、折线式、双臂式、单壁式。现代园林中花架的主要材料是钢筋混凝土。根据其施工方式的不同可以分为现浇混凝土花架和预制混凝土花架。现浇混凝土花架是指在现场支模，绑轧钢筋、浇筑混凝土而成形的花架。下面就介绍现浇筑混凝土花架施工。

## （一）花架工程施工准备

**1. 材料准备**

钢筋、级配碎石、水泥、砂、模板。

**2. 施工机具准备**

放线工具、人工土方施工工具、混凝土搅拌机等。

## （二）花架现场浇筑施工工艺流程

花架现场浇筑施工工艺流程如图 8-10 所示。

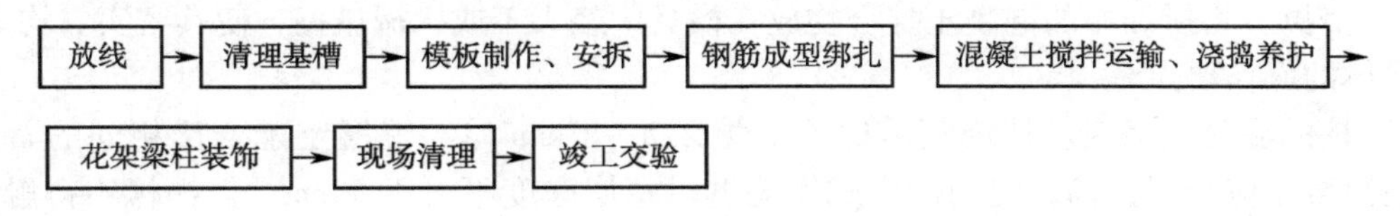


图 8-10　花架现场浇筑施工工艺流程

## （三）分部工程施工要点

**1. 定点放线**

根据设计图样的要求，将花架的位置定点测设到相应的位置，划出基槽的整理范围。一般花架的宽度为 2.5～3.0m，高度为 2.3～2.7m，花架条为 50～60cm。根据花架的长度将基槽的每边各放宽 5cm，划出基槽挖掘线。

**2. 人工挖槽基**

人工用铁锹、耙、锄等工具挖方。采用人工挖土，将土壤中的沙砾集中装车运出，做好槽基内的土方运输。仪器抄平用耙平整，然后用蛙式打夯机夯实土壤。人工挖槽基具有灵活机动，细致，适应各种复杂条件下施工的优点，但也有工效低、施工时间较长、施工安全性稍低的缺点。

**3. 花架模板工程技术要点**

1）首先对预制模板进行刨光，所用的木材大部分为松木与杉木。

2）其次配置模板，要考虑木模板的尺寸大小，要满足模板拼装结合的需要。拼制木模板，板边要找平、刨直、接缝严密、不漏浆。木料上有节疤、缺口等疵病的部位，应放在模板反面或者截去。钉子长度一般宜为木板厚度的2~2.5倍。每块板在横挡处至少要钉两个钉子，第二块板的钉子要朝向第一块模板方向斜钉，使拼缝严密。

3）最后，模板支拆。模板支拆是按照现浇混凝土或预制混凝土的具体要求（包括混凝土的形状、大小等）将模板支撑起来进行混凝土浇筑，浇筑完毕之后，将模板拆卸下来，支撑模板与拆卸模板是一个相反的过程。拆模后注意模板的集中堆放，这样有利于管理运输工作并保证运输工作的顺利进行。

**4. 花架钢筋工程技术要点**

钢筋成型绑扎：为了满足钢筋混凝土的物理力学要求，在为混凝土配筋之前必须对钢筋进行一定的变形处理，如钢筋弯钩后再进行绑扎。成型包括钢筋的除锈、调直、切断、弯曲成型、焊接以及焊接钢筋接头。绑扎包括接头绑扎和成型固定绑扎，钢筋绑扎用22#铁丝。

**5. 花架混凝土工程技术要点**

1）配料。混凝土的施工配料，就是指根据施工配合比及工地搅拌机的型号确定搅拌原料的一次投料量。

2）加料。加料顺序分一次加料和二次投料。一次加料：先在上料斗中装石子，再加水泥和砂，然后一次投入搅拌机内；二次投料，先向搅拌机中投入水、砂、水泥，待其拌制一分钟后再投入石子继续搅拌至规定时间。搅拌的时间是指从原材料投入搅拌筒到卸料开始所经历的时间，它是影响混凝土质量及搅拌机生产率的一个主要因素。

3）运输。混凝土砂浆搅拌运输是指将混凝土从搅拌地点运送到浇筑地点的运输过程。

4）浇捣。将搅和好的混凝土拌合物放在模具中经人工或机械振捣，使其密实、均匀。

具体的操作要点是：

1）柱的混凝土浇筑。柱浇筑前底不应填以5~10cm厚与混凝土配合比相同的石子砂浆，柱混凝土应分层振捣，使用插入式振捣器时每层厚度不大于50cm，振捣棒不得触动钢筋和预埋件。除上面振捣外，下面要有人随时敲打模板。柱高在3m之内，可在柱顶直接下灰浇筑，超过3m时，应采取措施（用串桶）或在模板侧面开门子洞安装斜溜槽分层浇筑。每段高度不得超过2m。每段混凝土浇筑后将门子洞模板封闭严实，并用箍箍牢。柱子混凝土应一次浇筑完毕，如需留施工缝应留在柱梁下面。无梁时应留在柱帽下面，在与梁整体浇筑时，应在柱浇筑完毕后停歇1~1.5天，使其获得初步沉实，再继续浇筑。浇筑完毕后，应随时将伸出的搭接钢筋整理到位。

2）梁的混凝土浇筑。浇筑时，浇筑与振捣必须紧密配合，第一层下料慢些，梁底充分振实后再下第二层料，用赶浆法保持水泥浆沿梁底包裹石子向前推进。每层均应振实后再下料，梁底及梁帮部位要注意振实，振捣时不得触动钢筋及预埋件。梁柱节点钢筋较密时，浇筑此处混凝土时宜用小粒径石子同强度等级的混凝土浇筑，并用小直径振捣棒振捣。在混凝土浇筑后的初期，在凝结硬化过程中进行湿度和温度控制，以利于混凝土能获得设计要求的物理力学性能。

**6. 花架装饰工程技术要点**

（1）刷浆　刷浆是指涂抹于建筑物表面的砂浆，按其功能通常分为一般抹面砂浆和装饰抹面砂浆。一般抹面砂浆有外用和内用两类。为保证抹灰层表面平整，避免开裂脱落，抹面砂浆通常以底层、中层、面层三个层次分层涂抹。底层砂浆主要起与基底材料的黏结作

用；中层砂浆主要起抹平作用；面层砂浆起保护、装饰作用。装饰抹面是用于室内外装饰，以增加建筑物美感为主的砂浆，应具有特殊的表面形式及不同的色彩和质感。装饰抹面的砂浆常以白水泥、石灰、石膏、普通水泥等作为胶结材料，以白色、浅色或彩色的天然砂、大理石及花岗石的石屑为骨料。

（2）操作程序　清扫→填补缝隙→局部刮腻子→磨平→找补腻子→磨平→用乳胶水溶液或107胶水溶液湿润→第一遍刷浆→第二边刷浆→将水质涂料刷涂或喷涂在抹灰层或物体表面上。

（3）基层清理　刷浆之前，基层表面必须干净、平整，所有污垢、油渍、砂浆流痕以及其他杂物均应清除干净。表面缝隙、孔眼应用腻子填平并用砂纸抹平磨光。刷浆时的基层表面应当干燥，局部湿度过大部位应采取措施进行烘干。浆液的稠度，刷涂时宜小些，采用喷涂时，宜大些。小面积刷浆工具采用扁刷、圆刷或排笔刷涂。大面积刷浆工具采用手压或电动喷浆机进行喷涂。

（4）刷浆　刷浆次序为：先顶，后由上而下刷，每根柱梁要一次做完，刷色浆应一次配足，以保证颜色一致。室外刷浆，如分段进行时，应以分格缝、梁柱的阳角处等分为分界线。同一柱梁面应用相同的材料和配合比，涂料必须搅拌均匀，要做到颜色一致、分色整齐、不漏刷、不透底，最后一遍的刷浆或喷浆完毕后，应加以保护，不得损伤。

# 任务三　钢筋混凝土花架装配施工

预制混凝土花架是指在花架现场安装之前，按照美观、适用和安全的要求和工程图样及有关尺寸，进行预先下料、加工和部件组合或在预制加工厂定购的各种构件（如梁、檩、柱、坐凳、基础）。这些构件经吊装、拼装后可制成小型的园林花架。这种方法可以提高机械化程度，加快施工现场安装速度，缩短工期，但要求土建工程施工尺寸要准确。

## （一）施工前的准备

**1. 施工材料准备**

预制好的相互匹配的构件（梁、柱、檩、座凳等），搅拌好的混凝土、焊条。

**2. 施工机具准备**

吊装机械、点焊机、运输机械、测量仪器（水准仪）、脚手架。

## （二）花架安装工程施工工艺流程

花架安装工程施工流程如图8-11所示。

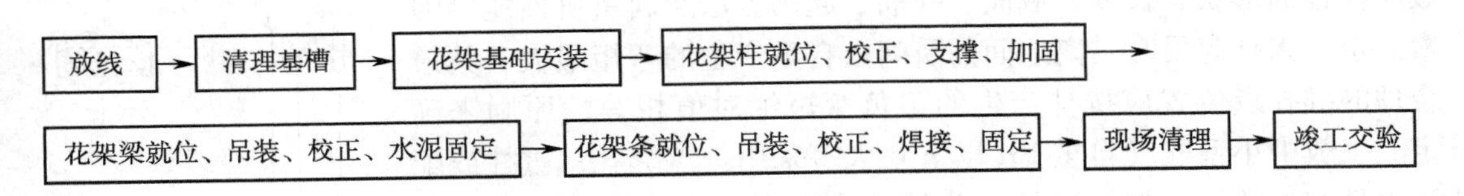


图8-11　花架安装工程施工流程

## （三）花架工程分部施工技术要点

**1. 花架构件运输技术要点**

（1）构件运输内容　将预制的构件用运输工具将其运到预定地点。具体工作内容按照构件类别的不同分为预制混凝土构件运输和金属结构构件运输，其中预制混凝土构件运输包括设置一般支架（垫木条）、装车绑扎、运输、按规定地点卸车堆放、支垫稳固；金属结构构件运输包括按技术要求装车、绑扎、运输、按指定地点卸车堆放。在运输构件过程中，构件类型、品种多样，体形大小及结构形状各不相同，运输难易有一定的差异，所用的装卸机械、运输工具也不一样。

（2）构件场内运输　构件场内运输是指将构件由堆放场地或加工厂运至施工现场的过程。构件安装分为预制混凝土构件安装和金属结构构件安装。其中预制混凝土构件安装包括构件翻身、就位、加固、安装、校正、垫实结垫、焊接或紧固螺栓等，但不包括构件连接处填缝灌浆；金属结构构件安装包括构件加固、吊装校正、拧紧螺栓、电焊固定、翻身就位等。其中需要拼装的构件还包括搭拆装台。

**2. 花架构件吊装前的准备**

构件吊装前的准备工作除清理好场地，压实道路，敷设水、电管线并安排好排水措施外，还要着重做好以下工作。

1）检查整体结构的轴线和跨距，清除基础杯口里的垃圾。在基础杯口上面、内壁及底面弹出定位轴线和安装准线，并将杯底抄平。

2）在预制厂制作的构件，可以在吊装前运至现场，按施工组织设计规定的位置堆放，也可以按吊装进度计划随运随吊，并认真检查其质量。在现场就地制作的构件，要制定现场预制构件的平面布置图，严格按照规定的位置预制，以便于吊装。

3）对所有预制构件都必须弹上几何中心线或安装准线。对于柱子，要在柱身三面（两个小面，一个大面）标出吊装中心线，在柱顶与牛腿面上还要标出屋架及吊车梁的安装中心线。对于架，要在上弦顶面标出几何中心线，并从跨度中央向两端分别标出架、屋面板的安装中心线，架端头也要标出安装中心线。对于吊车梁及连系梁等构件要在两端头及顶面标出吊装中心线。

**3. 花架构件安装技术要点**

构件安装一般包括：绑扎、起吊、对位、临时固定、校正和最后固定等工序。

（1）柱的安装

1）柱的绑扎（图8-12）。柱的绑扎方法、绑扎位置和绑扎点数应视柱的形状、长度、截面、配筋、起吊方法及起重机性能等因素而定。因柱起吊时吊离地面的瞬间由自重产生的弯矩最大，其最合理的绑扎点位置应按柱产生的正负弯矩绝对值相等的原则来确定。一般中小型柱（自重13t以下）大多采用一点绑扎；重柱或配筋少且细长的柱（如抗风柱）为防止在起吊过程中柱身断裂，常采用两点甚至三点绑扎。对于有牛腿的柱，其绑扎点应选在牛腿以下200mm处。工字形断面和双肢柱，应选在矩形断面处，否则应

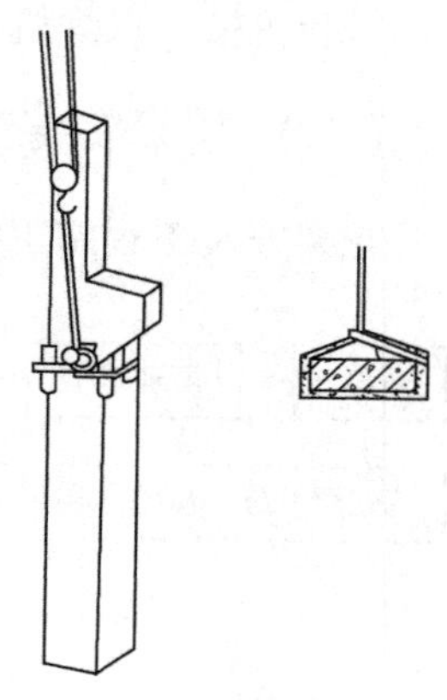

图8-12　柱的绑扎

在绑扎位置用方木加固翼缘，防止翼缘在起吊时损坏。按柱起吊后柱身是否垂直，分为直吊法和斜吊法，相应的绑扎方法有：

① 斜吊绑扎法。当柱平卧起吊的抗弯能力满足要求时，可采用斜吊绑扎，如图 8-13a 所示。该方法的特点是柱不需翻身，起重钩可低于柱顶，当柱身较长，起重机臂长不够时，用此法较方便，但因柱身倾斜，就位时对中较困难。

② 直吊绑扎法。当柱平卧起吊的抗弯能力不足时，吊装前需先将柱翻身后再绑扎起吊，这时就要采取直吊绑扎法，如图 8-13b 所示。

该方法的特点是吊索从柱的两侧引出，上端通过卡环或滑轮挂在铁扁担上；起吊时，铁扁担位于柱顶上，柱身呈垂直状态，便于柱垂直插入杯口和对中、校正。但由于铁扁担高于柱顶，需用较长的起重臂。

③ 两点绑扎法。当柱身较长，一点绑扎的抗弯能力不足时可采用两点绑扎起吊，如图 8-14 所示。

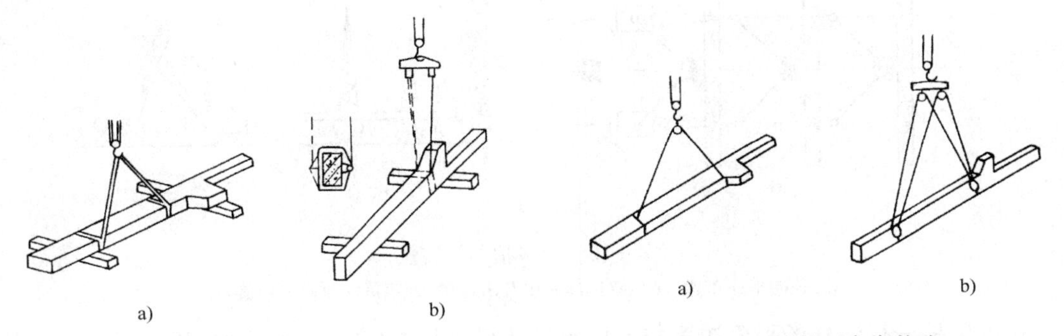


图 8-13　柱的翻身及直吊绑扎法　　　图 8-14　柱的两点绑扎法

2）柱的起吊。柱子起吊方法主要有旋转法和滑行法。按使用机械数量可分为单机起吊和双机抬吊。

① 单机吊装。单机吊装分为旋转法和滑行法。

旋转法是指起重机边升钩边回转起重臂，使柱绕柱脚旋转而成直立状态，然后将其插入杯口中。其特点是：柱在平面布置时，柱脚靠近基础，为使其在起吊过程中保持一定的回转半径，应使柱的绑扎点、柱脚中心和杯口中心点三点共弧。该弧所在圆的圆心即为起重机的回转中心，半径为圆心到绑扎点的距离。若施工现场受到限制，不能布置成三点共弧，则可采用绑扎点与基础中心或柱脚与基础中心两点共弧布置。但在起吊过程中，需改变回转半径和起重臂仰角，工效低且安全度较差。旋转法吊升柱振动小，生产效率较高，但对起重机的机动性要求高。此法多用于中小型柱的吊装。

滑行法是指柱起吊时，起重机只升钩，起重臂不转动，使柱脚沿地面滑升逐渐直立，然后插入基础杯口，如图 8-15 所示。采用此法起吊时，柱的绑扎点布置在杯口附近，并与杯口中心位于起重机的同一工作半径的圆弧上，以便将柱子吊离地面后，稍转动起重臂杆，即可就位。采用滑行法吊柱，具有以下特点：

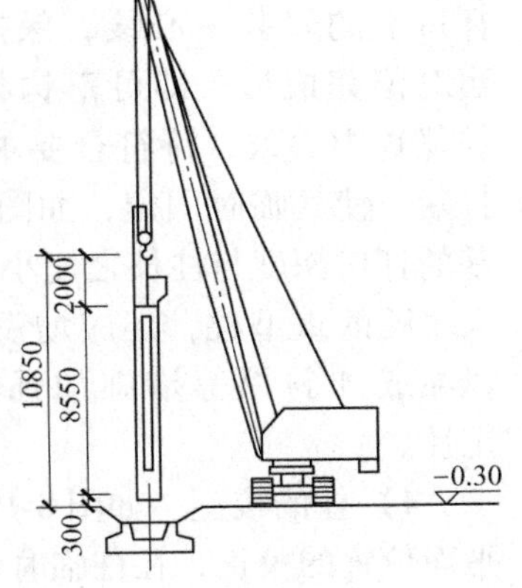


图 8-15　将柱插入杯口

在起吊过程中起重机只需转动起重臂即可吊柱就位，比较安全。但柱在滑行过程中受到振动，使构件、吊具和起重机产生附加内力。为了减少滑行阻力，可在柱脚下面设托木或滚筒。滑行法用于柱较重、较长或起重机在安全荷载下的回转半径不够，现场狭窄，柱无法按旋转法排放布置或采用桅杆式起重机吊装等情况。

② 双机抬吊，如图 8-16 所示。当柱子体型、重量较大，一台起重机被性能所限，不能满足吊装要求时，可采用两台起重机联合起吊。其起吊方法可采用旋转法（两点抬吊）和滑行法（一点抬吊）。双机抬吊旋转法是用一台起重机抬柱的上吊点，另一台抬柱的下吊点，柱的布置应使两个吊点与基础中心分别处于起重半径的圆弧上；两台起重机并立于柱的一侧。起吊时，两机同时同速升钩，至柱离地面 0.3m 高度时，停止上升；然后，两起重机的起重臂同时向杯口旋转；此时，从动起重机 A 只旋转不提升，主动起重机 B 则边旋转边提升吊钩直至柱直立，双机以等速缓慢落钩，将柱插入杯口中。

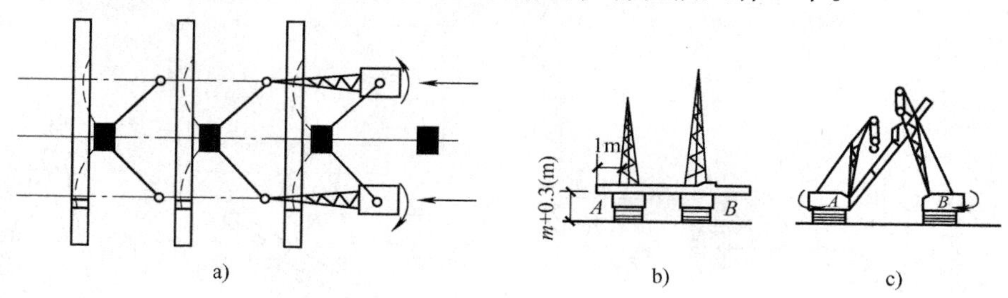


图 8-16　双机抬吊旋转法

a）柱的平面布置　b）双机同时提升吊钩　c）双机同时向杯口旋转

双机抬吊滑行法柱的平面布置与单机起吊滑行法基本相同。两台起重机相对而立，其吊钩均应位于基础上方，如图 8-17 所示。起吊时，两台起重机以相同的升钩、降钩、旋转速度工作，故宜选择型号相同的起重机。

采用双机抬吊，为使各机的负荷均不超过该机的起重能力，应进行负荷分配。

3）柱的对位与临时固定。柱脚插入杯口后，应悬离杯底 30 ~ 50mm 处进行对位。对位时，应先沿柱子四周向杯口放入 8 只楔块，并用撬棍拨动柱脚，使柱子安装中心线对准杯口上的安装中心线，保持柱子基本垂直。当对位完成后，即可落钩将柱脚放入杯底，并复查中心线，待符合要求后，即可将楔子打紧，使其临时固定，如图 8-18 所示。当柱基的杯口深度与柱长之比小于 1/20 或具有较大牛腿的重型柱，还应增设带花篮螺钉的缆风绳或加斜撑等措施加强柱临时固定的稳定性。

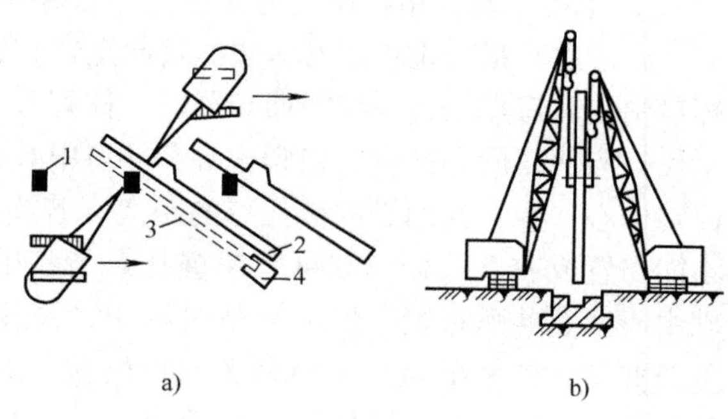


图 8-17　双机抬吊滑行法

1—基础　2—柱预制位置

3—柱翻身后位置　4—滚动支座

4）柱的校正，如图 8-19a 所示。柱的校正包括平面位置校正、垂直度校正和标高校正。平面位置的校正，在柱临时固定前进行对位时就已完成，而柱标高则在吊装前已通过按实际柱长调整杯底标高的方法进行校正。垂直度的校正，则应在柱临时固定后进行。

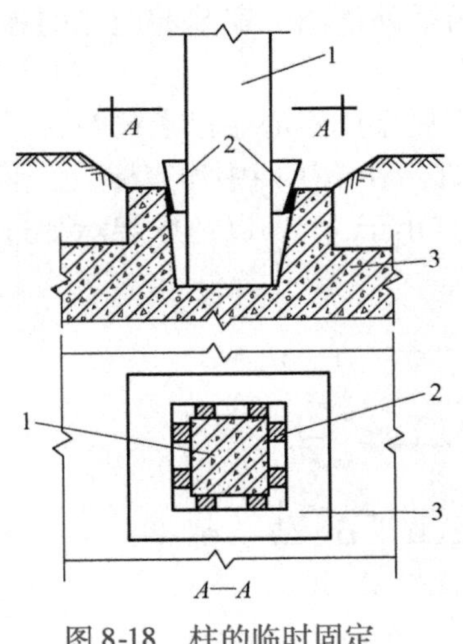


图 8-18　柱的临时固定

1—柱　2—楔块　3—基础

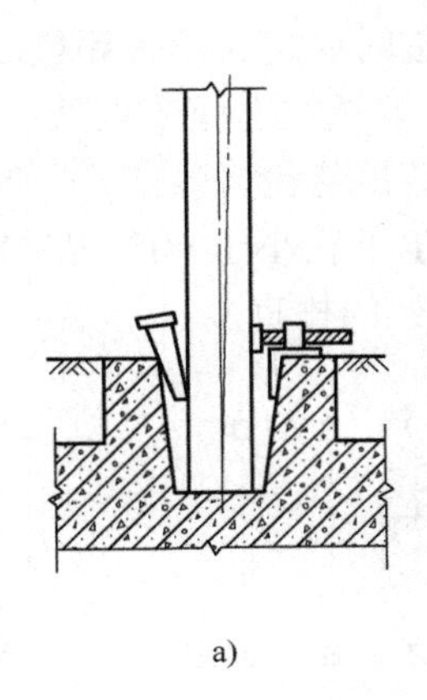

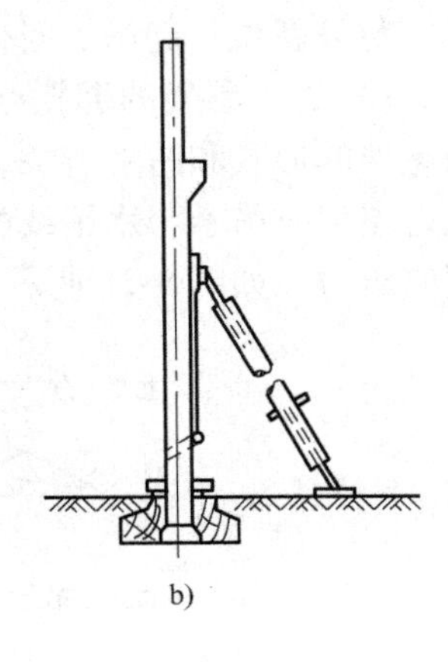

a)　　b)

图 8-19　柱的垂直度校正方法

a）千斤顶校正法　b）钢管撑杆法

柱垂直度的校正直接影响吊车梁、架等安装的准确性，要求垂直偏差的允许值为：当柱高≤5m 时，偏差为 5mm；当 5m < 柱高 < 10m 时，偏差为 10mm；当柱高 ≥10m 时偏差为 1/1000柱高，并且≤20mm。柱垂直度的校正方法：对中小型柱或垂直偏差值较小时，可用敲打楔块法；对重型柱则可用千斤顶法、钢管撑杆法、缆风绳校正法。

5）柱的最后固定，如图 8-19b 所示。柱校正后，应将楔块以每两个一组对称、均匀、分次打紧，并立即进行最后固定。其方法是在柱脚与杯口的空隙中浇筑比柱混凝土强度等级高一级的细石混凝土。混凝土的浇筑分两次进行。第一次浇至楔块底面，待混凝土达到 25% 的强度后，拔去楔块，再浇筑第二次混凝土至杯口顶面，并进行养护；待第二次浇筑的混凝土强度达到 75% 设计强度后，方能安装上部构件。

（2）梁的安装　梁的安装，必须在柱子杯口二次浇筑混凝土的强度达到 70% 以后进行，如图 8-20 所示。

1）绑扎、起吊、就位、临时固定。吊车梁均用对称的两点绑扎，两根索具等长以便梁身保持水平。梁的两端设拉绳控制，避免悬空时晃动碰撞柱子。就位时应缓慢落钩，以便对线。由于柱子在纵轴方向刚度较差，因此梁就位时，不宜在纵轴方向用撬棍撬动，仅用垫铁垫平即可。当吊围梁的梁高与梁宽之比大于 4 时，要用铅丝将梁捆在柱上，作为临时固定，以防倾倒。

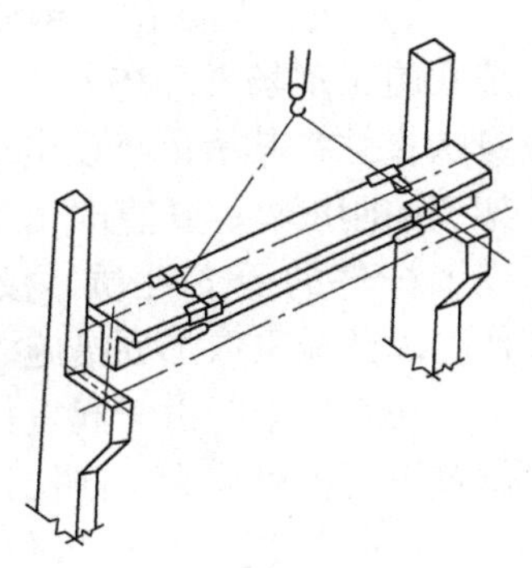

图 8-20　梁的安装

2）校正、最后固定。吊车梁就位后应作标高平面位置和垂直度的校正。梁的标高校正主要取决于牛腿的标高，只要柱子的标高准确，其误差就不致太大。

平面位置的校正，主要是检查吊车梁纵轴线两列车梁之间的跨距是否符合要求。规范规定轴线偏差不得大于 5mm。吊车梁平面位置的检查可用拉钢丝法、仪器放线法、边吊边校法等。吊车梁垂直度的安装偏差应小于 5mm。可用靠尺绳锤来校核。经检查超过规定时，可用铁片垫平。吊车梁的最后固定，是在校正完毕后，将梁与柱上的预埋件焊牢，并在接头处支模，浇灌细石混凝土。

（3）架的安装　装配式钢筋混凝土屋架，一般在现场平卧迭浇。安装的施工顺序为绑扎、翻身就位、起吊、对位、临时固定、校正和最后固定。

1）绑于屋架的绑扎点，一般选在上弦节点处，对称于屋架的重心。吊点的数目及位置与屋架的形式和跨度有关，应经吊装验算确定，一般设计部门在施工图中均有标明。翻身或立直屋架时吊索与水平线的夹角不宜小于60°，吊装时不宜小于45°，以免屋架承受过大的横向压力。如图8-21所示为屋架的扶直。

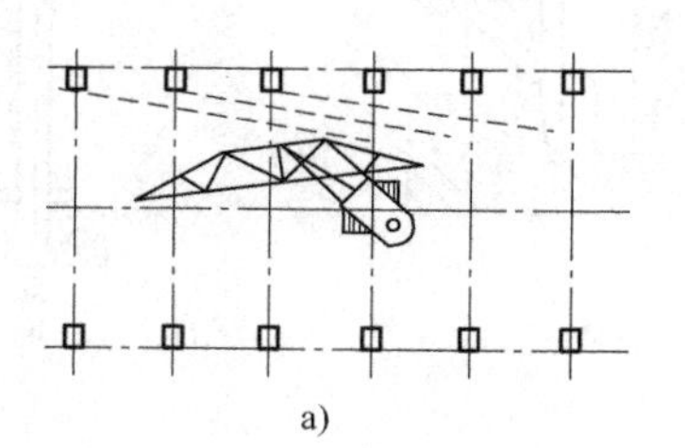


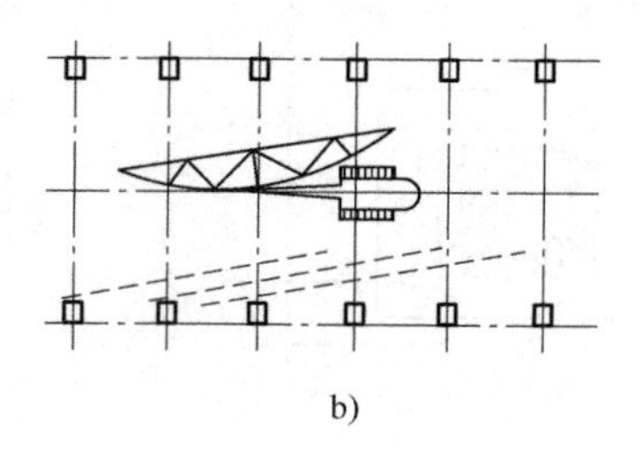


图8-21　屋架的扶直

a）正向扶直　b）反向扶直

图8-22a所示为18m钢筋混凝土屋架吊装的绑扎情况，用两根吊索在A、C、E三点绑扎。这种屋架翻身时，应绑于A、B、D、E四点。如图8-22b所示为24m钢筋混凝土屋架翻身和吊装的绑扎情况，用两根吊索在A、B、C、D四点绑扎。如图8-22c所示为30m钢筋混凝土屋架翻身和吊装的绑扎情况。这里使用了9m长的横吊梁，以降低吊装高度和减小吊索对屋架上弦的轴向压力，如起重机吊杆长度可以满足屋架安装高度的需要，则可以不用横吊梁。如图8-22d所示为组合屋架吊装的绑扎情况，四点绑扎，下弦绑木杆加固。当下弦为型钢，其跨度不大于12m时，可采用两点绑扎进行翻身和吊装。如图8-22e所示为双机抬吊36m预应力混凝土屋架的一种绑扎情况，每台起重机吊A、B、C三点。

2）扶直与就位。钢筋混凝土屋架一般在施工现场平卧浇灌，在安装前，要翻身扶直并将其吊运至预定地点就位。因屋架侧向刚度差，扶直时由于自重影响，改变了杆件的受力性质，极易造成屋架损伤，因此应采取加固措施。

扶直屋架时由于起重机与屋架的相对位置不同，可分为正向扶直与反向扶直。

正向扶直：起重机位于屋架下弦一边，扶直时，吊钩对准上弦中点，收紧吊钩，然后稍起臂，使混凝土屋架脱模，随即升钩。起臂，使屋架以下弦为轴缓慢转为直立状态，如图8-23所示。

反向扶直：起重机位于屋架上弦一边，吊钩对准上弦中点，收紧吊钩，稍起臂，随之升钩、降臂，使屋架下弦转动而

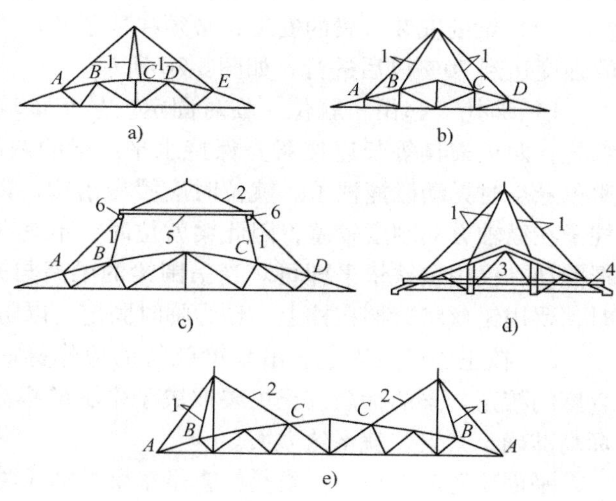


图8-22　架翻身和吊装的绑扎方法

a）18m　b）24m　c）30m　d）组合　e）36m

1—长吊索对折使用　2—单根吊索

3—加固木杆　4—铅丝　5—横吊梁　6—单门滑车

直立，如图 8-23 所示。

两种扶直方法的不同点是在扶直过程中，一为起钩升臂，一为起钩降臂，其目的是保持吊钩始终在上弦中点的垂直上方。升臂比降臂易于操作，也比较安全。屋架扶直后，应立即就位。就位的位置与屋架的安装方法、起重机的性能有关，除要注意少占场地，便于吊装，还应考虑屋架的安装顺序、两头朝向等问题。一般靠柱边斜放或以 3 ~5 榀为一组平行于柱边就位，就位范围在布置预制构件平面图时应加以确定。就位位置与屋架预制位置在起重机开行路线同一侧时，叫做同侧就位；否则叫做异侧就位。采用哪种就位方法，应视现场具体情况而定。屋架就位后，应用 8# 铁丝、支撑等与已安装的柱或已就位的屋架相互拉牢，以保持稳定。

3）吊升、对位与临时固定。先将屋架吊离地面约 300mm，然后将屋架转至吊装位置下方，再将屋架提升到超过柱顶约 300mm 的位置，此时用事先已绑在屋架上的两根拉绳，旋转屋架，使其基本对准安装轴线，随之缓慢落钩进行对位，待屋架的端部轴线与柱顶轴线重合后，即可作临时固定。

第一榀屋架的临时固定必须牢靠，其固定方法是用 4 根缆风绳从两边将屋架拉牢，也可将屋架与抗风柱连接作为临时固定。以后的各榀屋架，可用屋架校正器作临时固定，如图 8-24 所示。15m 跨以内的屋架用一根校正器，18m 跨以上的屋架用两根校正器。屋架临时固定稳妥后，起重机方可脱钩。

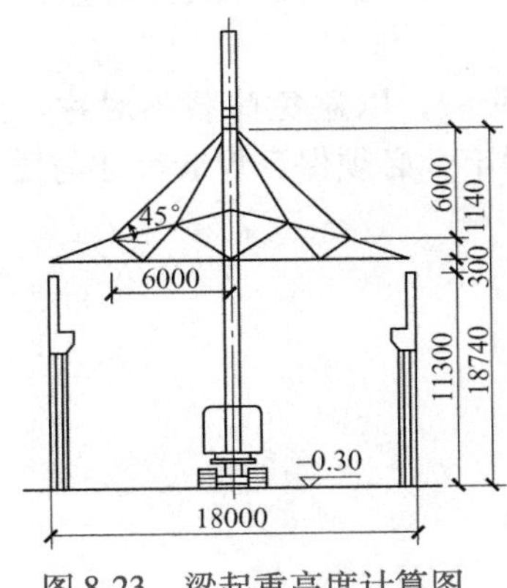


图 8-23　梁起重高度计算图

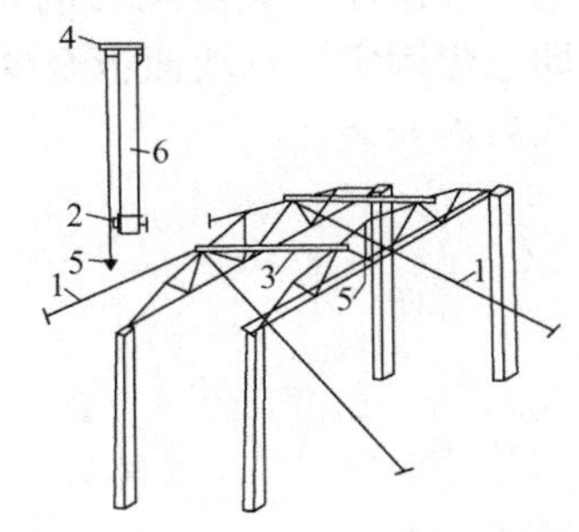


图 8-24　屋架的临时固定和校正

1—第一榀屋架上揽风

2—卡在屋架下弦的挂线卡子　3—校正器

4—卡在屋架上弦的挂线卡子

5—线锤　6—屋架

（4）校正与最后固定　屋架经对位、临时固定后，主要校正垂直度偏差。规范规定，屋架上弦跨中对通过两支座中心垂直面的偏差不得大于 $h/250$（$h$ 为屋架高度）。检查屋架竖向垂直度的偏差，可用挂线卡子在屋架下弦一侧的外侧一段距离拉线，并在上弦用同样距离挂线锤检查，跨度在 24m 以内的屋架，检查跨中一点，有天窗架时，检查两点。跨度在 30m 以上的屋架，检查两点。当使用两根校正器同时校正时，摇手柄的方向必须相同，快慢也应基本一致。

伸缩缝处的一对屋架，可用小校正器临时固定和校正。屋架校正时也可借助安放于地面的经纬仪进行检查。屋架经校正后，就可上紧锚栓或电焊作最后固定。用电焊作最后固定时，应避免同时在屋架两端的同一侧施焊，以免因焊缝收缩使屋架倾斜。屋架最后固定并安装完若干块大型屋面板后，方可将临时固定的支撑取下。

**4. 面板的安装**（图 8-25）

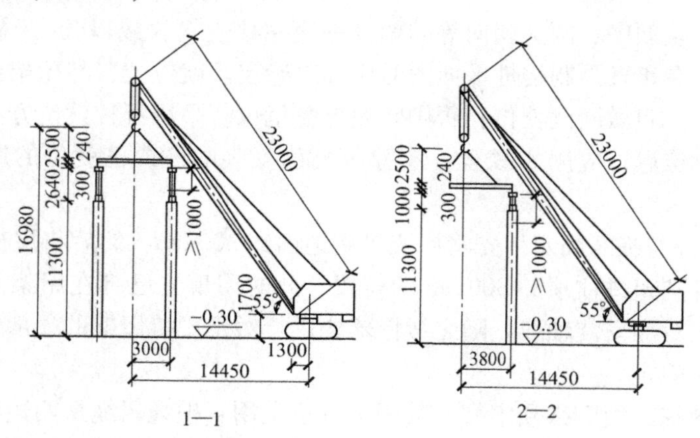


图 8-25　面板的安装

面板一般埋有吊环，用带钩的吊索钩住吊环即可安装。面板有四个吊环，因此四根吊索拉力应相等，使面板保持水平，也可采用横吊梁钩吊面板。为了充分发挥起重机的起重能力，提高生产效率，可采用一钩多块叠吊法或平吊法。

面板的安装次序：应自架两端对称地逐块铺向架跨中，以避免荷载不对称。面板对位后，应立即电焊固定，每块面板至少有三个角与屋架焊牢，必须保证焊缝尺寸与质量。空心板必须堵孔后再安装。

# 附　录

## 附录A　施工准备和临时设施工程流程表

| 施工流程 | 管理项目 | 施工管理方法 | | 管理的要点（着眼点） | 准备文件 |
|---|---|---|---|---|---|
| | | 监督员 | 工长 | | |
| 准备 | 1. 确认合同文件 | 确认 | 确认 | 精读《工程承包合同书》，与有关方面确认疑问点 | 各种申请书 |
| | 2. 确认设计图样 | 确认 | 确认 | 熟悉设计图样、现场说明书等内容，与甲方确认疑问点 | |
| | 3. 确认施工现场 | 确认 | 确认 | ① 根据现场踏勘，确认现场状况，用照片等记录，确认障碍物件的处理方法<br>② 确认建设用地界限及周围状况<br>③ 确认原有树木、文物等的位置，确认处理方法 | |
| | 4. 向负责机关申请手续 | 指示 | 确认 | 早期办理占用道路、供水、排水、供电、电话等手续 | |
| | 5. 工程施工通过的检查 | 承诺 | 确认 | 确认工期内各施工部分有无不合理或浪费现象 | 临时设施计划书 |
| | 6. 确认临时设施计划 | 承诺 | 确认 | ① 确认工期内容与工期是否吻合，有无浪费和不足<br>② 确认周围居民、行人等的安全，确认消除噪声的措施<br>③ 确认保存树木、文物等的保护措施 | |
| | 7. 防灾措施安全管理 | 确认 | 确认 | ① 确认防灾措施，贯彻安全管理<br>② 确认防灾和安全管理状况，定期进行检查<br>③ 确认急救医院、公安局、消防队、劳动标准监督署等机关的所在地和联络方法 | 安全组织一览表 |
| | 8. 确认临时设施工程和细节工程 | 承诺 | 确认 | 确认细节工程和整体工程是否协调 | 施工计划书 |
| | 9. 施工计划书 | 承诺 | 确认 | 编制施工计划书，并据此对整个工程进行协商确认 | |
| | 10. 向周围居民介绍、宣传工程内容 | 指示 | 确认 | ① 采用告示牌、广告等宣传手段，力求得到周围居民的协助和理解<br>② 确认有无必要在当地召开说明会 | |

（续）

| 施工流程 | 管理项目 | 施工管理方法 | | 管理的要点（着眼点） | 准备文件 |
|---|---|---|---|---|---|
| | | 监督员 | 工长 | | |
| 材料 | 11. 龙门桩材料 | 确认 | 确认 | 确认形状、尺寸与质量 | 材料调拨申请、材料报告书 |
| | 12. 木制脚手架 | 确认 | 确认 | 确认宽度、厚度、质量、强度等的安全性 | |
| | 13. 钢管脚手架 | 确认 | 确认 | 确认是否符合 JISA8951《钢管脚手架》的规定，是否安全 | |
| | 14. 其他临时设施材料 | 确认 | 确认 | ① 确认材料的质量、形状、尺寸是否合适<br>② 使用设计图样上没有记载的材料时，应和甲方协议并取得同意 | |
| 施工 | 15. 测量 | 确认 | 确认 | ① *BM*（水准点）和临时 *BM* 的位置和标准值的确认<br>② 界限桩的确认<br>③ 设置控制桩时，确认所编制的对照图 | 测量成果表及对照表 |
| | 16. 龙门桩 | 确认 | 确认 | ① 根据设计图样，从标准线、界限桩开始，检测和确认位置<br>② 根据设计图样，从 *BM*（或临时 *BM*）检测和确认高程<br>③ 确认轴线桩的上、下高程和数据<br>④ 现场上原有物件的位置与图样的设计相矛盾时，应认真核查。和甲方协商，确认<br>⑤ 随时检测、确认、保护龙门桩，直到竣工为止 | 施工承认申请 |
| | 17. 保存物件的保护 | 确认 | 确认 | ① 根据设计图样或指示，妥善处置保存的树木和地上文物。确认保护措施<br>② 施工中，发现地下文物时，应和甲方协商其处置方法，听从其指示 | 施工批准申请 |
| | 18. 临时设施的施工 | 确认 | 确认 | 根据设计图样和临时设施计划书，检查、确认现场办公室，仓库临时性道路、临时性排水设施和暂设电力及其他临时设施的施工情况 | |
| | 19. 临时设施的管理和检查 | 指示 | 确认 | ① 管理和检查临时设施，确认破损处的修复情况<br>② 在台风、暴雨、地震、积雪或其他灾害到来之前，进行紧急检查，确认有无异常 | |
| | 20. 原有材料的处理 | | 确认 | 和甲方协商处理方法 | 原有材料统计书 |
| 完成 | 21. 收尾，清扫 | 确认 | 确认 | 撤除临时设施时，不要损坏竣工物件，搬出残存物，进行清扫，确认原型复旧等 | （单位自检报告书）、工程日报表、材料报告书、材料试验报告、工程照片、工程记录、测量结果表对照图、竣工物件管理图、竣工物件图 |
| | 22. 确认竣工物件，进行竣工验收准备 | 确认 | 确认 | ① 确认是否满足了设计图样等承包合同上的各种要求（景观要素、数量、质量、规格、形状、功能等），有无未完工部分和需返工的地方<br>② 确认文件的整理工作 | |

# 附录B 给水排水管道工程施工及验收规范

## 1. 总则

1.1 为加强给水排水管道工程的施工管理，提高技术水平，确保工程质量，安全生产，节约材料，提高经济效益，特制定本规范。

1.2 本规范适用于城镇和工业区的室外给水排水管道工程的施工及验收。

1.3 给水排水管道工程应按设计文件和施工图施工。变更设计应经过设计单位同意。

1.4 给水排水管道工程的管材、管道附件等材料，应符合国家现行的有关产品标准的规定，应具有出厂合格证。用于生活饮用水的管道，其材质不得污染水质。

1.5 给水排水管道工程施工，应遵守国家和地方有关安全、劳动保护、防火、防爆、环境和文物保护等方面的规定。

1.6 给水排水管道工程施工及验收除应符合本规范规定外，还应符合国家现行的有关标准、规范的规定。

## 2. 施工准备

2.1 给水排水管道工程施工前应由设计单位进行设计交底。当施工单位发现施工图有错误时，应及时向设计单位提出变更设计的要求。

2.2 给水排水管道工程施工前，要根据施工需要进行调查研究，并应掌握管道沿线的下列情况和资料：

2.2.1 现场地形、地貌、建筑物、各种管线和其他设施的情况。

2.2.2 工程地质和水文地质资料。

2.2.3 气象资料。

2.2.4 工程用地、交通运输及排水条件。

2.2.5 施工供水、供电条件。

2.2.6 工程材料、施工机械供应条件。

2.2.7 在地表水水体中或岸边施工时，应掌握地表水的水文和航运资料。在寒冷地区施工时，还应掌握地表水的冻结及流冰的资料。

2.2.8 结合工程特点和现场条件的其他情况和资料。

2.3 给水排水管道工程施工前应编制施工组织设计。施工组织设计的内容，主要应包括工程概况、施工部署、施工方法、材料、主要机械设备的供应，保证施工质量、安全、工期、成本和经济效益的技术组织措施、施工计划、施工总平面图以及保护周围环境的措施等。对主要施工方法，尚应分别编制施工设计。

2.4 施工测量应符合下列规定：

2.4.1 施工前，建设单位应组织有关单位向施工单位进行现场交桩。

2.4.2 临时水准点和管道轴线控制桩的设置应便于观测且必须牢固，并应采取保护措施。开槽铺设管道的沿线临时水准点，每200m不宜少于1个。

2.4.3 临时水准点、管道轴线控制桩、高程桩，应经过复核方可使用，并应经常校核。

2.4.4　已建管道、构筑物等与本工程衔接的平面位置和高程，开工前应校测。

## 3. 沟槽开挖与回填

### 3.1　施工排水

3.1.1　施工排水应编制施工设计，并应包括以下主要内容：

3.1.1.1　排水量的计算。

3.1.1.2　排水方法的选定。

3.1.1.3　排水系统的平面和竖向布置，观测系统的平面布置以及抽水机械的选型和数量。

3.1.1.4　排水井的构造，井点系统的组合与构造，排放管渠的构造、断面和坡度。

3.1.1.5　电渗排水所采用的设施及电极。

3.1.2　施工排水系统排出的水，应输送至抽水影响半径范围以外，不得影响交通，且不得破坏道路、农田、河岸及其他构筑物。

3.1.3　在施工排水过程中不得间断排水，并应对排水系统经常检查和维护。当管道未具备抗浮条件时，严禁停止排水。

3.1.4　施工排水终止抽水后，排水井及拔除井点管所留的孔洞，应立即用砂、石等材料填实；地下水静水位以上部分，可采用黏土填实。

3.1.5　冬期施工时，排水系统的管路应采取防冰措施；停止抽水后应立即将泵体及进出水管内的存水放空。

3.1.6　采取明沟排水施工时，排水井宜布置在沟槽范围以外，其间距不宜大于150m。

3.1.7　在开挖地下水水位以下的土方前，应先修建排水井。

3.1.8　排水井的井壁宜加支护，当土层稳定、井深不大于1.2m时，可不加支护。

3.1.9　当排水井处于细砂、粉砂或轻亚黏土等土层时，应采取过滤或封闭措施。封底后的井底高程应低于沟槽槽底，且不宜小于1.2m。

3.1.10　配合沟槽的开挖，排水沟应及时开挖及降低深度。排水沟的深度不宜小于0.3m。

3.1.11　沟槽开挖至设计高程后宜采用盲沟排水。当盲沟排水不能满足排水量要求时，宜在排水沟内埋设管径为150~200mm的排水管。排水管接口处应留缝。排水管两侧和上部宜采用卵石或碎石回填。

3.1.12　排水管、盲沟及排水井的结构布置及排水情况，应作施工记录。

3.1.13　井点降水应使地下水水位降至沟槽底面以下，并距沟槽底面不应小于0.5m。

3.1.14　井点孔的直径应为井点管外径加2倍管外滤层厚度。滤层厚度宜为10~15cm。井点孔应垂直，其深度应大于井点管所需深度，超深部分应采用滤料回填。

3.1.15　井点管的安装应居中，并保持垂直。填滤料时，应对井点管口临时封堵。滤料应沿井点管四周均匀灌入；灌填高度应高出地下水静水位。

3.1.16　井点管安装后，可进行单井或分组试抽水。根据试抽水的结果，可对井点设计进行调整。

3.1.17　轻型井点的集水总管底面及水泵基座的高程宜尽量降低。滤管的顶管高程，宜为井管处设计动水位以下不小于0.5m。

3.1.18 井壁管长度的允许偏差应为 ±100mm；井点管安装高程的允许偏差应为 ±100mm。

**3.2 沟槽开挖**

3.2.1 管道沟槽底部的开挖宽度，宜按下式计算

$$B = D_1 + 2(b_1 + b_2 + b_3)$$

式中 $B$——管道沟槽底部的开挖宽度（mm）；

$D_1$——管道结构的外缘宽度（mm）；

$b_1$——管道一侧的工作面宽度（mm），可按表 3.2.1 采用；

$b_2$——管道一侧的支撑厚度（mm），可取 150～200mm；

$b_3$——现场浇筑混凝土或钢盘混凝土管渠一侧模板的厚度（mm）。

**表 3.2.1 管道一侧的工作面宽度** （单位：mm）

| 管道结构的外缘宽度 $D_1$ | 管道一侧的工作面宽度 $b_1$ | |
|---|---|---|
| | 非金属管道 | 金属管道 |
| $D_1 \leqslant 500$ | 400 | 300 |
| $500 < D_1 \leqslant 1000$ | 500 | 400 |
| $1000 < D_1 \leqslant 1500$ | 600 | 600 |
| $1500 < D_1 \leqslant 3000$ | 800 | 800 |

注：1. 槽底需设排水沟时，工作面宽度 $b_1$ 应适当增加。

2. 管道有现场施工的外防水层时，每侧工作面宽度宜取 800mm。

3.2.2 当地质条件良好、土质均匀，地下水位低于沟槽底面高程，且开挖深度在 5m 以内边坡不加支撑时，沟槽边坡最陡坡度应符合表 3.2.2 的规定。

**表 3.2.2 深度在 5m 以内的沟槽边坡的最陡坡度**

| 土的类别 | 边坡坡度（高:宽） | | |
|---|---|---|---|
| | 坡顶无荷载 | 坡顶有静载 | 坡顶有动载 |
| 中密的砂土 | 1:1.00 | 1:1.25 | 1:1.50 |
| 中密的碎石类土（充填物为砂土） | 1:0.75 | 1:1.00 | 1:1.25 |
| 硬塑的轻亚黏土 | 1:0.67 | 1:0.75 | 1:1.00 |
| 中密的碎石类土（充填物为黏性土） | 1:0.50 | 1:0.67 | 1:0.75 |
| 硬塑的亚黏土、黏土 | 1:0.33 | 1:0.50 | 1:0.67 |
| 老黄土 | 1:0.10 | 1:0.25 | 1:0.33 |
| 软土（经井点降水后） | 1:1.00 | — | — |

注：1. 当有成熟施工经验时，可不受本表限制。

2. 在软土沟槽坡顶不宜设置静载或动载；需要设置时，应对土的承载力和边坡的稳定性进行验算。

3.2.3　当沟槽挖深较大时，应合理确定分层开挖的深度，并应符合下列规定：

3.2.3.1　人工开挖沟槽的槽深超过3m时应分层开挖，每层的深度不宜超过2m。

3.2.3.2　人工开挖多层沟槽的层间留台宽度，放坡开槽时不应小于0.8m，直槽时不应小于0.5m，安装井点设备时不应小于1.5m。

3.2.3.3　采用机械挖槽时，沟槽分层的深度应按机械性能确定。

3.2.4　沟槽每侧临时堆土或施加其他荷载时，应符合下列规定：

3.2.4.1　不得影响建筑物、各种管线和其他设施的安全。

3.2.4.2　不得掩埋消火栓、管道闸阀、雨水口、测量标志以及各种地下管道的井盖，且不得妨碍其正常使用。

3.2.4.3　人工挖槽时，堆土高度不宜超过1.5m，且距槽口边缘不宜小于0.8m。

3.2.5　采用坡度板控制槽底高程和坡度时，应符合下列规定：

3.2.5.1　坡度板应选用有一定刚度且不易变形的材料制作，其设置应牢固。

3.2.5.2　平面上呈直线的管道，坡度板设置的间距不宜大于20m，呈曲线管道的坡度板间距应加密，井室位置、折点和变坡点处，应增设坡度板。

3.2.5.3　坡度板距槽底的高度不宜大于3m。

3.2.6　当开挖沟槽发现已建的地下各类设施或文物时，应采取保护措施，并及时通知有关单位处理。

3.2.7　沟槽的开挖质量应符合下列规定：

3.2.7.1　不扰动天然地基或地基处理符合设计要求。

3.2.7.2　槽壁平整，边坡坡度符合施工设计的规定。

3.2.7.3　沟槽中心线每侧的净宽不应小于管道沟槽底部开挖宽度的一半。

3.2.7.4　槽底高程的允许偏差：开挖土方时应为 ±20mm；开挖石方时应为 +20mm、-200mm。

**3.3　沟槽支撑**

3.3.1　沟槽支撑应根据沟槽的土质、地下水位、开槽断面、荷载条件等因素进行设计。支撑的材料可选用钢材、木材或钢材木材混合使用。

3.3.2　撑板支撑采用木材时，其构件规格宜符合下列规定：

3.3.2.1　撑板厚度不宜小于50mm，长度不宜大于4m。

3.3.2.2　横梁或纵梁宜为方木，其断面不宜小于150mm×150mm。

3.3.2.3　横撑宜为圆木，其梢径不宜小100mm。

3.3.3　撑板支撑的横梁、纵梁和横撑的布置应符合下列规定：

3.3.3.1　每根横梁或纵梁不得小于2根横撑。

3.3.3.2　横撑的水平间距宜为1.5~2.0m。

3.3.3.3　横撑的垂直间距不宜大于1.5m。

3.3.4　撑板支撑应随挖土的加深及时安装。

3.3.5　在软土或其他不稳定土层中采用撑板支撑时，开始支撑的开挖沟槽深度不得超进1.0m；以后开挖与支撑交替进行，每次交替的深度宜为0.4~0.8m。

3.3.6　撑板的安装应与沟槽槽壁紧贴，当有空隙时，应填实。横排撑板应水平，立排撑板应顺直，密排队撑板的对接应严密。

3.3.7　横梁、纵梁和横撑的安装，应符合下列规定：

3.3.7.1　横梁应水平，纵梁应垂直，且必须与撑板密贴，连接牢固。

3.3.7.2　横撑应水平并与横梁或纵梁垂直，且应支紧，连接牢固。

3.3.8　采用横排撑板支撑，当遇有地下钢管道或铸铁管道横穿沟槽时，管道下面的撑板上缘应紧贴管道安装；管道上面的撑板下缘距管道顶面不宜小于100mm。

3.3.9　采用钢板桩支撑，应符合下列规定：

3.3.9.1　钢板桩支撑可采用槽钢、工字钢或定型钢板桩；

3.3.9.2　钢板桩支撑按具体条件可设计为悬臂、单锚，或多层横撑的钢板桩支撑，并应通过计算确定钢板桩的入土深度和横撑的位置与断面；

3.3.9.3　钢板桩支撑采用槽钢作横梁时，横梁与钢板桩之间的孔隙应采用木板垫实，并应将横梁和横撑与钢板桩连接牢固。

3.3.10　支撑应经常检查。当发现支撑构件有弯曲、松动、移位或劈裂等迹象时，应及时处理。雨期及春季解冻时期应加强检查。

3.3.11　支撑的施工质量应符合下列规定：

3.3.11.1　支撑后，沟槽中心线每侧的净宽不应小于施工设计的规定。

3.3.11.2　横撑不得妨碍下管和稳管。

3.3.11.3　安装应牢固，安全可靠。

3.3.11.4　钢板桩的轴线位移不得大于50mm；垂直度不得大于1.5%。

3.3.12　上下沟槽应设安全梯，不得攀登支撑。

3.3.13　承托翻土板的横撑必须加固。翻土板的铺设应平整，其与横撑的连接必须牢固。

3.3.14　拆除支撑前，应对沟槽两侧的建筑物、构筑物和槽壁进行安全检查，并应制定拆除支撑的实施细则和安全措施。

3.3.15　拆除撑板支撑时应符合下列规定：

3.3.15.1　支撑的拆除应与回填土的填筑高度配合进行，且在拆除后应及时回填。

3.3.15.2　采用排水沟的沟槽，应从两座相邻排水井的分水岭向两端延伸拆除。

3.3.15.3　多层支撑的沟槽，应待下层回填完成后再拆除其上层槽的支撑。

3.3.15.4　拆除单层密排撑板支撑时，应先回填至下层横撑底面，再拆除下层横撑，待回填至半槽以上，再拆除上层横撑。当一次拆除有危险时，宜采取替换拆撑法拆除支撑。

3.3.16　拆除钢板桩支撑时应符合下列规定：

3.3.16.1　在回填达到规定要求高度后，方可拔除钢板桩。

3.3.16.2　钢板桩拔除后应及时回填桩孔。

3.3.16.3　回填桩孔时应采取措施填实。当采用砂灌填时，可冲水助沉；当控制地面沉降有要求时，宜采取边拔桩边注浆的措施。

**3.4　管道交叉处理**

3.4.1　给水排水管道施工时若与其他管道交叉，应按设计规定进行处理；当设计无规定时，应按本节规定处理并通知有关单位。

3.4.2　混凝土或钢筋混凝土预制圆形管道与其上方钢管道或铸铁管道交叉且同时施工，当钢管道或铸铁管道的内径不大于400mm时，宜在混凝土管道两侧砌筑砖墩支承。

3.4.2.1　应采用黏土砖和水泥砂浆，砖的强度等级不应低于 MU7.5；砂浆不应低于 M7.5。

3.4.2.2　砖墩基础的压力不应超过地基的允许承载力。

3.4.2.3　砖墩高度在 2m 以内时，砖墩宽度宜为 240mm；砖墩高度每增加 1m，宽度宜增加 125mm；砖墩长度不应小于钢管道或铸铁管道的外径加 300mm；砖墩顶部应砌筑管座，其支承角不应小于 90°。

3.4.2.4　当覆土高度不大于 2m 时，砖墩间距宜为 2～3m。

3.4.2.5　对铸铁管道，每一管节不应少于 2 个砖墩。

当钢管道或铸铁管道为已建时，应在开挖沟槽时按本规范第 3.2.6 条处理后再砌筑砖墩支承。

3.4.3　混合结构或钢筋混凝土矩形管渠与其上方钢管道或铸铁管道交叉，当顶板至其上方管道底部的净空在 70mm 及以上时，可在侧墙上砌筑砖墩支承管道。

当顶板至其上方管道底部的净空小于 70mm 时，可在顶板与管道之间采用低强度等级的水泥砂浆或细石混凝土填实，其荷载不应超过顶板的允许承载力，且其支承角不应小于 90°。

3.4.4　圆形或矩形排水管道与其下方的钢管道或铸铁管道交叉且同时施工时，对下方的管道宜加设套管或管廊，并应符合规定。

3.4.4.1　套管的内径或管廊的净宽，不应小于管道结构的外缘宽度加 300mm。

3.4.4.2　套管或管廊的长度不宜小于上方排水管道基础宽度加管道交叉高差的 3 倍，且不宜小于基础宽度加 1m。

3.4.4.3　套管可采用钢管、铸铁管或钢筋混凝土管；管廊可采用砖砌或其他材料砌筑的混合结构。

3.4.4.4　套管或管廊两端与管道之间的孔隙应封堵严密。

3.4.5　当排水管道与其上方的电缆管块交叉时，宜在电缆管块基础以下的沟槽中回填低强度等级的混凝土、石灰土或砌砖。其沿管道方向的长度不应小于管块基础宽度加 300mm，并应符合下列规定：

3.4.5.1　排水管道与电缆管块同时施工时，可在回填材料上铺一层中砂或粗砂，其厚度不宜小于 100mm。

3.4.5.2　当电缆管块已建时，应符合下列规定：

（1）当采用混凝土回填时，混凝土应回填到电缆管块基础底部，其间不得有空隙。

（2）当采用砌砖回填时，砖砌体的顶面宜在电缆管块基础底面以下不小于 200mm，再用低强度等级的混凝土填至电缆管块基础底部，其间不得有空隙。

**3.5　沟槽回填**

3.5.1　给水排水管道施工完毕并经检验合格后，沟槽应及时回填。回填前，应符合下列规定：

3.5.1.1　预制管铺设管道的现场浇筑混凝土基础强度，接口抹带或预制构件现场装配的接缝，水泥砂浆强度不应小于是 5MPa。

3.5.1.2　现场浇筑混凝土管渠的强度应达到设计规定。

3.5.1.3　混合结构的矩形管渠或拱形管渠，其砖石砌体水泥砂浆强度应达到设计规定；

当管渠顶板为预制盖板时，应装好盖板。

3.5.1.4　现场浇筑或预制构件现场装配的钢筋混凝拱形管渠或其他拱形管渠应采取措施，防止回填时发生位移或损伤。

3.5.2　压力管道沟槽回填前应符合下列规定：

3.5.2.1　水压试验前，除接口外，管道两侧及管顶以上回填高度不应小于0.5m；水压试验合格后，应及时回填其余部分。

3.5.2.2　管径大于900mm的钢管道，应控制管顶的竖向变形。

3.5.3　无压管道的沟槽应在闭水试验合格后及时回填。

3.5.4　沟槽的回填材料，除设计文件另有规定外，应符合下列规定：

3.5.4.1　回填土时，应符合下列规定。

（1）槽底至管顶以上50cm范围内，不得含有机物、冻土以及长、宽或高大于50mm的砖、石等硬块；在抹带接口处、防腐绝缘层或电缆周围，应采用细粒土回填。

（2）冬期回填时管顶以上50cm范围以外可均匀掺入冻土，其数量不得超过填土总体积的15%，且冻块尺寸不得超过100mm。

3.5.4.2　采用石灰土、砂、砂砾等材料回填时，其质量要求应按设计规定执行。

3.5.5　回填土的含水量，宜按土类和采用的压实工具控制在最佳含水量附近。

3.5.6　回填土的每层虚铺厚度，应按采用的压实工具和要求的压实度确定。对一般压实工具，铺土厚度可按表3.5.1中的数值选用。

**表3.5.1　回填土每层虚铺厚度**

| 压实工具 | 虚铺厚度/cm | 压实工具 | 虚铺厚度/cm |
|---|---|---|---|
| 木夯、铁夯 | ≤20 | 压路机 | 20～30 |
| 蛙式夯、火力夯 | 20～25 | 振动压路机 | ≤400 |

3.5.7　回填土每层的压实遍数，应按要求的压实度、压实工具、虚铺厚度和含水量，经现场试验确定。

3.5.8　当采用重型压实机械压实或较重车辆在回填土上行驶时，管道顶部以上应有一定厚度的压实回填土，其最小厚度应按压实机械的规格和管道的设计承载力，通过计算确定。

3.5.9　沟槽回填时，应符合下列规定：

3.5.9.1　砖、石、木块等杂物应清除干净。

3.5.9.2　采用明沟排水时，应保持排水沟畅通，沟槽内不得有积水。

3.5.9.3　采用井点降低地下水位时，其动水位应保持在槽底以下不小于0.5m处。

3.5.10　回填土或其他回填材料运入槽内时不得损伤管节及其接口，并应符合下列规定：

3.5.10.1　根据一层虚铺厚度的用量将回填材料运至槽内，且不得在影响压实的范围内堆料。

3.5.10.2　管道两侧和管顶以上50cm范围内的回填材料，应由沟槽两侧对称运入槽内，不得直接扔在管道上；回填其他部位时，应均匀运入槽内，不得集中推入。

3.5.10.3　需要拌和的回填材料，应在运入槽内前拌和均匀，不得在槽内拌和。

3.5.11　沟槽回填土或其他材料的压实，应符合下列规定：

3.5.11.1　回填压实应逐层进行，且不得损伤管道。

3.5.11.2　管道两侧和管顶以上50cm范围内，应采用轻夯压实，管道两侧压实面的高差不应超过30cm。

3.5.11.3　管道基础为土弧基础时，管道与基础之间的三角区应填实。压实时，管道两侧应对称进行，且不得使管道位移或损伤。

3.5.11.4　同一沟槽中有双排或多排管道的基础底面位于同一高程时，管道之间的回填压实应与管道与槽壁之间的回填压实对称进行。

3.5.11.5　同一沟槽中有双排或多排管道但基础底面的高程不同时，应先回填基础较低的沟槽；当回填至较高基础底面高程后，再按上款规定回填。

3.5.11.6　分段回填压实时，相邻段的接茬应呈接梯形，且不得漏夯。

3.5.11.7　采用木夯、蛙式夯等压实工具时，应夯夯相连；采用压路机时，碾压的重叠宽度不得小于20cm。

3.5.11.8　采用压路机、振动压路机等压实机械压实时，其行驶速度不得超过2km/h。

3.5.12　管道沟槽位于路基范围内时，管顶以上25cm范围内回填土表层的压实度不应小于87%，其他部位回填土的压实度应符合表3.5.2的规定。

**表3.5.2　沟槽回填土作为路基的最小压实度**

| 由路槽底算起的深度范围/cm | 道路类别 | 最低压实度（%） | |
|---|---|---|---|
| | | 重型击实标准 | 轻型击实标准 |
| ≤80 | 快速路及主干路 | 95 | 98 |
| | 次干路 | 93 | 95 |
| | 支路 | 90 | 92 |
| >80~150 | 快速路及主干路 | 93 | 95 |
| | 次干路 | 90 | 92 |
| | 支路 | 87 | 90 |
| >150 | 快速路及主干路 | 87 | 90 |
| | 次干路 | 87 | 90 |
| | 支路 | 87 | 90 |

注：1. 表中重型击实标准的压实度和轻型击实标准的压实度，分别以相应的标准击实试验法求得的最大干密度为100%；

2. 回填土的要求压实度，除注明者外，均为轻击实标准的压实度（以下同）。

3.5.13　管道两侧回填土的压实度应符合下列规定：

3.5.13.1　对混凝土、钢筋混凝土和铸铁圆形管道，其压实度不应小于90%；对钢管道，其压实度不应小于95%。

3.5.13.2　矩形或拱形管渠的压实度应设计文件规定执行；设计文件无规定时，其压实度不应小于90%。

3.5.13.3　有特殊要求管道的压实度，应按设计文件执行。

3.5.13.4　当沟槽位于路基范围内，且路基要求的压实度大于上述有关条款的规定时，按本规范第3.5.12条执行。

3.5.14　当管道覆土较浅，管道的承载力较低，压实工具的荷载较大，或原土回填达不到要求的压实度时，可与设计单位协商采用石灰土、砂、砂砾等具有结构强度或可以达到要求的其他材料回填。为提高管道的承载力，可采取加固管道的措施。

# 附录C　常见典型园路的施工图设计要点、施工工艺和技术要点

根据园林铺地及园路面层铺装材料的不同，可以分为混凝土园路、花岗石园路、碎拼花岗石园路、水泥面砖园路、小青砖园路、鹅卵石园路等，有些园路由各种不同的材料混合铺装，组成了五光十色的图案，这种园路的铺装技术要求高，施工难度也较大。下面介绍几种常用的块料面层的铺装方法。

**1. 花岗石园路的铺装方法及施工要点**（图C-1）

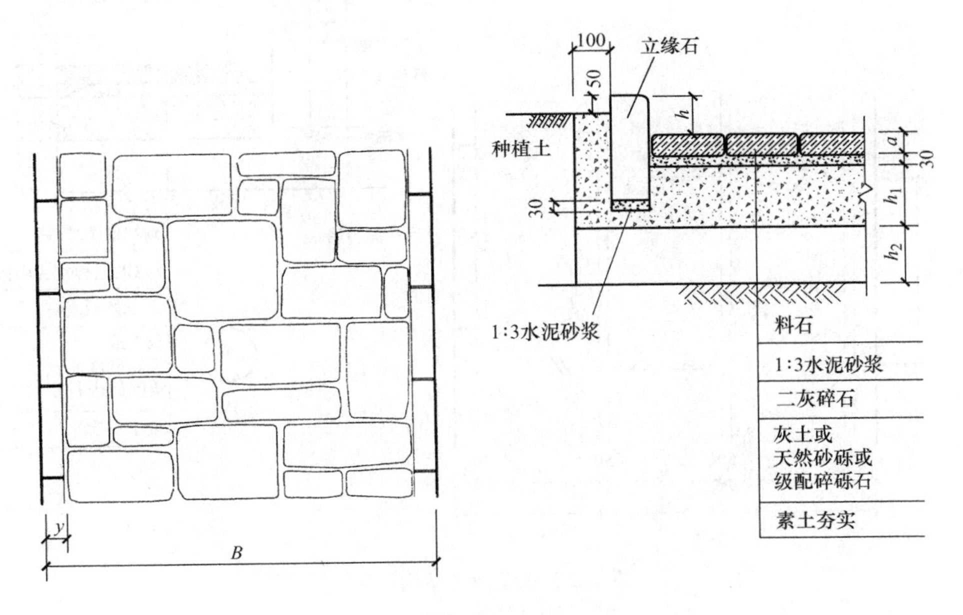


图C-1　花岗石园路施工详图

（1）选材　根据施工图样的要求选用花岗石的外形尺寸，并且将缺边掉角、有裂纹和局部污染变色的剔除，对于异形的石材可以由施工方提供图样进行预加工，少量不规则的花岗石应进行现场切割加工。对于园路的面层要铺装成花纹图案的，将花岗石应按不同颜色、不同大小、不同长扁形状分类堆放，方便铺装拼接时使用。对于呈曲线、弧形等形状的园路，其花岗石按图样加工后按照不同尺寸堆放整齐。对不同色彩和不同形状的花岗石进行编

号，保证铺装的图案效果。

（2）铺装前的准备　铺装前，先进行弹线，先弹干线作为基线，起标筋作用，再向两边铺贴开来，花岗石铺贴之前还应泼水润湿，阴干后备用。

（3）花岗岩铺筑　在找平层上均匀铺一层水泥砂浆，随刷随铺，用20mm厚1:3干硬性水泥砂浆作黏结层，花岗石安放后，用橡皮锤敲击，既要达到铺设高度，又要使砂浆黏结层平整密实。对于花岗石进行试拼，查看颜色、编号、拼花是否符合要求，图案是否美观。对于要求较高的项目应先做一样板段，邀请建设单位和监理工程师进行验收，符合要求后再进行大面积的施工。对于地面有高差，比如台阶、水景、树池等交汇处施工的重点，铺装前，应进行切削加工，圆弧曲线应磨光，确保花纹图案标准、精细、美观。

（4）铺后养护与验收　铺设后要满足水泥砂浆在硬化过程中所需的水分，保证花岗石与砂浆黏结牢固。养护期3天之内禁止踩踏。

铺装后花岗石面层要求洁净、平整，斧凿面纹路清晰、整齐、色泽一致，铺贴后表面平整，斧凿面纹路交叉、整齐美观，接缝均匀、周边顺直、镶嵌正确，板块无裂纹、掉角等缺陷。

**2. 水泥面砖园路的铺设方法**（图C-2）

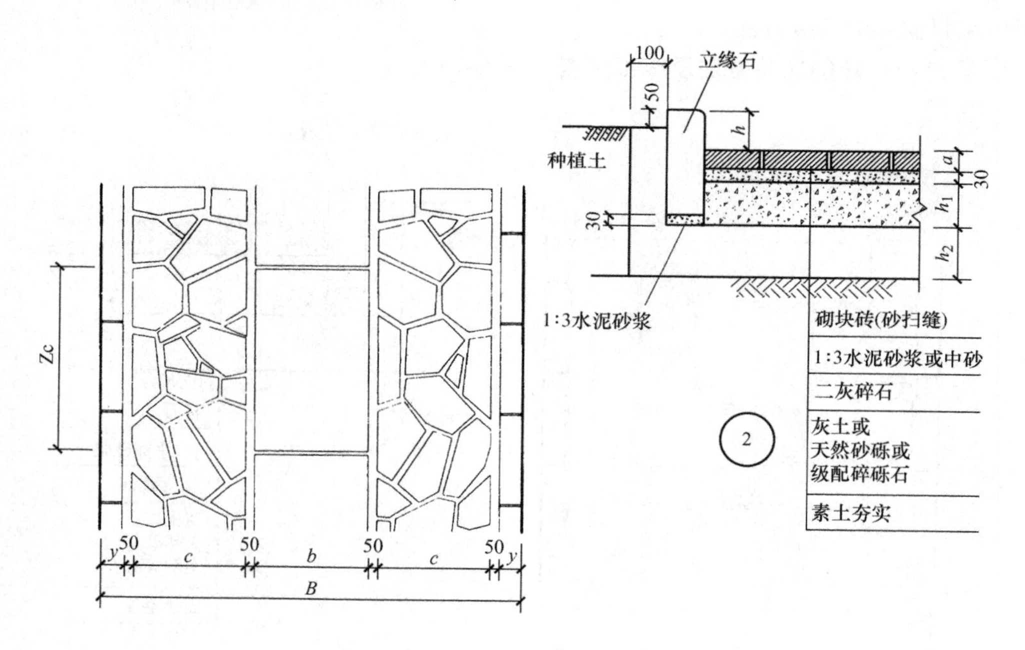


图C-2　水泥面砖路面施工图

水泥面砖是以优质色彩水泥、砂，经过机械拌合成型，充分养护而成的，其强度高、耐磨、色泽鲜艳、品种多。水泥面砖表面还可以做成凸纹和圆凸纹等多种形状。水泥面砖园路的铺装与花岗石园路的铺装方法大致相同。

具体操作步骤如下：

1）选料。水泥面砖是机制砖，色彩品种多，因此在铺装前按照颜色和花纹分类，剔除有裂缝、掉角、表面有缺陷的面砖。

2）基层清理。地面清理后，找到规矩和泛水，扫好水泥浆，再按地面标高留出水泥面

砖厚度做灰饼，用1:3干硬砂浆冲筋、刮平，厚度约为20mm，刮平时砂浆要拍实、刮毛并浇水养护。

3）弹线预铺。在找平层上弹出定位十字中线，按设计图案预铺设花砖，砖缝顶预留2mm，按预铺设的位置用墨线弹出水泥面砖四边边线，再在边线上画出每行砖的分界点。

4）浸水湿润。铺贴前，应先将面砖浸水2~3小时，再取出阴干后使用。

5）水泥面砖的铺贴应在砂浆凝结前完成。铺贴时，要求面砖平整、镶嵌正确。施工间歇后继续铺贴前，应将已铺贴的花砖挤出的水泥混合砂浆予以清除。

6）铺砖时将水泥混合砂浆黏结层拍实搓平。水泥面砖背面要清扫干净，先刷出一层水泥石灰浆，随刷随铺，就位后用小木槌凿实。注意控制黏结层砂浆厚度，尽量减少敲击。在铺贴施工过程中，如出现非整砖时用石材切割机切割。

7）水泥面砖铺贴1~2天后，用1:1稀水泥砂浆填缝。面层上溢出的水泥砂浆凝结前予以清除，待缝隙内的水泥砂浆凝结后，再将面层清洗干净。完成24h后浇水养护，完工3~4天不得上人踩踏。

**3. 小青砖园路的铺装方法**（图C-3）

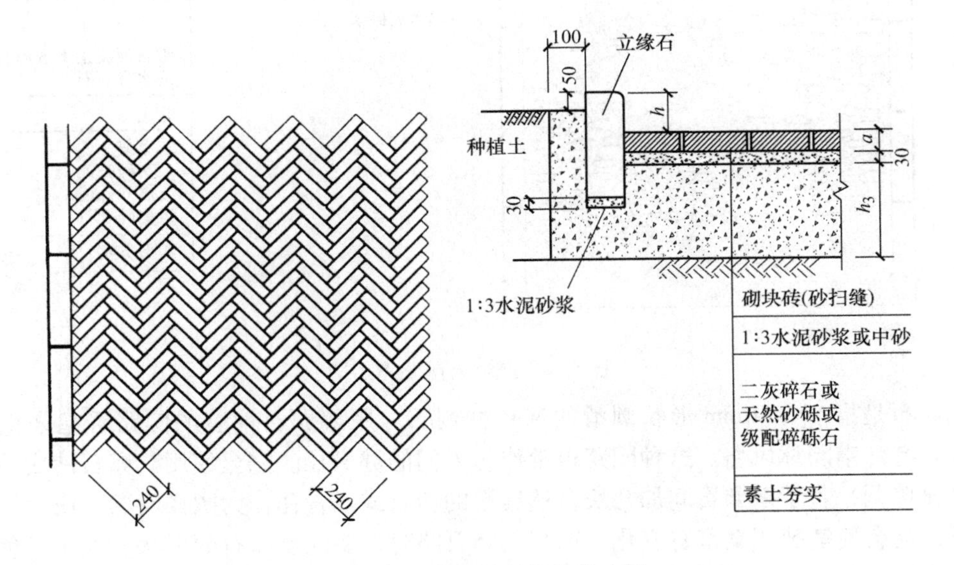


图C-3　小青砖园路的铺装施工图

小青砖园路铺装，适合于寺庙、古建筑、古典园林、中式私家宅院的室外铺装，风格古朴、自然。往往与建筑风格融为一体，是民族风格的体现。

操作步骤：

1）选砖。按设计图样的要求选好小青砖的尺寸、规格。先将有缺边、掉角、裂纹和局部污染变色的小青砖挑选出来，完好地进行套方检查，规格尺寸有偏差，应磨边修正。

2）基层、垫层施工。基层一般施工工艺流程为素土夯实→碎石垫层→素混凝土垫层→砂浆结合层。在垫层施工中，做好标高控制工作，碎石和素混凝土垫层的厚度应按施工图样的要求去做，砂石垫层一般较薄。

3）弹线预铺。在素混凝土垫层上弹出定位十字中线后，按设计图样的要求先铺装样板段，特别是铺装成席纹、人字纹、斜柳叶、十字绣、八卦锦、龟背锦等各种面层形式的园路，更应预先铺设一段，看一看面层形式是否符合要求，然后再大面积地进行铺装。

4）路面铺装时，先做园路两边的“子牙砖”，相当于现代道路的侧石，子牙砖可采用横铺、立铺和锯齿形铺装。铺装排样后，两边用水泥砂浆作为垫石加以固定。

5）小青砖与小青砖之间应挤压密实，铺装完成后，用细灰扫逢。

**4. 鹅卵石园路的铺装方法**（图 C-4）

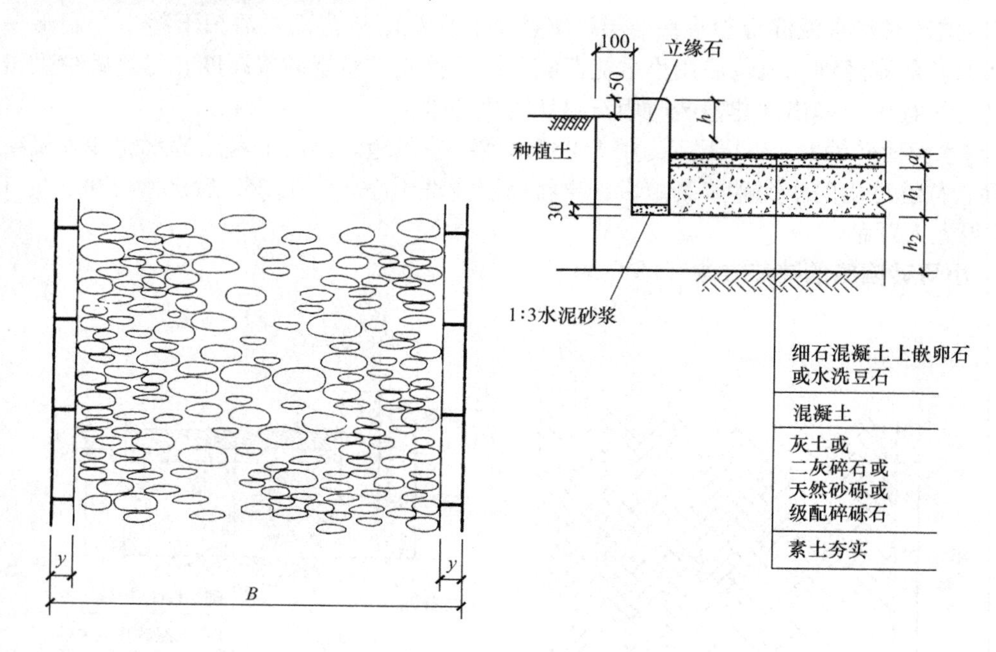


图 C-4　鹅卵石园路施工图

鹅卵石是指 10～40mm 形状圆滑的河川冲刷石。用鹅卵石铺装的园路看起来稳重又实用，且具有江南园林风格。这种园路也常作为人们的健身径。完全使用鹅卵石铺成的园路往往会稍显单调，若于鹅卵石间加几块自然扁平的切石或以青瓦作为图样轮廓，或少量的彩色鹅卵石，就会使铺装图案富有变化。铺装鹅卵石路时，要注意卵石的形状、大小、色彩是否调和。特别在与切石板配置时，相互交错形成的图案要自然，切石与卵石的石质及颜色最好避免完全相同，才能显出路面变化的美感。

施工时，为保证铺出的路面平坦，必须认真进行路基施工。将未干的砂浆填入，再把卵石及切石一一填下，鹅卵石呈卵圆形，应选择光滑圆润的一面向上，在作为庭院或园路使用时，一般横向埋入砂浆中；在作为健身径使用时，一般竖向埋入砂浆中，埋入量约为卵石的 2/3，这样比较牢固。为了保证铺装的卵石不脱落，在平栽的过程中尤其要注意基层的厚度和砂浆的标号大小。较大的卵石埋入砂浆的部分多些，使路面整齐，高度一致。切忌将卵石最薄的一面平放在砂浆中，这样极易脱落。摆完卵石后，再在卵石之间填入稀砂浆，填充实后就算完成了。卵石排列间隙的线条要呈不规则的形状，千万不要弄成十字形或直线形。此外，卵石的疏密也应保持均衡，不可部分拥挤、部分疏松。如果要做成花纹则要先进行排版放样再进行铺设。

鹅卵石地面铺设完毕应立即用湿抹布轻轻擦拭其表面的灰泥，使鹅卵石保持干净，并注意施工现场的成品保护。

鹅卵石园路的路基施工工艺流程是：素土夯实→碎石垫层→素混凝土垫层→砂浆结合层→卵石面层。

**5. 彩色混凝土压模园路的铺装方法**（图 C-5）

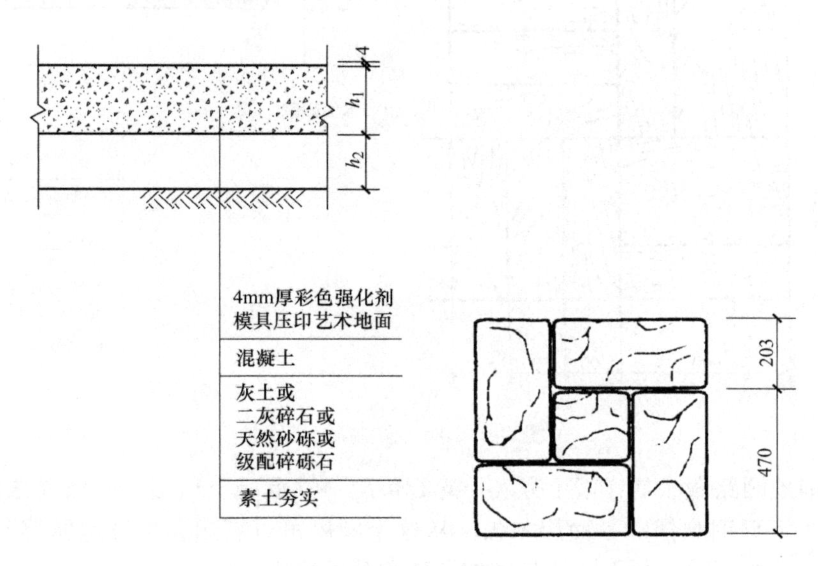


图 C-5　彩色混凝土压模园路施工图

彩色混凝土压模园路是一种面层为混凝土地面，采用水泥耐磨材料铺装而成的园路，它是以硅酸盐水泥或普通硅酸盐水泥、耐磨骨料为基料，加入适量添加剂组成的干混材料。具体工艺流程为：地面处理→铺设混凝土→振动压实抹平混凝土表面→覆盖第一层彩色强化粉→压实抹平彩色表面→洒脱模粉→压模成型→养护→水洗施工面→干燥养护→上密封剂→交付使用。

基层做法同一般园路基层的做法相同，关键是彩色混凝土压模园路的面层做法，它的好坏，直接影响到园路的最终质量。初期彩色混凝土一般采用现场搅拌、现场浇捣的方法，平板式振捣机进行振捣，直接找平，木楔打光。在混凝土即将终凝前，用专用模具压出花纹。压出花纹的过程中要采用脱模剂，防止模板与混凝土黏结过牢影响压出的图案效果。彩色混凝土应一次配料、一次浇捣，避免多次配料而产生色差。彩色混凝土压模园路的花纹是根据模具而成型的，因此模具应按施工图的要求而定制，或向有关专业单位采购适合的模具。

目前，也有商家出售类似混凝土压印的艺术地坪砖，其施工工艺与混凝土面砖或花岗岩面砖施工工艺基本相同。

**6. 木铺地园路的铺装方法**（图 C-6）

木铺地园路石材是采用防腐木材铺装的园路。在园林工程中，木铺地园路是室外的人行道，面层木材一般是采用耐磨、耐腐、纹理清晰、强度高、不易开裂、不易变形的优质木材。经过密闭容器中熏蒸后，进行杀除虫卵增强木材耐腐蚀性。

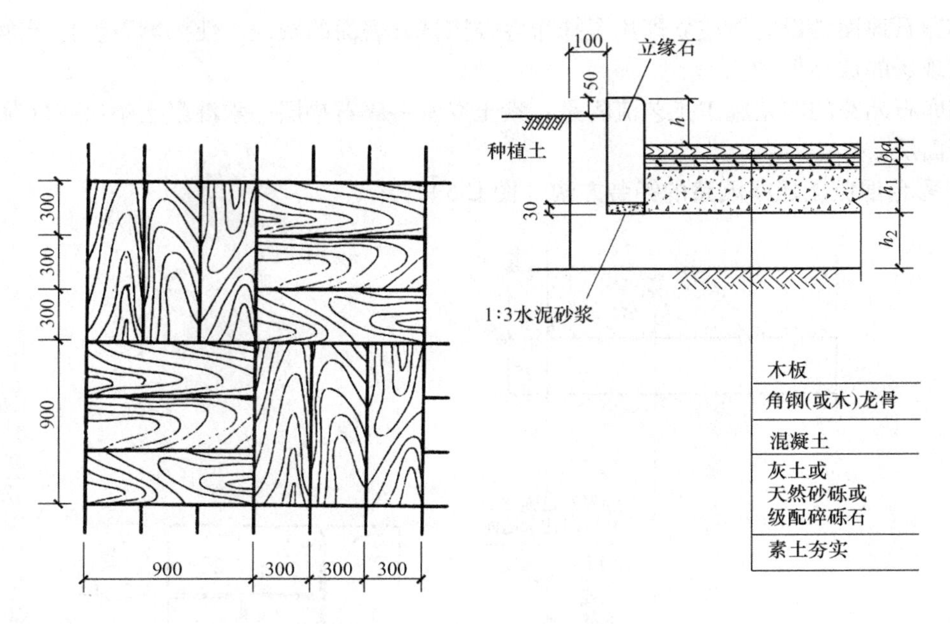


图 C-6　木铺地园路施工图

一般木铺地园路做法是：素土夯实→碎石垫层→素混凝土垫层→砖墩（或混凝土锚固）→木格栅（工字型钢龙骨）→面层木板。从这个顺序可以看出，木铺地园路与一般块石园路的基层做法基本相同，所不同的是增加了砖墩及木格栅。

木板和木格栅的木材含水率应小于 12%。木材在铺装前还应做防火、防腐、防蛀等处理。

（1）砖墩　砖墩一般采用标准砖、水泥砂浆砌筑，砌筑高度应根据木铺地架空高度及使用条件而确定。砖墩与砖墩之间的距离一般不宜大于 2m，否则会造成木格栅的端面尺寸加大。砖墩的布置一般与木格栅的布置一致，如木格栅间距为 50cm，那么砖墩的间距也应为 50cm，砖墩的标高应符合设计要求，必要时可以在其顶面抹水泥砂浆或细石混凝土找平。

（2）木搁栅　木搁栅的作用主要是固定与承托面层。如果从受力状态分析，它可以说是一根小梁。木搁栅断面的选择，应根据砖墩的间距大小而有所区别。间距大，木搁栅的跨度大，断面尺寸相应的也要大些。木搁栅铺筑时，要进行找平。木搁栅安装要牢固，并保持平直。在木搁栅之间要设置剪刀撑，其作用主要是增加木搁栅的侧向稳定性，将一根根单独的格栅连成一体，增加了木铺地园路的刚度。在架空木基层中，格栅与格栅之间设置剪刀撑，是保证质量的构造措施。剪刀撑布置于木搁栅两侧面，用铁钉固定于木搁栅上，间距应按设计要求布置。

（3）面层木板的铺设　面层木板的铺装主要采用铁钉固定，即用铁钉将面层板条固定在木搁栅上。板条的拼缝一般采用平口、错口。木板条的铺设方向一般垂直于人们行走的方向，也可以顺着人们行走的方向，这应按照施工图的要求进行铺设。铁钉钉入木板前，应先将钉帽砸扁，再用工具把铁钉钉帽捅入木板内 3～5mm。木铺地园路的木板铺装好后，应用手提刨将表面刨光，然后由漆工师傅进行砂、嵌、批、涂刷等油漆的涂装工作。

**7. 植草砖铺地**（图 C-7）

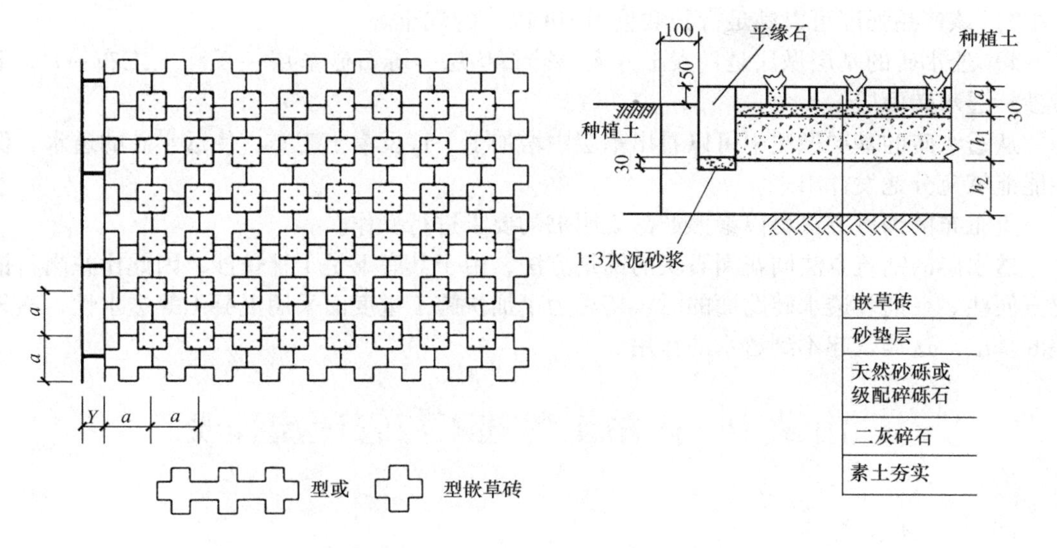


图 C-7　植草砖铺地施工图

植草砖铺地是在砖的孔洞或砖的缝隙间种植青草的一种铺地。如果青草茂盛的话，这种铺地看上去是一片青草地，且平整、地面坚硬。有些是作为停车场的地坪。

植草砖铺地的基层做法是：素土夯实→碎石垫层→素混凝土垫层→细砂层→砖块及种植土、草籽。

也有些植草砖铺地的基层做法是：素土夯实→碎石垫层→细砂层→砖块及种植土、草籽。

从以上种植草砖铺地的基层做法中也可以看出，素土夯实、碎石垫层、素混凝土垫层，与一般的花岗石道路的基层做法相同，不同的是在种植草砖铺地中，有细砂层，还有就是面层材料不同。因此，植草砖铺地做法的关键在于面层植草砖的铺装。应按设计图的要求选用植草砖，目前常用的植草砖有水泥制品的二孔砖，也有无孔的水泥小方砖。植草砖铺筑时，砖与砖之间要留有间距，一般为50mm左右，此间距中，撒入种植土，再拨入草籽，目前也有一种植草砖格栅，是用一种有一定强度的塑料制成的格栅，成品是500mm×500mm一块，将它直接铺设在地面上，用特制的打孔工具将植草框格内的渣土取出，回填上种植土，种植青草或播撒草籽后，喷水养护就成了植草砖铺地。

**8. 透水砖铺地**

随着园林绿化事业的发展，有许多新的材料应用在园林绿地和公园建筑中，透水砖铺地就是一种新颖的砖块。透水砖的功能和特点有：

1）所有原料为各种废陶瓷、石英砂等。广场砖的废次品用来做透水砖的面料，底料多是陶瓷废次品。

2）透水砖的透水性、保水性非常强，透水速率可以达到5mm/s，其保水性达到12L/m²。由于其良好的透水性、保水性，下雨时雨水会自动渗透到砖底下直到地表，部分水保留在砖里面。雨水不会像在水泥路面上一样四处横流，最后通过地下水道完全流入江河。天晴时，渗入砖底下或保留在砖里面的水会蒸发到大气中，起到调节空气湿度、降低大气温度、清除城市“热岛”的作用。其优异的透水性及保水性来源于该产品20%左右的气孔率。

3）该产品强度可以满足行驶载重为10t以上的汽车。

4）透水砖的基层做法是：素土夯实→碎石垫层→砾石砂垫层→反渗土工布→1:3干拌黄沙→透水砖面层。

从透水砖的基层做法中可以看出基层中增加了一道反渗土工布，使透水砖的透水、保水性能能够充分地发挥出来。

土工布的铺设方法可以参照产品说明书的要求进行操作。

透水砖的铺筑方法同花岗石块的铺筑方法，由于其底下是干拌黄沙，因此比花岗石铺筑更方便些。在铺装透水砖路面的时候切忌为了加快施工进度而采用混凝土等透水性、透气性差的基层。这样就起不到透水的作用。

# 附录D　园路工程施工与管理流程表

## 混凝土铺装流程（一）

| 施工流程 | 管理项目 | 施工管理方法 | | 管理的要点（着眼点） | 准备文件 |
|---|---|---|---|---|---|
| | | 监督员 | 工长 | | |
| 材料 | 1. 使用材料（数量、规格、质量、搬入数量、时间、选定预制混凝土工厂） | 确认 | 确认 | ① 根据设计图样，确认施工数量<br>② 根据设计图样，确认设计规格<br>③ 根据设计图样，确认质量和施工方法<br>④ 没有特殊要求时，以预制混凝土为标准<br>⑤ 预制混凝土工厂应是通过JIS认定的工厂<br>⑥ 再次确认1天的浇注数量、运入时间及运输计划 | 材料调拨申请、材料检查申请 |
| 施工 | 2. 施工位置 | 确认 | 确认 | ① 根据设计图样，重新确认施工区域及范围，编制分项设计图<br>② 表层作业之前，重新确认路面基础作业的施工状况<br>③ 制作模板之前，需要核对施工图样<br>④ 配筋之前，先核对图样<br>⑤ 确认和周围设施物的配合状况<br>⑥ 重新确认混凝土搅拌车的驶入途径，等待场所及逗留场所等 | 分项施工图（接缝等）、配筋审查申请 |
| | 3. 施工日程 | 承诺 | 确认 | ① 表层施工前，应再次核实气象预报<br>② 浇注混凝土时，原则上温度应在4℃以上 | |
| | 4. 施工机种及器具 | 确认 | 确认 | ① 检查混凝土搅拌机<br>② 检查压力泵<br>③ 检查、确认混凝土浇注器材<br>④ 重新确认强度试验等计划 | 使用重型机械报告书 |

（续）

| 施工流程 | 管理项目 | 施工管理方法 | | 管理的要点（着眼点） | 准备文件 |
|---|---|---|---|---|---|
| | | 监督员 | 工长 | | |
| 施工 | 5. 浇注混凝土<br>① 浇注 | 确认 | 确认 | ① 迅速摊开压平混凝土<br>② 每个接缝的浇筑作业都要连续进行，直到结束<br>③ 部分混凝土铺装时设制有铁丝网，浇筑时需加以注意<br>④ 参照混凝土工程项目进行浇筑 | 样品采取书，强度实验表、密度试验表 |
| | ② 接缝 | | | ① 接缝应与路面垂直<br>② 接缝材料以杉板（板材厚度为9mm）为标准，注入接缝的材料应符合图样规定<br>③ 事先编制接缝设计 | |
| | 6. 混凝土的捣固和施工<br>① 捣固 | 确认 | 确认 | ① 混凝土摊开压平后，立即用平面或棒状振动器认真压固，整体状态保持一致<br>② 人力压固时，使用平面振动器施工<br>③ 模板、接缝、边角、构筑物等附近，用棒状振动器压固<br>④ 压固铁网混凝土时，要避免铁网挠曲或移动 | |

## 混凝土铺装流程（二）

| 施工流程 | 管理项目 | 施工管理方法 | | 管理的要点（着眼点） | 准备文件 |
|---|---|---|---|---|---|
| | | 监督员 | 工长 | | |
| 施工 | ② 施工 | 确认 | 确认 | ① 相接的混凝土板的表面，应为同等高度<br>② 道路铺装要求表面平坦、致密、坚固，纵向要平直没有小波<br>③ 器具类要保持洁净，使用时用水润湿<br>④ 表面低凹处用灰浆多的混凝土修补<br>⑤ 混凝土表面的水光消失后，用扫帚清扫<br>⑥ 用表面修整机械或滚筒，压平纵向凸凹，保证铺装平坦（特别是道路铺装）<br>⑦ 使用滚筒施工时，应再次碾压上回压固过的一半长度，保证整体表面均匀一致 | |
| | 7. 表层的养护 | 确认 | 确认 | ① 混凝土铺装后，原则上不允许在48h以内拆除模板<br>② 表面压固竣工后，用席子、薄膜等覆盖<br>③ 保持湿润。避免阳光直射、风雨、干燥热、荷重、冲击等有害的外界干扰 | |
| | 8. 样品采取试验 | 确认 | 确认 | 竣工后，用规定的频度测定强度、密度、厚度等 | |
| 完成 | 9. 完工形状 | 确认 | 确认 | 和设计图样相对照，确认完工形状 | 完工形状管理图 |

## 水泥板、砖、瓷砖、木砖铺装流程

| 施工流程 | 管理项目 | 施工管理方法 | | 管理的要点（着眼点） | 准备文件 |
|---|---|---|---|---|---|
| | | 监督员 | 工长 | | |
| 材料 | 1. 使用材料（数量、规格、质量） | 确认 | 确认 | ① 根据设计图样，确认施工数量<br>② 根据设计图样，确认设计规格<br>③ 根据设计图样，确认质量和施工方法<br>④ 检查样品等，确认材料 | 材料调拨申请、材料检查申请 |
| 施工 | 2. 施工位置（施工范围、施工分项图的编制） | 确认 | 确认 | ① 根据设计图样重新确认施工区域及范围<br>② 表层作业之前，重新确认基础状况<br>③ 编制包括接缝在内的分项施工设计图<br>④ 注意和其他工程的配合情况<br>⑤ 注意施工标高和计划标高 | 交付施工图 |
| | 3. 施工日程 | 确认 | 确认 | 本作业受气象条件制约，应根据气象决定日程 | |
| | 4. 安装、粘贴（分段，坡度，表面排水） | 确认 | 确认 | ① 本作业是园林工程上的重要的施工作业，应该让熟练工人施工<br>② 手工作业制约效率，应予注意<br>③ 研究铺装图案、路边石和其他设施的配合状况，并安排伸缩缝<br>④ 分段时，发现不足整块的余数，根据现场施工情况解决<br>⑤ 根据垂直线正确施工，已达到规定的坡度<br>⑥ 大面积施工时，确认侧沟或进水口的位置，结合表面排水等问题，决定坡度的方向<br>⑦ 接缝作业应该依照分段施工图施工，采用美观大方的直缝形状 | |
| | 5. 表层的养护 | 确认 | 确认 | ① 本作业和其他工种关联，在完工面上通行时用薄板、草袋等覆盖，并在其上面铺设道板或胶合板，加以保护<br>② 表层上如果长期间覆盖薄板等物件，薄板等的模样会附着在铺装面上，应该加以注意 | |
| 完成 | 6. 完工形状 | 确认 | 确认 | ① 和设计图相对照，确认完工形状<br>② 端部的施工状态应符合造园景观上的要求，并与其他工作物相协调 | 完工形状管理图 |

## 自然石铺装流程

| 施工流程 | 管理项目 | 施工管理方法 | | 管理的要点（着眼点） | 准备文件 |
|---|---|---|---|---|---|
| | | 监督员 | 工长 | | |
| 材料 | 1. 使用材料（数量、规格、质量） | 确认 | 确认 | ① 根据设计图样，确认施工数量<br>② 根据设计图样，确认设计规格<br>③ 根据设计图样确认质量和施工方法<br>④ 根据提交的样品确认材料<br>⑤ 对特殊材料也应该确认 | 材料调拨申请、材料检查申请 |
| 施工 | 2. 施工位置（施工范围、分段施工图的编制、材料临时放置场地的审查） | 确认 | 确认 | ① 根据设计图样重新确认施工区域及范围<br>② 表层作业之前，重新确认基础部位的施工状况<br>③ 编制包括接缝比例在内的分段施工图<br>④ 注意和其他设施相接点的配合情况<br>⑤ 注意施工标高和计划标高<br>⑥ 注意材料的运入口及临时放置场地<br>⑦ 在材料的临时放置场地应适时安全措施，避免损伤和发生事故 | |
| | 3. 施工日程 | 确认 | 确认 | 施工状态是本作业的生命。施工往往受气象条件制约，应根据气候决定日程 | |
| | 4. 安装、粘贴（作业班组、安装、粘贴） | 确认 | 确认 | ① 本作业是园林工程上重要的施工作业，应该让熟练工人施工<br>② 手工作业制约效率，应加以注意<br>③ 按照设计图样及分段施工图，边加工石材，边认真安装，确保外表质量<br>④ 分段时发现余数，根据现场施工状况，妥善处理<br>⑤ 根据垂直线正确施工，保证达到规定的坡度<br>⑥ 大面积施工时，确认侧沟或进水口的位置，结合表面排水、坡度及配合等状况施工<br>⑦ 接缝应根据分段图施工。注意保证外观质量 | |
| | 5. 表层的养护 | 确认 | 确认 | ① 与“水泥板、砖、瓷砖、木砖铺装流程”第5项“表层的养护”内容相同<br>② 在完工面上不要附着上灰浆或混凝土，以免修整困难 | |
| 完成 | 6. 完工形状 | 确认 | 确认 | ① 和设计图样相对照，确认完工形状<br>② 站在造园景观的角度上，重新核对端部的施工状况，以及与其他设施物的配合状况 | 完工形状管理图 |

## 砂、碎石、石灰岩粉末铺装流程

| 施工流程 | 管理项目 | 施工管理方法 | | 管理的要点（着眼点） | 准备文件 |
|---|---|---|---|---|---|
| | | 监督员 | 工长 | | |
| 材料 | 1. 使用材料（数量、规格、质量） | 确认 | 确认 | ① 根据设计图样确认施工数量<br>② 根据设计图样确认设计规格<br>③ 根据设计图样确认质量、施工方法<br>④ 根据提交的样品确认材料<br>⑤ 因为特殊材料很多，应进行分别确认 | 材料调拨申请、材料检查申请 |
| 施工 | 2. 施工位置（施工范围、材料临时放置场） | 确认 | 确认 | ① 根据设计图样重新确认施工区域及范围<br>② 表层作业之前，重新确认基层作业的施工状况<br>③ 注意材料的进入口及临时设置场地<br>④ 材料临时放置场地，应防止材料飞散，惊扰四周，发生事故 | |
| | 3. 施工日程 | 确认 | 确认 | 本作业的表层加工受气象条件制约，应根据气候决定日程 | |
| | 4. 摊开压平 | 承诺 | 确认 | ① 重新确认基础层的施工标高<br>② 均匀地摊开压平表面材料，特别是设施物的周围，更需要注意摊平的质量<br>③ 大面积施工时，应在5m左右的筛网上设置表示施工标高的木桩 | |
| | 5. 碾压机种的选定 | 确认 | 确认 | ① 根据施工面积及现场的配合情况，选定机种<br>② 以振动压路机（0.5～0.6t级或2.0～2.8t级）作为标准<br>③ 设施物周围使用小型振动金属板等，仔细施工 | 使用机械报告书 |
| | 6. 碾压施工 | 确认 | 确认 | ① 碾压先从周围低的地方开始，到高的中央部结束<br>② 碾压在纵横方向交互进行<br>③ 碾压从开始到结束连续进行，要在先前碾压过1/2的宽度上重复碾压<br>④ 洒水使用淡水，不要使用泥水等<br>⑤ 反复洒水、碾压及找平，保证达到规定的高度、厚度和坡度<br>⑥ 均匀地散布规定量的表层安定剂，适当洒水，进行碾压<br>⑦ 游戏设施周围等要除去砾石及其他障碍物，设置坡度，并在中部凸起地方进行施工 | |
| | 7. 表层的养护 | 确认 | 确认 | 完工后，当进行其他工程时，应铺设薄板、夹板等加以保护 | |
| 完成 | 8. 完工形状 | 确认 | 确认 | ① 和设计图样相对照，确认完工形状<br>② 站在造园景观的角度上，重新核对端部的施工状况，以及与其他设施物的配合状况 | 完工形状管理图 |

## 粒料铺装流程

| 施工流程 | 管理项目 | 施工管理方法 | | 管理的要点（着眼点） | 准备文件 |
|---|---|---|---|---|---|
| | | 监督员 | 工长 | | |
| 材料 | 1. 使用材料（数量、规格、质量） | 确认 | 确认 | ① 根据设计图样确认施工数量<br>② 根据设计图样确认设计规格<br>③ 根据设计图样确认质量、施工方法<br>④ 根据提交的样品确认材料<br>⑤ 对特殊材料也应该确认 | 材料调拨申请、材料检查申请 |
| 施工 | 2. 施工位置（施工范围、材料临时放置场） | 确认 | 确认 | ① 根据设计图样重新确认施工区域及范围<br>② 表层作业之前，重新确认基层作业的施工状况<br>③ 注意材料的进入口及临时设置场地 | |
| | 3. 施工日程 | 确认 | 确认 | 本作业的表层加工受气象条件制约，应根据气候决定日程 | |
| | 4. 碾压机种 | 承诺 | 确认 | ① 根据施工面积及现场的配合情况，选定机种<br>② 以振动压路机（0.5～0.6t级或2.0～2.8t级）作为标准<br>③ 设施物周围使用小型振动金属板等，仔细施工 | 使用机械报告书 |
| | 5. 碾压施工 | 承诺 | 确认 | ① 碾压先从周围低的地方开始，到高的中央部结束<br>② 碾压在纵横方向交互进行<br>③ 碾压从开始到结束连续进行，要在先前碾压过1/2的宽度上重复碾压<br>④ 洒水使用淡水，不要使用泥水等<br>⑤ 反复洒水、碾压及找平，保证达到规定的高度、厚度和坡度<br>⑥ 均匀地散布规定量的表层安定剂，适当洒水，进行碾压<br>⑦ 游戏设施周围等要除去砾石及其他障碍物，设置坡度，并在中部凸起地方进行施工<br>⑧ 荒地等的表面加工厚度为30mm以下时，为了便于和路面合为一体，应用耙平机等压平路面再施工 | |
| | 6. 表层的养护 | 确认 | 确认 | ① 完工后，当进行其他工程时，应铺设薄板、夹板等加以保护<br>② 冬期施工注意防冻 | |
| 完成 | 7. 完工形状 | 确认 | 确认 | ① 和设计图样相对照，确认完工形状<br>② 站在造园景观的角度上，重新核对端部的施工状况，以及与其他设施物的配合状况 | 完工形状管理图 |

# 附录 E　栽植现场管理及管理要点

表 E-1　栽植工程流程表（一）

| 施工流程 | 管理项目 | | 施工管理方法 | | 管理的要点（着眼点） | 准备文件 |
|---|---|---|---|---|---|---|
| | | | 监督人 | 现场代理人 | | |
| 准备 | 1. 施工现场的确认 | | 确认 | 确认 | 确认地形、土质、土壤硬度，平坦地、倾斜地等栽植地面的各种条件 | |
| | 2. 工程量及工期的确认 | | 确认 | 确认 | 根据设计图样，确定总数量、标准作业量和工期 | |
| | 3. 栽植施工方法的确认 | | 承诺 | 确认 | 把握栽植内容，选定使用机具材料，研究在不适宜栽植时期采取的措施 | |
| | 4. 栽植总体计划及材料搬入的计划 | | 承诺 | 确认 | 确认材料（购入材料和调拨材料）。根据各有关工程间的关系以及搬入材料的途径和树木生理等，制定材料搬入计划，确保灌水用水 | |
| | 5. 开工前提交文件的编制 | | 承诺 | 确认 | 编制施工计划书，工程记录，照相摄影以及其他必要文件 | |
| 材料 | 6. 不同材料数量、质量的确认 | ① 树木 | 确认 | 确认 | 确认形状尺寸（树高、干周长、树冠宽度），树形、树势，根的状态及有无病虫害及其数量 | 材料调拨申请 |
| | | ② 种植用土 | 确认 | 确认 | 确认土质（适于植物生长的土壤），有无小石子、垃圾、杂草等夹杂物，确认数量 | 提交样品客土分析表 |
| | | ③ 防风支柱材料等 | 确认 | 确认 | ① 确认防腐处理方法<br>② 圆木、毛竹支撑材料，要求确认材质、形状尺寸、防腐处理、弯曲、腐蚀、虫蛀、有无变色和数量<br>③ 钢管支柱材料、镀锌钢丝、棕榈绳、杉皮等的质量、数量的确认 | 防腐材料加压注入处理证明书 |
| | | ④ 种植用各种材料 | 确认 | 确认 | 确认土壤改良剂，肥料等的质量和数量 | 各种质量证明书 |
| | | ⑤ 搬入现场时的再确认 | 确认 | 确认 | 对于实现调查的各类材料，要在搬入现场时，再次确认例如树木根系或土坨状况，运输时有无损伤，质量等级及数量等 | |

表 E-2　栽植工程流程表（二）

| 施工流程 | 管理项目 | 施工管理方法 | | 管理的要点（着眼点） | 准备文件 |
|---|---|---|---|---|---|
| | | 监督人 | 现场代理人 | | |
| 施工 | 7. 树坑 | 确认 | 确认 | ① 根据配置要求，树坑间的配合，形状尺寸及有无地下埋设物，决定树坑位置<br>②测定树坑尺寸（直径、深度），确认土质及透水性 | 透水试验报告 |
| | 8. 种植 | 确认 | 确认 | ① 确认小搬运不损伤树木<br>② 确认树型的修剪及整形状况<br>③ 注意棕榈绳的缠绕间隔等，确认树干的缠裹状况<br>④ 确认树坑底部填入良质土，中部略微凸出，注意树木朝向<br>⑤ 注意客土量（土壤改良剂与土壤的混合状况），确认客土是否均匀分布在土坨的周围<br>⑥ 浇水和复土（覆土）时，避免损伤树根，保证复土（覆土）与树根密实 | |
| | 9. 防风支柱 | 确认 | 确认 | ① 根据树木正面、风向、立地条件，设置避风支柱<br>②确认绑扎支柱的使用材料及缠绕次数和松紧状况 | |
| | 10. 整地 | 确认 | 确认 | 检查整地效果，处理残土及杂物，确认清理状况 | |
| | 11. 养护 | 确认 | 确认 | ① 确认防寒、防暑措施。在不适宜种植季节栽植时的养护措施（散布抑制水分蒸发的化学药剂等）<br>② 确认树洼、灌水、修剪、整姿等 | |
| 完成 | 12. 完工形状 | 确认 | 确认 | ① 和栽植施工图对照，编制竣工图<br>② 确认整体完工状况 | 竣工图 |
| | 13. 确认树木枯死后的补植 | 确认 | 确认 | ① 确认有无枯死者需要补植<br>② 确认再次支付栽植材料的手续（如需支付栽植材料） | |

## 园林绿化工程的非适宜季节栽植技术

有时由于有特殊需要的临时任务或由于其他工程的影响，不能在事宜季节植树。这就需要采用突破植树季节的方法。其技术可按有无预先计划分成两类。

**1. 有预先移植计划的方法**

预先可知由于其他工程影响不能及时种植，仍可于适合季节起掘好苗，并运到施工现场假植养护，等待其他工程完成后立即种植和养护。

落叶树的移植：由于种植时间在非适合的生长季，为提高成活率，应预先于早春未萌芽时带土球掘好苗木，并适当重剪树冠。所带土球的大小规格可按一般规定或稍大。但包装比一般的加厚、加密些。如果只能提供苗圃已在去年秋季崛起假植的裸根苗，应在此时另造土球（称作“假坨”），即在地上挖一个与根系大小相应的、上大下略小的圆形底穴，将蒲包等包装材料铺于穴内，将苗根放入，使根系舒展，干于正中。分层填入细润之土并夯实（注意不要砸伤根系），直至与地面相平。将包裹材料收拢于树干捆好，然后挖出假坨，再用草绳打包。为防暖天假植引起草包腐朽，还应装筐保护（选比球稍大、略高 20～30cm 的箩筐（常用竹丝、紫穗槐条和荆条所编），苗木规格较大的应改用木箱或桶。先填些土于筐底，放土球于正中，四周分层填土并夯实，直至离筐沿还有 10cm 高时为止，并在筐边沿加土拍实作灌水堰。同时在距施工现场较近、交通方便、有水源、地势较高、雨季不积水之底，按每双行为一组，每组间隔 6～8m 作卡车道（每行内以当年生新稍互不相碰为株距），挖深为筐高的 1/3 的假植穴。将装筐苗运来，按树种与品种、大小规格分类放入假植穴中。筐外培土至筐高 1/2，并拍实，间隔数日连浇 3 次水，然后进入假植期间，适当施肥、浇水、防治病虫、雨季排水，适当疏枝，控徒长枝、去蘖等。待施工现场能够种植时，提前将筐外所培之土扒开，停止浇水，风干土筐；发现已腐朽的应用草绳捆缚加固。吊栽时，吊绳与筐间应垫块木板，以免勒散土坨。入穴后，尽量去除包装物，填土夯实。经多次灌水或结合遮阴保其成活后，酌情进行追肥等养护。

**2. 临时特需的移植技术**

无预先计划，因临时特殊需要，在不适合季节移植树木，可按照不同种类树种采取不同措施。

（1）常绿树的移植　应选择春稍已停，二次稍未发的树种；起苗应尽量带较大土球。对树冠进行疏剪或摘掉部分叶片。做到随掘、随运、随栽；及时多次灌水，叶面经常喷水，晴热天气应结合遮阴。易日灼的地区，树干裸露者应用草绳进行卷干，入冬注意防寒。

（2）落叶树的移栽　最好也应选春稍已停长的树种，疏剪尚在生长的徒长枝以及花、果。对萌芽力强，生长快的乔灌木可以重剪。最好带土球移植。如裸根移植，应尽量保留中心部位的心土。尽量缩短起、运、栽的时间，保湿护根。栽后要尽快促发新根，可以一定浓度的生长素进行灌溉。晴热天气，树冠枝叶应遮阴加喷水。易日灼地区应用草绳卷干。适当追肥，剥除蘖枝芽，应注意伤口防腐。剪后晚发的枝条越冬性能差，当年冬季应注意防寒。

上述栽植施工技术应针对不同的树种对移植的反应适当采用。有些树木根系受伤后的再生能力强，很容易移栽成活，如杨、柳、榆、槐、银杏、椴树、槭、蔷薇、紫穗槐等；比较难移的有苹果、七叶树、山茱萸、云山、铁杉等；最难移植的有木兰类、山毛榉、白桦、山楂和某些桉树类、栎类等。同种不同年龄的树木，幼青年期容易移植成活，壮老龄树不易移植成活。因此绿化施工时，应根据不同类别和具体树种、年龄及移植时间采取不同的技术措施。容易移植的施工可适当简单些，一般都用裸根移植，包装运输也较简便。而多数常绿树和壮老龄树以及某些难移活的落叶树，必须采用带土球移植法。

# 附录F　园林绿化常用规格质量标准

## 1. 北京市城市园林绿化常用绿化木本苗木主要规格质量标准（见表F-1～表F-5）

表F-1　北京市城市园林绿化常用落叶乔木主要规格质量标准

| 种类 | 树种（品种） | 学　名 | 干径，不小于/cm | 修剪后主枝长度，不小于/m | 冠径，不小于/m | 分枝点高，不小于/m | 移植次数，不小于/次 |
|---|---|---|---|---|---|---|---|
| 落叶乔木 | 银杏(♂) | *Ginkgo biloba* | 7 | — | 1.5 | 2.5 | 3 |
| | 水杉 | *Metasequoia glyptostroboides* | 7 | — | 1.2 | — | 3 |
| | 毛白杨(♂) | *Populus tomentosa* | 7 | 0.5 | — | 3.0 | 2 |
| | 旱柳(♂) | *Salix matsudana* | 7 | 0.5 | — | 2.5 | 2 |
| | 垂柳(♂) | *Salix babylonica* | 7 | 0.5 | — | 2.5 | 2 |
| | 馒头柳 | *Salix matsudana* var. *umbraculifera* | 7 | 0.4 | — | 2.5 | 2 |
| | 金丝垂柳(♂) | *Salix alba* 'Tristis' | 7 | 0.4 | — | 2.5 | 2 |
| | 核桃 | *Juglans regia* | 7 | 0.5 | — | — | 3 |
| | 枫杨 | *Pterocarya stenoptera* | 7 | 0.4 | — | — | 2 |
| | 栓皮栎 | *Ouercus variabilis* | 5 | — | 1.2 | — | 3 |
| | 白榆 | *Ulmus pumila* | 7 | 0.5 | — | — | 2 |
| | 垂枝榆 | *Ulmus glabra* 'Camperdownii' | 4 | — | 1.0 | 2.0 | — |
| | 榉树 | *Zelkova schneideriana* | 5 | 0.4 | — | — | 3 |
| | 小叶朴 | *Celtis bungeana* | 5 | 0.4 | — | — | 2 |
| | 青檀 | *Pteroceltis tatarinowii* | 5 | 0.4 | — | — | 2 |
| | 玉兰 | *Magnolia denudata* | 4 | — | 1.0 | — | 3 |
| | 望春玉兰 | *Magnoia biondii* | 5 | — | 1.0 | — | 3 |
| | 二乔玉兰 | *Magnolia × soulangeana* | 4 | — | 1.0 | — | 3 |
| | 杂种鹅掌楸 | *Liriodendron chinense × tulpifera* | 5 | — | 1.2 | — | 2 |
| | 杜仲 | *Eucommia ulmoides* | 7 | 0.4 | — | — | 2 |
| | 悬铃木 | *Platanus acerifolia* | 7 | 0.5 | — | 3.0 | 2 |
| | 西府海棠 | *Malus spectabilis* | 3 | — | 0.8 | — | 2 |
| | 垂丝海棠 | *Malus halliana* | 3 | — | — | — | — |
| | 钻石海棠 | *Malus* 'Sparkler' | 3 | — | 0.8 | — | — |
| | 王族海棠 | *Malus* 'Royalty' | 3 | — | 0.8 | — | — |
| | 紫叶李 | *Prunus cerasifera* 'Atropurpurea' | 4 | — | 0.8 | — | 2 |
| | 樱花 | *Prunus serrulata* | 4 | — | 1.0 | — | 2 |
| | 山桃 | *Prunus davidiana* | 4 | — | 0.8 | — | 2 |
| | 山杏 | *Prunus armeniaca* var. *ansu* | 4 | — | 0.8 | — | 2 |
| | 合欢 | *Albizzia julibrissin* | 5 | 0.4 | — | — | 2 |
| | 皂荚 | *Gleditsia sinensis* | 5 | 0.5 | — | — | 3 |
| | 刺槐 | *Robinia pseudoacacia* | 5 | 0.4 | — | — | 2 |
| | 槐树 | *Sophora japonica* | 7 | 0.5 | — | 2.5 | 3 |
| | 龙爪槐 | *Sophora japonica* var. *pendula* | 4 | — | 1.0 | 2.0 | — |

（续）

| 种类 | 树种（品种） | 学　　名 | 干径，不小于/cm | 修剪后主枝长度，不小于/m | 冠径，不小于/m | 分枝点高，不小于/m | 移植次数，不小于/次 |
|---|---|---|---|---|---|---|---|
| 落叶乔木 | 臭椿 | *Ailanthus altissima* | 7 | 0.4 | — | 2.5 | 2 |
| | 千头椿(♂) | *Ailanthus altissima* 'Qiantou' | 7 | 0.4 | — | 2.5 | 2 |
| | 丝绵木 | *Euonymus bungeanus* | 5 | 0.4 | — | — | 2 |
| | 元宝枫 | *Acer truncatum* | 7 | 0.4 | — | 2.5 | 2 |
| | 鸡爪槭 | *Acer palmatum* | 4 | — | 0.8 | — | 2 |
| | 七叶树 | *Aesculus chinensis* | 5 | 0.5 | — | — | 3 |
| | 栾树 | *Koelreuteria paniculata* | 7 | 0.4 | — | 2.5 | 2 |
| | 枣树 | *Ziziphus jujuba* | 4 | 0.4 | — | — | 3 |
| | 糠椴 | *Tilia mandshurica* | 5 | 0.4 | — | — | 3 |
| | 蒙椴 | *Tilia mongolica* | 5 | 0.4 | — | — | 3 |
| | 梧桐 | *Firmiana simplex* | 7 | 0.4 | — | — | 2 |
| | 桂香柳 | *Elaeagnus angustifolia* | 3 | — | — | — | — |
| | 柿树 | *Diospyros kaki* | 5 | 0.4 | — | — | 2 |
| | 君迁子(♂) | *Diospyros lotus* | 5 | 0.4 | — | — | 2 |
| | 绒毛白蜡 | *Fraxinus pennsylvanica* | 7 | 0.4 | — | 2.5 | 2 |
| | 北京丁香 | *Syringa pekinensis* | 4 | — | 1.0 | — | 2 |
| | 流苏 | *Chionanthus retusus* | 4 | — | 0.8 | — | 3 |
| | 毛泡桐 | *Paulownia tomentosa* | 7 | 0.5 | — | 2.5 | 2 |
| | 梓树 | *Catalpa ovata* | 6 | 0.4 | — | — | 2 |
| | 楸树 | *Catalpa bungei* | 6 | 0.4 | — | — | 2 |
| | 黄金树 | *Catalpa speciosa* | 6 | 0.4 | — | — | 2 |

**表 F-2　北京市城市园林绿化常用常绿乔木主要规格质量标准**

| 种类 | 树种（品种） | 学　　名 | 树高，不小于/m | 干径，不小于/cm | 冠径，不小于/m | 分枝点高，不小于/m | 移植次数，不小于/次 |
|---|---|---|---|---|---|---|---|
| 常绿乔木 | 辽东冷杉 | *Abies holophylla* | 3 | — | 1.2 | — | 2 |
| | 红皮云杉 | *Picea koraiensis* | 3 | — | — | — | — |
| | 白杄 | *Picea meyeri* | 2 | — | 1.5 | — | 3 |
| | 青杄 | *Picea wilsonii* | 2 | — | 1.5 | — | 3 |
| | 雪松 | *Cedrus deodara* | 4 | — | 2.0 | — | 3 |
| | 油松 | *Pinus tabulaeformis* | 4 | — | 1.5 | — | 3 |
| | 白皮松 | *Pinus bungeana* | 3 | — | 1.5 | — | 3 |
| | 华山松 | *Pinus armandii* | 3 | — | 1.5 | — | 3 |
| | 侧柏 | *Platycladus orientalis* | 3 | — | 1.2 | — | 2 |
| | 桧柏 | *Sabina chinensis* | 4 | — | 1.0 | — | 3 |
| | 西安桧 | *Sabina chinensis* cv. | 2.5 | — | 1.2 | — | 3 |
| | 龙柏 | *Sabina chinensis* 'kaizuca' | 2.5 | — | 1.0 | — | 2 |
| | 蜀桧 | *Sabina komarovii* | 3 | — | 1.0 | — | 2 |
| | 女贞 | *Ligustrum lucidum* | — | 4 | 1.2 | — | 2 |

**表 F-3　北京市城市园林绿化常用灌木主要规格质量标准**

| 种类 | 树种（品种） | 学　　名 | 主枝数，不小于/个 | 蓬径，不小于/m | 苗龄，不小于/年 | 灌高，不小于/m | 主条长度，不小于/m | 基径，不小于/cm | 移植次数，不小于/次 |
|---|---|---|---|---|---|---|---|---|---|
| 落叶灌木 | 牡丹 | *Paeonia suffruticosa* | 5 | 0.5 | 6 | 0.8 | — | — | 2 |
| | 紫叶小檗 | *Berberis thunbergii* | 6 | 0.5 | 3 | 0.8 | 0.8 | — | — |
| | 蜡梅 | *Chimonanthus praecox* | — | — | — | 1.5 | — | — | 1 |
| | 太平花 | *Philadelphus pekinensis* | 5 | 0.8 | 3 | 1.2 | — | — | 1 |
| | 溲疏 | *Deutzia scabra* | 5 | 0.8 | 3 | 1.2 | — | — | 1 |
| | 香茶藨子 | *Ribes odoratum* | 5 | 0.8 | 4 | 1.5 | — | — | 1 |
| | 绣线菊类 | *Spiraea* | 5 | 0.8 | 4 | 1.0 | — | — | 1 |
| | 珍珠梅 | *Sorbaria kirilowii* | 6 | 0.8 | 4 | 1.2 | 1.0 | — | 1 |
| | 平枝栒子 | *Cotoneaster horizontalis* | 5 | 0.5 | 4 | — | — | — | 1 |
| | 水栒子 | *Cotoneaster multiflorus* | 5 | 0.8 | 3 | 1.2 | — | — | 1 |
| | 贴梗海棠 | *Chaenomeles speciosa* | 5 | 0.8 | 5 | 1.0 | — | — | 1 |
| | 品种月季 | — | — | — | — | — | — | — | 1 |
| | 丰花月季 | *Floribunda Roses* | 4 | 0.5 | 3 | 0.8 | — | — | 1 |
| | 地被月季 | *Ground-cover Rose* | 3 | 0.8 | 3 | — | 0.8 | — | 1 |
| | 重瓣黄刺玫 | *Rosa xanthina* | 6 | 0.8 | 4 | 1.2 | 1.0 | — | 1 |
| | 重瓣棣棠 | *Kerria japonica* var. *pleniflora* | 6 | 0.8 | 6 | 1.0 | 0.8 | — | 1 |
| | 鸡麻 | *Rhodotypus scands* | 5 | 0.8 | 4 | 1.2 | — | — | 1 |
| | 碧桃 | *Prunus persica* f. *suplex* | 3 | 1.0 | 5 | 1.5 | — | 3 | 1 |
| | 山碧桃 | — | 3 | 1.0 | 5 | 1.5 | — | 3 | 1 |
| | 垂枝碧桃 | *Prunus persica* f. *pendula* | 3 | 1.0 | 5 | 1.2 | — | 3 | 1 |
| | 紫叶碧桃 | *Prunus persica* f. *atropurpurea* | 3 | 1.0 | 5 | 1.5 | — | 3 | 1 |
| | 寿星桃 | *Prunus persica* f. *densa* | 3 | 0.8 | 6 | 1.2 | — | 2 | 1 |
| | 重瓣榆叶梅 | *Prunus tviloba* f. *plena* | 3 | 1.0 | 5 | 1.5 | — | 3 | 1 |
| | 毛樱桃 | *Prunus tomentosa* | 3 | 0.8 | 5 | 1.2 | — | 3 | 1 |
| | 麦李 | *Prunus glandulosa* | 3 | 1.0 | 5 | 1.2 | — | 3 | 1 |
| | 郁李 | *Prunus japonica* | 3 | 0.8 | 5 | 1.2 | — | 3 | 1 |
| | 杏梅 | *Prunus mume* var. *bungo* | 3 | 0.8 | 5 | 1.2 | — | 2 | 1 |
| | 美人梅 | *Prunus mume* ‘Meiren Mei’ | 3 | 0.8 | 5 | 1.2 | — | 2 | 1 |
| | 紫叶矮樱 | *Prunus × cistena* | 3 | 0.8 | 5 | 1.2 | — | 2 | 1 |
| | 紫荆 | *Cercis chinensis* | 5 | 0.8 | 6 | 1.5 | — | 2 | 1 |
| | 花木蓝 | *Indigofera kirilowii* | 5 | 0.5 | 4 | 1.0 | — | — | 1 |
| | 锦鸡儿 | *Caragana sinica* | 5 | 0.5 | 4 | 1.0 | — | — | 1 |
| | 多花胡枝子 | *Lespedeza floribunda* | 5 | 0.8 | 4 | 1.2 | — | — | 1 |
| | 枸橘 | *Poncirus trifoliata* | 5 | 0.8 | 4 | 1.0 | — | — | 1 |
| | 黄栌 | *Cotinus coggygria* | 5 | 0.8 | 3 | 1.5 | — | — | 1 |
| | 美国黄栌 | *Cotinus obovatus* | 5 | 0.8 | 3 | 1.5 | — | — | 1 |

（续）

| 种类 | 树种（品种） | 学　名 | 主枝数，不小于/个 | 蓬径，不小于/m | 苗龄，不小于/年 | 灌高，不小于/m | 主条长度，不小于/m | 基径，不小于/cm | 移植次数，不小于/次 |
|---|---|---|---|---|---|---|---|---|---|
| 落叶灌木 | 木槿 | *Hibiscus syriacus* | 5 | 0.5 | 3 | 1.2 | — | — | 1 |
| | 柽柳 | *Tamarix chinensis* | 5 | 0.8 | 3 | 1.5 | — | — | 1 |
| | 沙棘 | *Hippophae rhamnoides* | 5 | 0.8 | 3 | 1.5 | — | — | 1 |
| | 紫薇 | *Lagerstroemia indica* | 5 | 0.8 | 4 | 1.5 | — | — | 1 |
| | 单干紫薇 | — | 5 | 0.8 | 4 | 1.5 | — | 2 | 1 |
| | 红花紫薇 | — | 5 | 0.8 | 4 | 1.5 | — | 2 | 1 |
| | 白花紫薇 | — | 5 | 0.8 | 4 | 1.5 | — | 2 | 1 |
| | 花石榴 | — | 5 | 0.8 | 3 | 1.2 | — | 2 | 1 |
| | 果石榴 | — | 5 | 0.8 | 3 | 1.2 | — | 3 | 1 |
| | 红瑞木 | *Cornus alba* | 6 | 0.8 | 4 | 1.0 | 0.8 | — | 1 |
| | 黄瑞木 | *Cornus sericea* ‘Flaniramea’ | 6 | 0.8 | 4 | 1.0 | 0.8 | — | 1 |
| | 山茱萸 | *Cornus officinalis* | 5 | 0.8 | 5 | 1.2 | — | 3 | 1 |
| | 四照花 | *Cornus kousa* | 5 | 0.8 | 5 | 1.2 | — | 3 | 1 |
| | 连翘 | *Forsythia suspense* | 5 | 0.8 | 3 | 1.0 | 1.0 | — | — |
| | 金钟花 | *Forsythia viridissima* | 6 | 0.8 | 3 | 1.0 | 1.0 | — | 1 |
| | 紫丁香 | *Syringa oblata* | 5 | 0.8 | 3 | 1.5 | — | — | 1 |
| | 白丁香 | *Syringa oblata* var. *affinis* | 5 | 0.8 | 3 | 1.5 | — | — | 1 |
| | 波斯丁香 | *Syringa persica* | 6 | 0.8 | 3 | 1.2 | 1.0 | — | 1 |
| | 蓝丁香 | *Syringa meyeri* | 5 | 0.8 | 3 | 1.5 | — | — | 1 |
| | 小叶女贞 | *Ligustrum quihoui* | 5 | 0.8 | 3 | 1.5 | — | — | 1 |
| | 金叶女贞 | *Ligustrum vicaryi* | 5 | 0.5 | 3 | 0.8 | — | — | 1 |
| | 水蜡 | *Ligustrum obtusifolium* | 5 | 0.8 | 3 | 1.5 | — | — | 2 |
| | 迎春 | *Jasminum nudiflorum* | 5 | 0.5 | 4 | 0.8 | 0.6 | — | — |
| | 海洲常山 | *Clerodendrum trichotomum* | 5 | 0.8 | 3 | 1.5 | — | — | 1 |
| | 小紫珠 | *Callicarpa dichotoma* | 5 | 0.5 | 3 | 1.2 | — | — | 1 |
| | 宁夏枸杞 | *Lycium barbarum* | 5 | 0.5 | 3 | 1.2 | — | — | 1 |
| | 锦带花 | *Weigela florida* | 6 | 0.5 | 3 | 1.0 | 0.8 | — | 1 |
| | 红王子锦带 | *Weigela florida* ‘Red prince’ | 6 | 0.5 | 3 | 1.0 | 0.8 | — | 1 |
| | 海仙花 | *Weigela coraeensis* | 5 | 0.8 | 4 | 1.2 | — | — | 1 |
| | 猬实 | *Kolkwitzia amabilis* | 5 | 0.8 | 3 | 1.5 | — | — | 2 |
| | 糯米条 | *Abelia chinensis* | 5 | 0.8 | 3 | 1.5 | — | — | 2 |
| | 金银木 | *Lonicera maackii* | 5 | 0.8 | 3 | 1.5 | — | — | 1 |
| | 鞑靼忍冬 | *Lonicera tatarica* | 5 | 0.8 | 3 | 1.5 | — | — | 1 |
| | 金叶接骨木 | *Sambucus nigra* ‘Aurea’ | 5 | 0.8 | 3 | 1.5 | — | — | 1 |
| | 天目琼花 | *Viburnum sargentii* | 5 | 0.8 | 3 | 1.5 | — | — | 1 |
| | 香荚蒾 | *Viburnum ferrei* | 5 | 0.8 | 4 | 1.2 | — | — | 1 |

（续）

| 种类 | 树种（品种） | 学　　名 | 主枝数，不小于/个 | 蓬径，不小于/m | 苗龄，不小于/年 | 灌高，不小于/m | 主条长度，不小于/m | 基径，不小于/cm | 移植次数，不小于/次 |
|---|---|---|---|---|---|---|---|---|---|
| 常绿灌木 | 矮紫杉 | *Taxus cuspidata* | 4 | 0.5 | 6 | 0.5 | — | — | 1 |
| | 铺地柏 | *Sabina chinensis* ‘Procumbens’ | 3 | 0.6 | 4 | — | 0.5 | 1.5 | 1 |
| | 鹿角桧 | *Sabina chinensis* ‘Pfitzeriana’ | 3 | 0.5 | 4 | 0.8 | — | — | 1 |
| | 粉柏 | *Sabina spuamata* | 3 | 0.5 | 5 | 0.8 | — | — | 2 |
| | 砂地柏 | *Sabina vulgaris* | 3 | 0.6 | 4 | — | 0.5 | — | 1 |
| | 洒金柏 | *Platycladus orientalis* ‘Beverleyensis’ | 3 | 0.5 | 4 | 1.2 | — | — | 1 |
| | 粗榧 | *Cephalotaxus sinensis* | 4 | 0.5 | 4 | 0.8 | — | 2 | 1 |
| | 锦熟黄杨 | *Buxus sempervirens* | 3 | 0.3 | 4 | 0.5 | — | — | 1 |
| | 朝鲜黄杨 | *Buxus microphylla* | 3 | 0.3 | 4 | 0.5 | — | — | 1 |
| | 枸骨 | *Ilex cornuta* | 3 | 0.6 | 4 | 0.8 | — | — | 1 |
| | 大叶黄杨 | *Euonymus japonicus* | 4 | 0.5 | 4 | 0.8 | — | — | 1 |
| | 北海道黄杨 | *Euonymus japonicus* ‘Cu Zhi’ | 3 | 0.3 | 3 | 1.0 | — | — | 1 |
| | 胶东卫矛 | *Euonymus kiautshovicus* | 4 | 0.8 | 3 | 1.0 | — | — | 1 |
| | 凤尾兰 | *Yucca gloriosa* | — | 0.5 | 4 | 0.5 | — | 2 | 1 |

**表 F-4　北京市城市园林绿化常用藤木主要规格质量标准**

| 种类 | 树　　种 | 学　　名 | 苗龄，不小于/年 | 分枝数，不小于/个 | 主蔓径，不小于/cm | 主蔓长，不小于/m | 移植次数，不小于/次 |
|---|---|---|---|---|---|---|---|
| 常绿藤木 | 小叶扶芳藤 | *Euonymus fortunei* | 4 | 3 | 1.0 | 1.0 | 1 |
| | 大叶扶芳藤 | *Euonymus fortunei* var. *radicans* | 3 | 3 | 1.0 | 1.0 | 1 |
| | 常春藤类 | *Hedera* | 3 | 3 | 0.3 | 1.0 | 1 |
| 落叶藤木 | 山荞麦 | *Fagopyrum esculentum* | 2 | 4 | 0.3 | 1.0 | 1 |
| | 蔷薇 | *Rosa multiflora* | 3 | 3 | 1.0 | 1.5 | 1 |
| | 白玉棠 | *Rosa multiflora* var. *albo-plena* | 3 | 3 | 1.0 | 1.5 | 1 |
| | 木香 | *Rosa banksiae* | 3 | 3 | 1.0 | 1.2 | 1 |
| | 藤本月季 | | 3 | 3 | 1.0 | 1.0 | 1 |
| | 紫藤 | *Wisteria sinensis* | 5 | 4 | 2.0 | 1.5 | 2 |
| | 南蛇藤 | *Gelastrus orbiculatus* | 3 | 4 | 0.5 | 1.0 | 1 |
| | 山葡萄 | *Vitis amurensis* | 3 | 3 | 1.0 | 1.5 | 1 |
| | 地锦 | *Parthenocissus tricuspidata* | 2 | 3 | 0.8 | 2.0 | 1 |
| | 美国地锦 | *Parthenocissus quinquefolia* | 2 | 3 | 1.0 | 2.5 | 1 |
| | 软枣猕猴桃 | *Actinidia arguta* | 3 | 4 | 0.5 | 2.0 | 1 |
| | 中华猕猴桃 | *Actinidia chinensis* | 3 | 4 | 0.5 | 2.0 | 1 |
| | 美国凌霄 | *Campisis radicans* | 3 | 4 | 0.8 | 1.5 | 1 |
| | 金银花 | *Lonicera japonica* | 3 | 3 | 0.3 | 1.0 | 1 |

表 F-5　北京市城市园林绿化常用竹类主要规格质量标准

| 种类 | 学　　名 | 苗龄，不小于/年 | 母竹分枝数，不小于/支 | 竹鞭长，不小于/m | 竹鞭个数，不小于/个 | 竹鞭芽眼数，不小于/个 |
|---|---|---|---|---|---|---|
| 早园竹 | *Phyllostachys propinqua* | 3 | 2 | 0.3 | 2 | 2 |
| 紫竹 | *Phyllostachys nigra* | 3 | 2 | 0.3 | 2 | 2 |
| 黄金间碧玉 | *Bambosa vulgaris* var. *striata* | 3 | 2 | 0.3 | 2 | 2 |
| 黄槽竹 | *Phyllostachys aureosulcata* | 3 | 2 | 0.3 | 2 | 2 |
| 箬竹 | *Indocalamus tessellatus* | 3 | 2 | 0.3 | 2 | — |

**2. 乔木栽植立支架的方法**（图 F-1）

**3. 苗木运输装车的方式**（图 F-2）

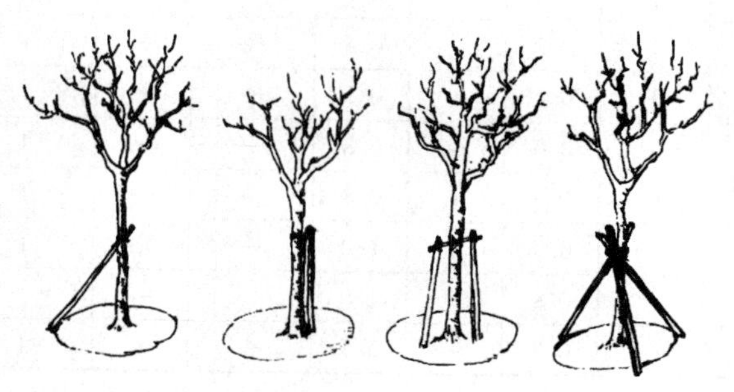

图 F-1　乔木栽植立支架方法

图 F-2　木箱苗木装车方法

**4. 苗木规格与种植穴（坑）、槽对照表**（见表 F-6）

表 F-6　苗木规格与种植穴（坑）、槽对照表

| 类　别 | 规　　格 |  | 乔木根幅/cm | 土球直径/cm×高/cm | 圆坑直径/cm×高/cm | 说　　明 |
|---|---|---|---|---|---|---|
|  | 胸径/cm | 树高/m |  |  |  |  |
| 露根乔木 | 3～5 | — | 40×30 |  | 70×50 |  |
|  | 5～7 | — | 50×40 |  | 80×60 |  |
|  | 7～10 | — | 85×60 |  | 100×70 |  |
|  | 10～13 | — | 100×70 |  | 120×80 |  |
|  | 13～15 | — | 110×80 |  | 130×90 |  |
|  | 15～20 | — | 120×80 |  | 150×90 |  |
|  | 20～25 | — | 150×80 |  | 170×90 |  |
| 土球苗木 | — | 0.8～1.0 | 50×40 |  | 70×60 |  |
|  | — | 1.0～2.0 | 70×50 |  | 100×70 |  |
|  | — | 2.0～3.0 | 80×60 |  | 110×80 |  |
|  | — | 3.0～4.0 | 100×70 |  | 130×90 |  |
|  | — | 4.0～5.0 | 110×90 |  | 140×100 |  |
|  | — | 5.0～6.0 | 120×90 |  | 150×100 |  |
|  | — | 6.0～7.0 | 150×100 |  | 180×100 |  |
|  | — | 7.0～8.0 | 160×100 |  | 190×110 |  |
|  | — | 8.0～9.0 | 200×120 |  | 230×130 |  |

（续）

| 类 别 | 规 格 | | 乔木根幅/cm | 土球直径/cm×高/cm | 圆坑直径/cm×高/cm | 说 明 |
|---|---|---|---|---|---|---|
| | 胸径/cm | 树高/m | | | | |
| 露根灌木 | — | 1.2～1.5 | 30×20 | | 60×40 | 3 株以上 |
| | — | 1.5～1.8 | 40×30 | | 70×50 | 3 株以上 |
| | — | 1.8～2.0 | 50×30 | | 80×50 | 3 株以上 |
| | — | 2.0～2.5 | 70×40 | | 90×60 | 3 株以上 |

# 附录 G 现代建筑新材料在园林建筑中的应用

随着现代建筑技术的进步，园林建筑也不再局限于原始的砖、木、石传统建筑材料，新型建筑材料开始应用于园林建筑。

## （一）钢筋混凝土

钢筋混凝土技术是最早应用于园林建筑的。钢筋混凝土具有强度高、耐久年限长、施工方便的优点。通常园林仿古建筑中大部分应用于建筑的基础、下层的梁柱和围护墙体，也有现代仿古建筑直接浇筑屋顶和梁架的。

钢筋混凝土施工时应注意以下几个方面：

**1. 钢筋混凝土模板施工**

模板可分为木模板、胶合板模板、钢木模板、钢模板、塑料模板等。近年也有采用玻璃钢模板和铝合金模板的，但由于造价较高，施工中尚未普遍使用。

模板安装必须保证位置正确，立面垂直。模板就位固定后，周边缝隙要封堵严密，防止胀模、漏浆。

混凝土浇筑前应检查钢筋、水电管线、预留洞口、穿墙螺栓及套管是否遗漏，位置是否正确，安装是否牢固并清除模板内杂物。

**2. 混凝土浇筑施工**

1）混凝土配比是否符合设计要求。

2）混凝土浇筑时要用振捣棒捣实，保证现浇混凝土内部不留气泡、空隙。

3）混凝土浇筑后要适当浇水养护，养护期内不得拆模加压。

4）冬期施工要注意保温养护。

5）拆模后检查浇筑表面，如有缺陷及时剔除或修补。

**3. 仿古建筑混凝土施工**

仿古建筑由于造型较为复杂，现应用较多的仍是木模板，目前有些仿古建筑的立柱，采用塑料套筒或钢模做模具，浇筑成型脱模后具有尺寸准确一致、表面光滑便于油漆施工的优点。

## （二）现代建筑防水材料

现代建筑防水大体可分为卷材防水、涂膜防水、刚性防水和聚氨酯保温防水一体化。

**1. 卷材防水**

目前园林建筑中使用最多的防水材料是卷材防水，具有施工简单、防水性能好的特点。目前主要使用的防水卷材包括沥青卷材防水、高聚物改性沥青卷材防水、合成高分子卷材防水三大系列。

（1）三元乙丙橡胶防水卷材　三元乙丙橡胶卷材是用三元乙丙橡胶（简称 EPDM）掺入适量的丁基橡胶硫化剂、促进剂、补强填充剂和软化剂等，经过密炼、拉片、过滤、挤出（或压延）成型、硫化等工序加工制成的高档防水卷材，具有耐久、耐拉、抗老化的特点，是替代普通油毡的新型防水材料。

（2）弹性体 SBS/塑性体 APP 改性沥青防水卷材　该产品系用沥青或热性弹性体（如苯乙烯-丁二烯嵌段共聚物，SBS）、热塑性塑料（如无规聚丙烯，APP；非结晶态 α-聚烯烃低分子聚合物，APAO 等）、改性沥青浸渍胎基，两面涂以弹性体或塑料体沥青涂盖层，上表面撒以细砂、矿物粒（片）料或覆盖聚乙烯膜等，下表面撒以细砂或覆盖聚乙烯膜所制成的防水卷材。该防水卷材具有良好的防水性能和抗老化性能，并具有高温不流淌、低温不脆裂、施工简便、无污染、使用寿命长的特点，广泛应用于工业与民用建筑的屋面、园林仿古建筑屋面，园林水池等的防水、防潮、隔汽、抗渗工程。SBS 改性沥青防水卷材适用于寒冷地区、结构变形频繁地区的建筑物防水，而 APP 改性沥青防水卷材则适用于高温、有强烈太阳辐射地区的建筑物防水。

（3）聚乙烯丙纶高分子复合防水卷材　聚乙烯丙纶高分子复合防水卷材是以聚乙烯类合成高分子材料为主防水层，添加助剂、防老化层、增强增黏层与丙纶无纺布经过自动化生产线复合而成的新型防水材料。该产品上下表面粗糙，无纺布纤维呈无规则交叉结构，形成立体网孔，适合多种材料黏合，尤其与水泥材料在凝固过程中直接黏合，只要无明水便可施工。其综合性能良好、抗拉强度高、抗渗能力强、低温柔性好、膨胀系数小、易黏结、摩擦系数小，可直接设于砂土中使用，性能稳定可靠，是一种无毒、无污染的绿色环保产品。该产品适用于工业与民用建筑的屋面防水，地面防水，防潮隔汽，室内墙地面防潮，卫生间防水，水利池库、渠道、桥涵防水和防渗等工程。

**2. 涂膜防水材料**

涂膜防水材料是指施工前是液态材料，在施工现场涂刷后经一定时间固化形成整体的、具有一定厚度和弹性的防水保护膜的防水材料。这里主要介绍目前使用较多的聚合物水泥防水涂料（JS 涂料）。JS 涂料是以丙烯酸酯等聚合物乳液和水泥为主要原料，加入其他外加剂制得的双组分水性建筑防水涂料。由于这种涂料由“聚合物乳液—水泥”双组分组成，因此具有“刚柔相济”的特性，既有聚合物涂膜的延伸性、防水性，也有水硬性胶凝材料强度高、易与潮湿基层黏结的优点。可以调节聚合物乳液与水泥的比例，满足不同工程对柔韧性与强度等的要求，施工方法方便。

**3. 刚性防水**

应用于地下室防水较多，一般使用细石混凝土，在防水层混凝土内掺入膨胀剂、防水剂，经多层铺抹而成，但在园林建筑中使用较少。

**4. 聚氨酯保温防水一体化**

聚氨酯保温防水一体化是目前世界上最优良、最经济的屋面保温防水体系。聚氨酯硬泡集耐久性、防水性、保温性、隔热性、无缝性、黏结性、环保性、经济性等多种优良性能于

一身。

聚氨酯硬泡喷涂是聚氨酯两种黑白料胶体采用高压（大于10 MPa）无气喷涂机，混合式高速旋转及剧烈撞击在枪口上形成均匀细小雾状点滴，喷涂物体表面，几秒内产生无数微小的相连但独立的封闭泡孔结构，整个屋面形成无缝的、渗透深的、黏结牢固的保温防水层，充分地雾化成封闭泡孔结构，确保了高标准的聚氨酯硬泡现场施工质量。

聚氨酯的主要特点如下：

1）聚氨酯硬微小泡体闭孔率不小于95%，吸水率不大于1%，节能、隔热效果好。聚氨酯硬泡体是高密度闭孔的泡沫化合物，导热系数不大于0.022W/（m·K），节能效果好。施工厚度不小于40mm就可以达到节能65%的要求。聚氨酯硬泡体的抗压强度不小于300kPa，还可以根据实际情况加大抗压强度到600kPa以上，满足了工程的各种不同要求。

2）聚氨酯硬泡体直接喷涂于屋面层，为反应物料受压力作用，通过喷枪形成混合物直接发泡成型。液体物料具有良好的流动性、渗透性，可进入到屋面基层空隙中发泡，与基层牢固地黏合并起到密封空隙的作用。其黏结强度超过聚氨酯硬泡体本身的撕裂强度，从而使硬泡层与屋面基层成为一体，不易发生脱层，避免了屋面水沿层面缝隙渗透。聚氨酯硬泡体能够与木材、金属、砖石、混凝土等各种材料牢固黏结。

3）具有很强的抗渗透能力，通过机械化施工，屋面形成无接缝连续壳体。

4）异型屋面极易施工，结点处理简单方便，防水性能可靠。

5）重量轻、大大减低屋面荷载，聚氨酯硬泡体代替了传统做法中的防水层、保温层及其中间的找平层等，且40mm厚的聚氨酯硬泡体1m$^2$质量约为2.4kg，大大降低了屋面荷载，适合各种平面、曲面、结构复杂的屋面。

6）抗老化强度的温度范围大。

7）聚氨酯硬泡体在低温－50℃情况下不脆裂，在高温150℃情况下不流淌，不粘连，可正常使用，且耐弱酸、弱碱等化学物质侵蚀。

8）施工简便迅速，简化了屋面整体的施工工艺。机械化施工，施工人员少，减少安全隐患，一套进口设备在良好条件下每天可完成800～1000m$^2$的施工，比常规防水保温材料施工时间节省80%。

9）旧屋面维修翻建时当旧基层未发生脱层、起鼓现象时，可以不铲除旧基层，直接在旧基层上喷涂施工，降低了工程强度和难度，节省了工程造价及施工时间。采用先进的无氟发泡技术，符合环保要求。

**5. 仿古建筑坡屋顶防水做法**

仿古建筑木结构铺瓦屋顶由于与现代建筑屋面构造不同，其防水卷材的施工方法也与混凝土屋面做法有所区别。

通常做法是在望板上粘贴防水卷材，卷材上再做一层掺有防水剂的钢丝网水泥砂浆，压实抹平后再坐灰铺瓦。江南仿古建筑则是在望砖上铺设卷材而不粘贴，在卷材上用木压条钉于椽子以固定，在木条钉穿的位置用涂膜防水材料涂刷封闭防水，上部再用掺有防水剂的钢丝网水泥抹平压实，然后再坐灰铺瓦，实践证明这是适用于仿古建筑的较好的防水措施。

## （三）钢化玻璃

钢化玻璃是将普通退火玻璃先切割成要求尺寸，然后加热到接近软化点，再进行快速均匀的吹风冷却而得到的。钢化处理后玻璃表面形成均匀压应力，而内部则形成张应力，使玻璃的抗弯和抗冲击强度得以提高，其强度约是普通退火玻璃的四倍以上。钢化玻璃破碎后，碎片成均匀的小颗粒并且没有刀状的尖角，国家标准要求钢化玻璃破碎后在任意 50mm × 50mm 内的碎片应大于 40 粒。因此，使用起来具有一定的安全性。

目前一些园林中使用钢化玻璃与钢结构结合制作雨篷、围栏、展窗、休息廊甚至桥梁。

### （四）不锈钢材料

不锈钢材料是目前现代园林中使用较多的材料，如园林灯具、扶手栏杆、园林座椅、垃圾桶以及园林雕塑等，具有耐腐蚀、卫生和具有现代感的特点。不锈钢材料标准可以参照国家和冶金行业关于不锈钢的标准。

### （五）玻璃纤维（玻璃钢）材料

环氧树脂胶液和增强材料纤维及其织物经过一系列物理化学的复杂变化过程，纤维与基体结合成一个整体，最终形成环氧树脂固化物，统称玻璃钢。其具有重量轻、强度高、耐腐蚀、耐久性好、容易成型的特点。园林中玻璃纤维（玻璃钢）材料广泛用于园林小品、园林雕塑、屋面及仿假石等方面。

### （六）弹性塑胶铺地材料

新型弹性塑胶产品在现代园林中广泛应用于儿童游乐场、运动场和跑步径。其面层为人造橡胶颗粒制造，可根据要求制成 4 ~ 15 mm 厚垫层。

施工做法为：首先清洁混凝土、沥青基底面层；在基底上用聚氨基甲酸乙酯胶黏剂平均涂满地面；黏结橡胶面层，在两卷橡胶之间留 5mm 缝隙，再用聚氨基甲酸乙酯胶黏剂填满。由于橡胶颗粒层具有透水性，因此建议在基底施工时留有千分之五的坡度，并留有排水槽，以利排水。

### （七）现代饰面材料

现代园林建筑大量采用各种饰面材料，相比传统建材既降低成本，又美观适用。这些材料多种多样，而且目前新型材料不断涌现，这里不再一一赘述，大体有以下种类：

1）饰面石材：天然大理石板材、花岗石板材、青石板材、人造石板材以及近年应用较多的文化石，大多用于建筑的墙面、地面、窗台。

2）面砖：釉面砖、缸砖、通体砖、玻化砖、陶瓷锦砖和仿古贴面青砖等。

3）人工化纤草皮：主要用于室内外地面、屋顶等，具有景观效果好、易更换、少维护的特点。

4）壁纸、壁布。

5）地板：木地板、复合木地板、竹地板、高分子塑胶地板等。户外则采用防腐木地板。

6）地毯：纯毛地毯、化纤地毯。

# 参考文献


[1] 孟兆祯，毛培琳，黄庆喜，等．园林工程 [M]．北京：中国林业出版社，1996.

[2] 北京建工集团有限责任公司．建筑分项工程施工工艺标准 [M]．北京：中国建筑工业出版社，2008.

[3] 刘王晋，鲍凤英，边境．测量放线工 [M]．北京：中国环境科学出版社，2003.

[4] 刘津明，孟宪海．建筑施工 [M]．北京：中国建筑工业出版社，2001.

[5] 陈永贵，吴戈军．园林工程 [M]．北京：中国建材工业出版社，2010.

[6] 唐春来．园林工程与施工 [M]．北京：中国建筑工业出版社，2002.

[7] 吴志华．园林工程施工与管理 [M]．北京：中国农业出版社，2001.

[8] 浙江省建设厅城建处，杭州蓝天职业培训学校．园林绿化质量检查 [M]．北京：中国建筑工业出版社，2006.

[9] 天津方正园林建设监理中心．园林建设工程施工监理手册 [M]．北京：中国林业出版社，2006.

[10] 郝瑞霞．园林工程施工组织设计与进度管理便携手册 [M]．北京：中国电力出版社，2008.

[11] 北京土木建筑学会．建筑工程施工组织设计与施工方案 [M]．3 版．北京：经济科学出版社，2008.

[12] 中国风景园林学会园林工程分会，中国建筑业协会古建筑施工分会．园林绿化工程施工技术 [M]．北京：中国建筑工业出版社，2008.

[13] 李敏，周琳洁．园林绿化建设施工组织与质量安全管理 [M]．北京：中国建筑工业出版社，2008.

[14] 李敏，周琳洁．建设项目与合同成本管理 [M]．北京：中国建筑工业出版社，2008.

[15] 吴为廉．景观与景园建筑工程规划设计 [M]．北京：中国建筑工业出版社，2005.

[16] 建设部人事教育司组织．砌筑工 [M]．北京：中国建筑工业出版社，2007.

[17] 建设部人事教育司组织．抹灰工 [M]．北京：中国建筑工业出版社，2007.

[18] 建设部人事教育司组织编．钢筋工 [M]．北京：中国建筑工业出版社，2007.

[19] 建设部人事教育司组织．防水工 [M]．北京：中国建筑工业出版社，2007.

[20] 建设部人事教育司组织．混凝土工 [M]．北京：中国建筑工业出版社，2007.

[21] 筑龙网．园林工程施工方案范例精选 [M]．北京：中国电力出版社，2006.

[22] 筑龙网．园林工程施工组织设计范例精选 [M]．北京：中国电力出版社，2006.

[23] 蒋白懿，李亚峰，等．给水排水管道设计计算 [M]．北京：化学工业出版社，2005.